2024年

中级注册安全工程师职业资格考试 专用教材

安全生产管理

注册安全工程师考试研究院 组编

立信会计出版社
LIXIN ACCOUNTING PUBLISHING HOUSE

图书在版编目(CIP)数据

安全生产管理 / 注册安全工程师考试研究院组编
. —上海：立信会计出版社，2023.11
全国中级注册安全工程师职业资格考试专用教材
ISBN 978-7-5429-7471-6

Ⅰ.①安⋯ Ⅱ.①注⋯ Ⅲ.①安全生产—生产管理—资格考试—自学参考资料Ⅳ.①X92

中国国家版本馆 CIP 数据核字(2023)第 218553 号

责任编辑　毕芸芸

安全生产管理

Anquan Shengchan Guanli

出版发行	立信会计出版社			
地　　址	上海市中山西路 2230 号	邮政编码	200235	
电　　话	(021)64411389	传　　真	(021)64411325	
网　　址	www.lixinaph.com	电子邮箱	lixinaph2019@126.com	
网上书店	http://lixin.jd.com		http://lxkjcbs.tmall.com	
经　　销	各地新华书店			
印　　刷	三河市中晟雅豪印务有限公司			
开　　本	787 毫米×1092 毫米　1/16			
印　　张	19.5			
字　　数	510 千字			
版　　次	2023 年 11 月第 1 版			
印　　次	2023 年 11 月第 1 次			
书　　号	ISBN 978-7-5429-7471-6/F			
定　　价	69.00 元			

如有印订差错，请与本社联系调换

一、考试概览

注册安全工程师是指通过职业资格考试取得中华人民共和国注册安全工程师职业资格证书，经注册后从事安全生产管理、安全工程技术工作或提供安全生产专业服务的专业技术人员。中级注册安全工程师职业资格考试实行全国统一大纲、统一命题、统一组织。

《注册安全工程师职业资格制度规定》详细规定了中级注册安全工程师职业资格考试的报名条件、考试科目和考试成绩滚动周期等相关信息，具体如下。

（一）报名条件

凡遵守中华人民共和国宪法、法律、法规，具有良好的业务素质和道德品行，具备下列条件之一者，可以申请参加中级注册安全工程师职业资格考试：

（1）具有安全工程及相关专业大学专科学历，从事安全生产业务满5年；或具有其他专业大学专科学历，从事安全生产业务满6年。

（2）具有安全工程及相关专业大学本科学历，从事安全生产业务满3年；或具有其他专业大学本科学历，从事安全生产业务满4年。

（3）具有安全工程及相关专业第二学士学位，从事安全生产业务满2年；或具有其他专业第二学士学位，从事安全生产业务满3年。

（4）具有安全工程及相关专业硕士学位，从事安全生产业务满1年；或具有其他专业硕士学位，从事安全生产业务满2年。

（5）具有博士学位，从事安全生产业务满1年。

（6）取得初级注册安全工程师职业资格后，从事安全生产业务满3年。

（二）考试科目

中级注册安全工程师职业资格考试的考试科目、题型、总分、考试时间等信息见下表。

考试科目		考试题型	总分	考试时间
公共科目	安全生产法律法规 安全生产管理 安全生产技术基础	单项选择题（70分） 多项选择题（30分）		
专业科目	煤矿安全 金属非金属矿山安全 化工安全 金属冶炼安全 建筑施工安全 道路运输安全 其他安全（不包括消防安全）	专业安全技术：单项选择题（20分）	100分	2.5小时
		安全生产案例分析：选择题（包括单项选择题、多项选择题，10分） 综合案例分析题（70分）		

注：考生在报名时可根据实际工作需要选择一个专业科目。

（三）考试成绩滚动周期

中级注册安全工程师职业资格考试成绩实行4年为一个周期的滚动管理办法。参加全部4个科目考试的人员必须在连续4个考试年度内通过全部应试科目，免试1个科目的人员必须在连续3个考试年度内通过相应应试科目，免试2个科目的人员必须在连续2个考试年度内通过相应应试科目，方可取得中级注册安全工程师职业资格证书。

二、本系列书特点

为帮助广大读者科学、高效地掌握中级注册安全工程师职业资格考试的相关知识，注册安全工程师考试研究院在对中级注册安全工程师考试深入研究的基础上，对应急管理部办公厅印发的考试大纲进行了深入剖析，紧抓考试的重点、难点，精心编写了本系列书。

本系列书的主要特点如下。

（一）紧扣大纲，内容全面

本系列书在编写过程中，严格依据全新考试大纲，涵盖了大纲要求的重点、难点，内容全面。《安全生产法律法规》，通过对安全生产法律体系的讲解，使读者深刻领会安全生产相关法律、法规、规章和标准的有关规定，增强分析、判断和解决安全生产实际问题的能力。《安全生产管理》，通过讲解安全生产管理基础理论和方法、安全制度和操作规程，以及生产安全事故调查、统计、分析等知识，提高读者的安全生产管理业务能力。《安全生产技术基础》，通过讲解机械、电气、特种设备、防火防爆、危险化学品等安全生产技术知识，提高读者运用安全生产技术消除、降低事故风险的能力。《安全生产专业实务》，通过讲解相关安全生产专业实务知识，使读者掌握专业安全技术，提高分析和解决安全生产实际问题的能力。

（二）脉络清晰，重点突出

本系列书的体系科学、完备，讲解深入浅出、层次分明、逻辑清楚，不仅有助于读者理清复习思路，构建完整的知识体系，还可以帮助读者明确应当把握哪些重点，如何突破难点，从而提升学习效率，达到最佳的学习效果。

（三）移动课堂、海量题库

为方便读者更好地复习备考，本系列书对不易于理解的知识点配有二维码，扫码即可观看老师对该知识点的详细讲解。此外，您还可以扫描目录中的"看课扫我""做题扫我"二维码，下载安全工程师课程和题库 App，随时随地学习，全方位提升应试水平。

（四）学练结合，高效备考

为让读者能通过练习及时查漏补缺，本系列书设置了"典型例题""同步强化训练"等栏目。读者可以通过做题，了解自己对该知识点的掌握情况，从而把握重点，全面复习，科学、高效备考。

本系列书的编写过程经过反复推敲核证，若仍有不妥之处，恳请广大读者提出宝贵意见，同时希望本书能够帮助大家顺利通过考试！

注册安全工程师考试研究院

目录 CONTENTS

第一章 安全生产管理理论 1
- 第一节 安全生产管理基本概念 3
- 第二节 事故致因及安全管理 8
- 第三节 安全心理学与人的行为 15
- 第四节 安全生产管理基本理论 19

第二章 安全生产监管监察 27
- 第一节 安全生产监管监察概述 29
- 第二节 矿山安全监察 35
- 第三节 特种设备安全监察 37

第三章 安全生产管理 43
- 第一节 安全生产标准化管理 45
- 第二节 安全生产责任制 62
- 第三节 安全生产规章制度 68
- 第四节 安全操作规程 71
- 第五节 安全生产投入与安全生产责任保险 82
- 第六节 安全生产教育和培训 91
- 第七节 安全文化 100
- 第八节 设备设施安全 109
- 第九节 安全技术措施计划 123
- 第十节 危险作业管理 128
- 第十一节 相关方安全管理 139
- 第十二节 建设项目安全设施"三同时" 146
- 第十三节 劳动防护用品管理 152
- 第十四节 作业环境的安全管理 156
- 第十五节 危险化学品重大危险源 165
- 第十六节 安全生产检查与隐患排查治理 176
- 第十七节 企业双重预防机制建设 182

第四章 应急管理 191
- 第一节 安全生产应急管理基础知识 193
- 第二节 安全生产预警体系 194

第三节 事故应急管理体系 198
第四节 事故应急预案编制 206
第五节 应急预案的演练 214

第五章 安全评价 219

第一节 安全评价的分类、原则及依据 221
第二节 安全评价的程序和内容 222
第三节 危险和有害因素辨识 226
第四节 安全评价方法 232
第五节 安全评价报告的内容及其编写要求 237

第六章 安全生产事故调查与分析 243

第一节 安全生产事故的等级与分类 245
第二节 安全生产事故报告 246
第三节 事故调查与分析 249
第四节 事故处理 253

第七章 安全生产统计分析 259

第一节 统计基础知识 261
第二节 事故统计与报表制度 265

第八章 职业病危害预防和管理 275

第一节 职业卫生概述 277
第二节 职业危害识别、评价与控制 281
第三节 职业卫生监督管理 295
第四节 生产经营单位职业卫生管理 297

参考文献 303

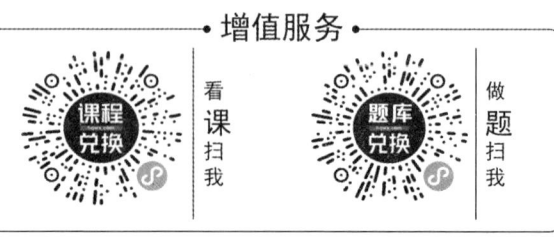

第一章
安全生产管理理论

　　掌握事故、事故隐患、危险源分类、事故致因理论、安全原理、安全生产管理理念、安全心理和行为、安全文化等基本原理，运用上述原理、法则，辨识、分析生产经营过程中造成事故的原因、存在的隐患和问题，建立安全生产管理指导思想和方法，制定相应的事故预防措施。

第一节　安全生产管理基本概念

一、关于安全生产的基本定义

(一) 安全生产

按照现代系统安全工程的观点,安全生产,一般意义上讲,是指在社会生产活动中,通过人、机、物、环境的和谐运作,使生产过程中潜在的各种事故风险和伤害因素始终处于有效控制状态,切实保护劳动者的生命安全和身体健康。《中华人民共和国安全生产法》将"安全第一、预防为主、综合治理"确定为安全生产工作的基本方针。

(二) 安全生产管理

安全生产管理是指针对人们在生产过程中的安全问题,进行有关决策、计划、组织和控制等活动,实现生产过程中人与机器设备、物料、环境的和谐,达到安全生产的目标。

安全生产管理包括安全生产责任制、安全生产管理规章制度、安全生产策划、安全生产培训教育、安全生产档案等。

(三) 本质安全

本质安全是指通过设计等手段使生产设备或生产系统本身具有安全性,即使在误操作或发生故障的情况下也不会造成事故。本质安全包括两种安全功能,见表1-1。

表1-1　本质安全的功能

类别	定义	示例
失误—安全功能	操作者即使操作失误,也不会发生事故或伤害,或者设备、设施和技术本身具有自动防止人的不安全行为的功能	紧急停车装置
故障—安全功能	设备、设施和技术工艺发生故障或损坏时,还能暂时维持正常工作或自动转变为安全状态	漏电保护器

上述两种安全功能应该是设备、设施和技术工艺本身固有的,即在它们的规划设计阶段就被纳入其中,而不是事后补偿的。本质安全是生产中"预防为主"的根本体现,也是安全生产的最高境界。

实际上,由于技术、资金和人们对事故的认识等原因,目前还很难做到本质安全,只能作为追求的目标。

(四) 安全生产许可

安全生产许可是指国家对矿山企业、建筑施工企业和危险化学品、烟花爆竹、民用爆炸物品生产企业实行安全生产许可制度。企业未取得安全生产许可证的,不得从事生产活动。安全生产许可证如图1-1所示。

图 1-1 安全生产许可证

二、危险、危险源、事故隐患、事故与重大危险源的定义与关系

(一) 危险

根据系统安全工程的观点,危险是指系统中存在导致发生不期望后果的可能性超过了人们的承受程度。一般用风险度来表示危险的程度。在安全生产管理中,风险用生产系统中事故发生的可能性与严重性表示,即:

$$R = F \cdot C$$

式中,R——风险;

F——发生事故的可能性;

C——发生事故的严重性。

(二) 危险源

危险源是指可能造成人员伤害和疾病、财产损失、作业环境破坏或其他损失的根源或状态。

根据危险源在事故发生、发展中的作用,可以把危险源划分为第一类危险源和第二类危险源,见表 1-2。

表 1-2 不同类危险源的定义及意义

类别	定义	意义	图示
第一类危险源	生产过程中存在的,可能发生意外释放的能量,包括生产过程中各种能量源、能量载体或危险物质	决定了事故后果的严重程度,它具有的能量越多,发生事故的后果越严重	炸药、原油储罐
第二类危险源	导致能量或危险物质约束或限制措施破坏或失效的各种因素,广义上包括物的故障、人的失误、环境不良以及管理缺陷等因素	决定了事故发生的可能性,它出现越频繁,发生事故的可能性越大	人的失误、物的故障、环境不良

在企业安全管理工作中，第一类危险源客观上已经存在并且在设计、建设时已经采取了必要的控制措施，因此，企业安全工作重点是第二类危险源的控制问题。

（三）事故隐患

《安全生产事故隐患排查治理暂行规定》（国家安全生产监督管理总局令第 16 号）将"安全生产事故隐患"定义为："生产经营单位违反安全生产法律、法规、规章、标准、规程和安全生产管理制度的规定，或者因其他因素在生产经营活动中存在可能导致事故发生的物的危险状态、人的不安全行为和管理上的缺陷。"不同等级隐患内容见表 1-3。

表 1-3　不同等级隐患内容

隐患等级	定义	图示
一般事故隐患	危害和整改难度较小，发现后能够立即整改排除的隐患	防护栏缺失
重大事故隐患	危害和整改难度较大，应当全部或者局部停产停业，并经过一定时间整改治理方能排除的隐患，或者因外部因素影响致使生产经营单位自身难以排除的隐患	支护材料和工艺不合格

（四）事故

《企业职工伤亡事故分类》（GB 6441—86），综合考虑起因物、引起事故的诱导性原因、致害物、伤害方式等，将企业工伤事故分为 20 类，分别为：物体打击、车辆伤害、机械伤害、起重伤害、触电、淹溺、灼烫、火灾、高处坠落、坍塌、冒顶片帮、透水、放炮、瓦斯爆炸、火药爆炸、锅炉爆炸、容器爆炸、其他爆炸、中毒和窒息及其他伤害等。

《生产安全事故报告和调查处理条例》（国务院令第 493 号）将"生产安全事故"定义为：生产经营活动中发生的造成人身伤亡或者直接经济损失的事件。根据生产安全事故造成的人员伤亡或者直接经济损失，事故一般分为以下等级，见表 1-4。

表 1-4　事故等级分类

等级	死亡	重伤（包括急性工业中毒）	直接经济损失
特别重大事故	≥30 人	≥100 人	≥1 亿元
重大事故	$10 \leq X < 30$ 人	$50 \leq X < 100$ 人	$5\,000 \leq X < 1$ 亿元
较大事故	$3 \leq X < 10$ 人	$10 \leq X < 50$ 人	$1\,000 \leq X < 5\,000$ 万元
一般事故	<3 人	<10 人	<1 000 万元

(五) 海因里希法则

在机械事故中,死亡、重伤、轻伤和无伤害事故的比例为 1∶29∶300,国际上把这一法则叫作事故法则,也叫海因里希法则。这个法则说明,在机械生产过程中,每发生 330 起意外事件,有 300 起未产生人员伤害,29 起造成人员轻伤,1 起导致重伤或死亡,如图 1-2 所示。

海因里希法则的另一个名字是"1∶29∶300 法则",也可以称为"300∶29∶1 法则"。

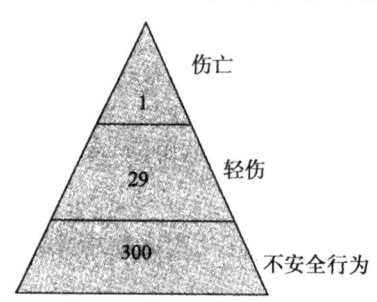

图 1-2　海因里希法则

(六) 危险源、事故隐患与事故之间的关系

一般来说,危险源可能存在事故隐患,也可能不存在事故隐患,对于存在事故隐患的危险源一定要及时加以整改,否则随时都可能导致事故。

实际工作中,对事故隐患的控制管理总是与一定的危险源联系在一起,因为没有危险的隐患也就谈不上要去控制它;而对危险源的控制,实际就是消除其存在的事故隐患或防止其出现事故隐患。危险源失控会演变成事故隐患,事故隐患得不到治理就会发生量变到质变的过程,质变到一定程度,就会发生事故(财产损失或人员伤亡)。所以,二者之间存在很大的联系,如图 1-3 所示。

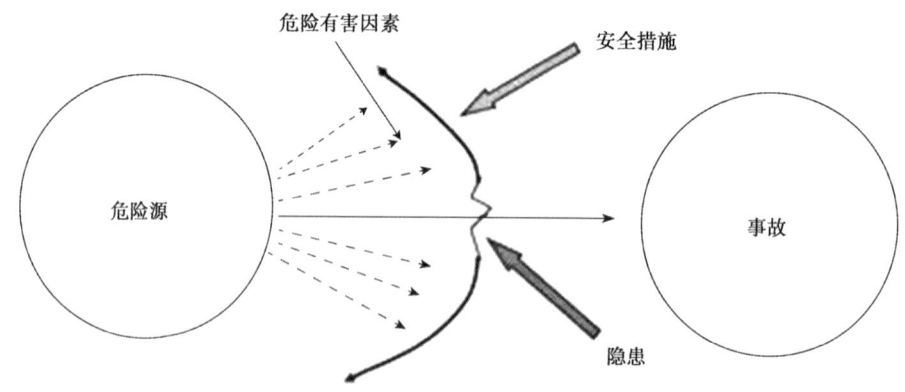

图 1-3　危险源、事故隐患与事故之间的关系

·典型例题·

1. 某矿山公司对近几年的不安全行为事件(意外事件)进行了回顾和统计,发现公司平均每年发生大小意外事件在 100 起左右。根据海因里希法则推断,照此趋势发展下去,该公司未来十年内,死亡人数可能是(　　)。

A. 1 人　　　　　　B. 10 人　　　　　　C. 3 人　　　　　　D. 30 人

【解析】根据题意可知,公司平均每年发生大小意外事件在 100 起左右,故未来十年发生的意外事件约为 1 000 起左右。根据海因里希法则，意外事件中的伤亡、轻伤、不安全行为的比例为 1∶29∶300，死亡人数 =（1 000×1）/300≈3.33（人），未来十年内的死亡人数约为 3 人，故本题应选择 C 选项。

2. 某制冷企业对使用的有关设备进行风险辨识和危险源分类，根据第一、第二类危险源的定义，属于第二类危险源的是（　　）。

　　A. 高速旋转的压缩机
　　B. 腐蚀受损的安全阀
　　C. 15t 液氨储罐
　　D. 承压 0.6MPa 的高压管道

【解析】第二类危险源是指导致能量或危险物质约束或限制措施破坏或失效的各种因素。选项 B 属于第二类危险源，选项 A、C、D 均属于第一类危险源。

3. 某热力公司锅炉值班人员甲例行巡查时闻到疑似绝缘电缆烧焦的味道，随后发现锅炉蒸汽吹灰控制室内有浓烟。甲随即向值班室报告，值班班长立即拉闸，避免了一起严重火灾事故的发生。事后调查发现，造成该起事故的直接原因有：端子排环线接触不良，岗位专职人员巡检不到位；因未到大修期，控制室内控制盘一直没有经过检修处理。该公司的下列做法中，属于防止此类电气火灾事故的本质安全措施的是（　　）。

　　A. 控制室增设空调设备
　　B. 将端子排转接的环线取消，改为直接接线
　　C. 重新封堵控制盘柜内电缆
　　D. 尽快恢复密封风机供电，防止蒸汽吹灰器枪头被烤坏

【解析】本题考查的是本质安全。本质安全是指通过设计等手段使生产设备或生产系统本身具有安全性，即使在误操作或发生故障的情况下也不会造成事故。具体包括两方面的内容：失误—安全功能和故障—安全功能。

4. 某铸造厂生产的铸铁管在使用过程中经常出现裂纹。为从本质上提高铸铁管的安全性，应在铸造的（　　）阶段开展相关完善工作。

　　A. 设计　　　　　　　　　　B. 安装
　　C. 使用　　　　　　　　　　D. 检修

【解析】本质安全化原则是指从一开始和从本质上实现安全化，从根本上消除事故发生的可能性，从而达到预防事故发生的目的。本质安全化原则不仅可以应用于设备、设施，还可以应用于建设项目。

5. 锻造车间针对人员误操作断手事故多发，以及锻造机长期超负荷运行造成设备运行温度过高的问题，遵循本质安全理念，开展了技术改造和革新。下列安全管理和技术措施中，属于本质安全技术措施的是（　　）。

　　A. 断手事故处设置警示标志　　　B. 采取排风措施降低设备温度
　　C. 锻造机安装双按钮开关　　　　D. 缩短锻造机连续运行时间

【解析】本质安全是指通过设计等手段使生产设备或生产系统本身具有安全性，即使在误操作或发生故障的情况下也不会造成事故。本题应选择 C 选项。

答案：1.C　2.B　3.B　4.A　5.C

第二节 事故致因及安全管理

一、事故频发倾向理论

在大量研究基础上,1939年,法默(Farmer)和查姆勃(Chamber)等人提出了事故频发倾向理论。事故频发倾向是指个别容易发生事故的稳定的个人的内在倾向。事故频发倾向者的存在是工业事故发生的主要原因,即少数具有事故频发倾向的工人是事故频发倾向者(图1-4),他们的存在是工业事故发生的原因。如果企业中减少了事故频发倾向者,就可以减少工业事故。

图1-4 事故频发倾向者

二、海因里希事故因果连锁理论

海因里希第一次提出了事故因果连锁理论,阐述导致伤亡事故各种因素间及与伤害间的关系,认为伤亡事故的发生不是一个孤立的事件,尽管伤害可能在某瞬间突然发生,却是一系列原因事件相继发生的结果。

海因里希把工业伤害事故的发生发展过程描述为具有一定因果关系的事件的连锁:

(1) 人员伤亡的发生是事故的结果。
(2) 事故的发生原因是人的不安全行为或物的不安全状态。
(3) 人的不安全行为或物的不安全状态是由于人的缺点造成的。
(4) 人的缺点是由于不良环境诱发或者是由先天的遗传因素造成的。

海因里希将事故因果连锁过程概括为以下5个因素:遗传及社会环境;人的缺点;人的不安全行为或物的不安全状态;事故;伤害。

海因里希用多米诺骨牌来形象地描述这种事故的因果连锁关系。在多米诺骨牌系列中,一枚骨牌被碰倒了,则会发生连锁反应,其余几枚骨牌相继被碰倒。如果移去中间的一枚骨牌,则连锁被破坏,事故过程被中止,如图1-5所示。他认为,企业安全生产工作的中心就是防止人的不安全行为,消除机械的或物质的不安全状态,中断事故连锁的进程,从而避免事故的发生。

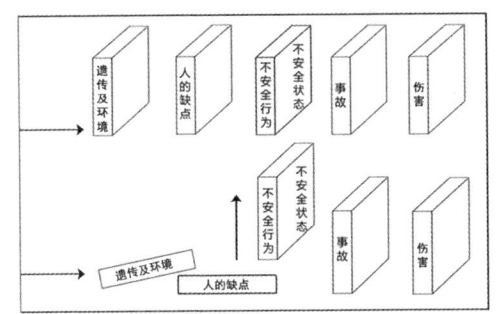

图 1-5　海因里希事故因果连锁理论

三、现代事故因果连锁理论

博德（Frank Bird）在海因里希事故因果连锁理论的基础上，提出了现代事故因果连锁理论，如图 1-6 所示。

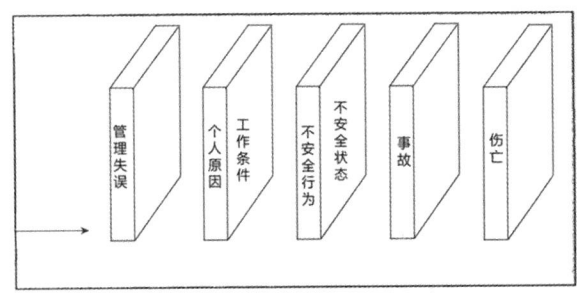

图 1-6　现代事故因果连锁理论

博德现代事故的因果连锁理论主要观点包括以下 5 个方面。

（一）控制不足—管理

事故因果连锁中一个最重要的因素是安全生产管理。安全生产管理人员应该充分认识到，他们的工作要以得到广泛承认的企业管理原则为基础，即安全生产管理人员应该懂得管理的基本理论和原则。控制是管理机能（计划、组织、指导、协调及控制）中的一种机能。安全生产管理中的控制是指损失控制，包括对人的不安全行为和物的不安全状态的控制。它是安全生产管理工作的核心。

大多数工厂企业中，由于各种原因，完全依靠工程技术上的改进来预防事故既不经济，也不现实。只有通过提高安全生产管理工作水平，经过较长时间的努力，才能防止事故的发生。安全生产管理人员必须认识到只要生产没有实现高度安全化，就有发生事故及伤害的可能性，因而他们的安全生产活动中必须包含有针对事故因果连锁中所有因素的控制对策。

（二）基本原因—起源论

为了从根本上预防事故，必须查明事故的基本原因，并针对查明的基本原因采取对策，常见事故原因见表 1-5。

表 1-5　常见事故原因

事故原因	具体内容
个人原因	缺乏知识或技能、动机不正确、身体或精神上的问题等
与工作有关的原因	操作规程不合适，设备、材料不合格，通常的磨损及异常的使用方法等，以及温度、压力、湿度、粉尘、有毒有害气体、蒸汽、通风、噪声、照明、周围的状况（容易滑倒的地面、障碍物、不可靠的支持物、有危险的物体等）等环境因素

所谓起源论，强调找出问题的基本的、背后的原因，而不仅停留在表面的现象上。只有这样，才能实现有效的控制。

（三）直接原因—征兆

不安全行为和不安全状态是事故的直接原因，是必须加以追究的原因，这点是最重要的。但是，直接原因不过是基本原因的征兆，是一种表面现象。

一方面，在实际工作中，如果只抓住作为表面现象的直接原因而不追究其背后隐藏的深层原因，就永远不能从根本上杜绝事故的发生。另一方面，安全生产管理人员应该能够预测及发现这些作为管理欠缺的征兆的直接原因，采取恰当的改善措施；同时，为了在经济上及实际可能的情况下采取长期的控制对策，必须努力找出其基本原因。

（四）事故—接触

越来越多的学者从能量的观点出发把事故看作是人的身体或构筑物、设备与超过其阈值的能量的接触，或人体与妨碍正常活动的物质的接触。于是，防止事故就是防止接触。为了防止接触，可以通过改进装置、材料及设施，防止能量释放，通过训练提高工人识别危险的能力，佩戴个人保护用品等来实现。

（五）受伤—损坏—损失

博德模型中的伤害包括了工伤、职业病以及对人员精神方面、神经方面或全身性的不利影响。人员伤害及财物损坏统称为损失。

在许多情况下，可以采取恰当的措施使事故造成的损失最大限度地减少。如对受伤人员迅速抢救，对设备进行抢修，以及平日对人员进行应急训练等。

此外，亚当斯（Edward Adams）也提出了与博德现代事故因果连锁理论类似的理论，他把事故的直接原因、人的不安全行为及物的不安全状态称作现场失误。

该理论的核心在于对现场失误的背后原因进行了深入的研究。操作者的不安全行为及生产作业中的不安全状态等现场失误是由于企业领导者及安全工作人员的管理失误造成的。安全工作人员在管理工作中的差错或疏忽、企业领导决策错误或没有作出决策等失误对企业经营管理及安全工作具有决定性的影响。管理失误反映企业管理系统中的问题，它涉及管理体制，即如何有组织地进行管理工作，确定怎样的管理目标，如何计划、实现确定的目标等方面的问题。管理体制反映作为决策中心的领导人的信念、目标及规范，决定着各级管理人员安排工作的轻重缓急、工作基准及指导方针等重大问题。

现代因果连锁理论把考察的范围局限在企业内部，用以指导企业的安全工作。

四、能量意外释放理论

能量意外释放理论揭示了事故发生的物理本质，为人们设计及采取安全技术措施提供了理论依据。

（一）能量意外释放理论概述

1. 能量意外释放理论的提出

1961年，吉布森（Gibson）提出了事故是一种不正常的或不希望的能量释放，各种形式的能量是构成伤害的直接原因，因此，应该通过控制能量，或控制作为能量达及人体媒介的能量载体来预防伤害事故。

1966年，在吉布森的研究基础上，哈登（Haddon）完善了能量意外释放理论，提出"人受伤害的原因只能是某种能量的转移"，并提出了能量逆流于人体造成伤害的分类方法，将伤害分为两类：第一类伤害是由施加了局部或全身性损伤阈值的能量引起的；第二类伤害是由影响了局部或全身性能量交换引起的，主要指中毒窒息和冻伤。

哈登认为，在一定条件下，某种形式的能量能否产生造成人员伤亡事故的伤害取决于能量的大小、接触能量的时间长短和频率以及力的集中程度。

根据能量意外释放理论，可以利用各种屏蔽来防止意外释放的能量转移，从而防止事故的发生。

2. 事故致因和表现

（1）事故致因。

根据能量意外释放理论，伤害事故原因是：

①接触了超过机体组织（或结构）抵抗力的某种形式的过量的能量。

②有机体与周围环境的正常能量交换受到了干扰（如窒息、淹溺等）。

因而，各种形式的能量是构成伤害的直接原因。同时，也常常通过控制能量，或控制作为能量达及人体媒介的能量载体来预防伤害事故。

（2）能量转移造成事故的表现。

机械能（势能、动能）、电能、热能、化学能、电离及非电离辐射、声能和生物能等形式的能量，都可能导致人员伤害。其中前4种形式的能量引起的伤害最为常见。

意外释放的机械能是造成工业伤害事故的主要能量形式。

能量意外释放理论如图1-7所示。

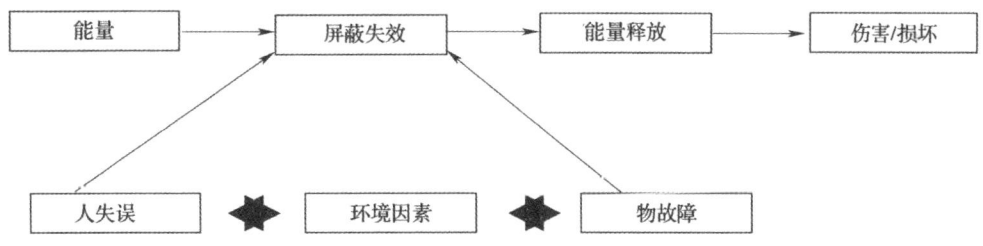

图1-7 能量意外释放理论示意图

（二）事故防范对策

从能量意外释放理论出发，预防工业伤害事故就是防止能量或危险物质的意外释放，防止人体与过量的能量或危险物质接触。

哈登认为，预防能量转移于人体的安全措施可用屏蔽防护系统。约束限制能量，防止人体与能量接触的措施称为屏蔽，这是一种广义的屏蔽。同时，他指出，屏蔽设置得越早，效果越好。按能量大小可建立单一屏蔽或多重的冗余屏蔽。

在工业生产中经常采用的防止能量意外释放的屏蔽措施主要有下列11种：

（1）用安全的能源代替不安全的能源。例如，在容易发生触电的作业场所，用压缩空气动力代替电力，可以防止发生触电事故。但是应该知道，绝对安全的事物是没有的，以压缩空气做动力虽然避免了触电事故，但压缩空气管路破裂、脱落的软管抽打等都带来了新的危害。

（2）限制能量。限制能量的大小和速度，规定安全极限量，在生产工艺中尽量采用低能量的工艺或设备。这样，即使发生了意外的能量释放，也不至于发生严重伤害。例如，利用低电压设备防止电击，限制设备运转速度以防止机械伤害，限制露天爆破装药量以防止个别飞石伤人等。

（3）防止能量蓄积。能量的大量蓄积会导致能量突然释放，因此，要及时泄放多余能量，防止能量蓄积。例如，应用低高度位能，控制爆炸性气体浓度，通过接地消除静电蓄积，利用避雷针放电保护重要设施等。

（4）控制能量释放。例如，建立水闸墙防止高势能地下水突然涌出。

（5）延缓释放能量。缓慢地释放能量可以降低单位时间内释放的能量，减轻能量对人体的作用。例如，采用安全阀、逸出阀控制高压气体；采用全面崩落法管理煤巷顶板，控制地压；用各种减振装置吸收冲击能量，防止人员受到伤害等。

（6）开辟释放能量的渠道。例如，安全接地可以防止触电，在矿山探放水可以防止透水，抽放煤体内瓦斯可以防止瓦斯蓄积爆炸等。

（7）设置屏蔽设施。屏蔽设施是一些防止人员与能量接触的物理实体，即狭义的屏蔽。屏蔽设施可以被设置在能量上，如安装在机械转动部外面的防护罩；也可以被设置在人员与能量之间，如安全围栏等。人员佩戴的个体防护用品，可被看作设置在人员身上的屏蔽设施。

（8）在人、物与能量之间设置屏障，在时间或空间上把能量与人隔离。在生产过程中有两种或两种以上的能量相互作用引起事故的情况。例如，一台吊车移动的机械能作用于化工装置，导致化工装置破裂而使有毒物质泄漏，引起人员中毒。针对两种能量相互作用的情况，我们应该考虑设置两组屏蔽设施：一组设置于两种能量之间，防止能量间的相互作用；一组设置于能量与人之间，防止能量达及人体，如防火门、防火密闭门等。

（9）提高防护标准。例如，采用双重绝缘工具防止高压电能触电事故；对瓦斯连续监测和遥控遥测以及增强对伤害的抵抗能力；使用耐高温、耐高寒、高强度材料制作的个体防护用具等。

（10）改变工艺流程。例如，不安全流程改变为安全流程，用无毒少毒物质代替剧毒有害物质等。

（11）修复或急救。治疗、矫正以减轻伤害程度或恢复原有功能；搞好紧急救护，进行自救教育；限制灾害范围，防止事态扩大等。

五、轨迹交叉理论

（一）轨迹交叉理论的观点

轨迹交叉理论主要观点是：在事故发展进程中，人的因素运动轨迹与物的因素运动轨迹的交点就是事故发生的时间和空间，即人的不安全行为和物的不安全状态发生于同一时间、同一空间，或者说人的不安全行为与物的不安全状态相通，则将在此时间、空间发生事故。

轨迹交叉理论作为一种事故致因理论，强调人的因素和物的因素在事故致因中占有同样重要的地位。按照该理论，可以通过避免人与物两种因素运动轨迹交叉，即避免人的不安全行为和物的不安全状态同时、同地出现，来预防事故的发生。

（二）轨迹交叉理论作用原理

轨迹交叉理论将事故的发生发展过程描述为：基本原因→间接原因→直接原因→事故→伤害。从事故发展运动的角度，这样的过程被形容为事故致因因素导致事故的运动轨迹，具体包括人的因素运动轨迹和物的因素运动轨迹，见表1-6。

表1-6 人、物的因素运动轨迹对比

人的因素运动轨迹	物的因素运动轨迹
人的不安全行为基于生理、心理、环境、行为等方面而产生	在生产过程各阶段都可能产生不安全状态

续表

人的因素运动轨迹	物的因素运动轨迹
(1) 生理、先天身心缺陷 (2) 社会环境、企业管理上的缺陷 (3) 后天的心理缺陷 (4) 视、听、嗅、味、触等感官能量分配上的差异 (5) 行为失误	(1) 设计上的缺陷,如用材不当、强度计算错误、结构完整性差、采矿方法不适应矿床围岩性质等 (2) 制造、工艺流程上的缺陷 (3) 维修保养上的缺陷,降低了可靠性 (4) 使用上的缺陷 (5) 作业场所环境上的缺陷

在生产过程中,人的因素运动轨迹和物的因素运动轨迹按一定的方向进行,人、物两轨迹相交的时间与地点,就是发生伤亡事故的"时空",也就导致了事故的发生。

值得注意的是,许多情况下人与物又互为因果。实际的事故并非简单地按照上述的人、物两条轨迹进行,而是呈现非常复杂的因果关系。

若设法排除机械设备或处理危险物质过程中的隐患,或者消除人为失误和不安全行为,使两事件链连锁中断,则两系列运动轨迹不能相交,危险就不会出现,就可避免事故发生。

轨迹交叉理论突出强调的是砍断物的事件链,提倡采用可靠性高、结构完整性强的系统和设备,大力推广保险系统、防护系统和信号系统及高度自动化和遥控装置。这样,即使人为失误,也会因安全闭锁等可靠性高的安全系统的作用,控制住物的缺陷,就可完全避免伤亡事故的发生。

人的不安全行为也是由于教育培训不足等管理缺陷造成的。管理的重点应放在控制物的不安全状态上,即消除"起因物",这样就不会出现"施害物","砍断"物的因素运动轨迹,使人与物的轨迹不相交叉,事故即可避免。这可用图1-8加以说明。

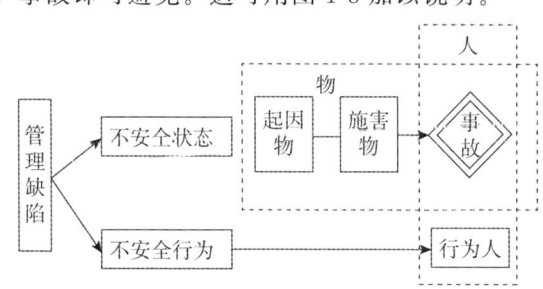

图 1-8 人与物两系列形成事故的系统

实践证明,消除生产作业中物的不安全状态,可以大幅度地减少伤亡事故的发生。

六、系统安全理论

系统安全理论包括很多区别于传统安全理论的创新概念:

(1) 在事故致因理论方面,改变了人们只注重操作人员的不安全行为而忽略硬件的故障在事故致因中作用的传统观念,开始考虑如何通过改善物的系统的可靠性来提高复杂系统的安全性,从而避免事故。

(2) 没有任何一种事物是绝对安全的,任何事物中都潜伏着危险因素。通常所说的安全或危险只不过是一种主观的判断。

(3) 不可能根除一切危险源和危险,可以减少来自现有危险源的危险性,应减少总的危险性而不是只消除几种选定的危险。

(4) 由于人的认识能力有限,有时不能完全认识危险源和危险,即使认识了现有的危险源,随着生产技术的发展,新技术、新工艺、新材料和新能源的出现又会产生新的危险源。由于受技术、资金、劳动力等因素的限制，对于认识了的危险源也不可能完全根除。由于不能完全根除危险源，只能把危险降低到可接受的程度，即可接受的危险。安全工作的目标就是控制危险源，努力把事故发生概率降到最低，万一发生事故，把伤害和损失控制在较轻的程度上。

· 典型例题 ·

1. 某汽车制造企业拟引进可靠性高的自动化生产线，代替原有人员手工操作生产线，同时加强人员行为失误校正和培训，减少事故发生。这种做法符合事故致因理论中的（　　）。

A. 事故因果连锁理论

B. 轨迹交叉理论

C. 能量意外释放理论

D. 系统安全理论

【解析】轨迹交叉理论突出强调的是砍断物的事件链，提倡采用可靠性高、结构完整性强的系统和设备，大力推广保险系统、防护系统和信号系统及高度自动化和遥控装置。

2. 海因里希用多米诺骨牌来形象地描述事故的因果连锁关系，在多米诺骨牌系列中，第三张骨牌是（　　）。

A. 人的不安全行为或物的不安全状态

B. 人的缺点

C. 事故

D. 遗传和社会环境

【解析】海因里希多米诺骨牌描述的事故因果关系是：遗传及社会环境；人的缺点；人的不安全行为或物的不安全状态；事故；伤害。所以第三张骨牌是人的不安全行为或物的不安全状态。

3. 某精密机械制造厂对近10年发生的人身伤害类事故进行了统计分析，发现性格内向不爱说话的员工发生事故的概率相对较高，该企业决定在下一步增加心理测试环节以避免该类人员从事高风险工作。根据事故理论，该企业人员以及岗位适配的做法，符合的理论是（　　）。

A. 能量意外释放理论　　　　　　　B. 事故轨迹交叉理论

C. 瑞士奶酪模型理论　　　　　　　D. 事故频发倾向理论

【解析】事故频发倾向是指个别容易发生事故的稳定的个人的内在倾向。事故频发倾向者的存在是工业事故发生的主要原因，即少数具有事故频发倾向的工人是事故频发倾向者，他们的存在是工业事故发生的原因。如果企业中减少了事故频发倾向者，就可以减少工业事故。因此，人员选择就成了预防事故的重要措施，通过严格的生理、心理检验，从众多的求职人员中选择身体、智力、性格特征及动作特征等方面优秀的人才就业，而把企业中的所谓事故频发倾向者解雇。

4. 某禽业公司厂房电气线路短路，引燃周围可燃物，燃烧产生的高温导致液氨储存设备和液氨管道发生物理爆炸，造成121人死亡，76人受伤。事故调查表明，导致该起事故的原因有：电器线路短路、工人安全意识差、随意堆放可燃物、车间作业环境不良、安全出口不畅和安全生产规章制度不健全。为了预防此类事故再次发生，该公司采取的以下安全技术措施中，符合能量意外释放理论观点的措施是（　　）。

A. 健全安全生产规章制度，保持作业环境良好

B. 改善车间作业环境，疏通安全出口

C. 定期检查电器线路，增强员工的安全意识

D. 增强短路保护装置，提高液氨系统的可靠性

【解析】 本题考查的是事故致因理论。从能量意外释放理论出发，预防伤害事故就是防止能量或危险物质的意外释放，防止人体与过量的能量或危险物质接触。增加短路保护装置是能量意外释放理论的体现。

答案：1.B　2.A　3.D　4.D

第三节　安全心理学与人的行为

一般地说，发生事故的原因是多方面的，但归纳起来，不外乎外因和内因两方面。外因（即物的不安全因素）包括设备情况、安全措施、保护用品、环境条件等。内因（即人的不安全因素）包括操作人员的技术熟练程度、精神状态、心理活动等。事实上，由于人为因素而引起的事故要占到事故总数的80%以上，而其中"三违"（指违章指挥、违规作业、违反劳动纪律）更是占到60%左右。是什么造成了"三违"呢？在同样的作业环境下，为什么有些人很少出差错而有些人却经常出差错甚至导致了事故的发生？同样的人，在不同的环境下，或在不同的时间、地点也会有不同的行为方式，有时候很认真，有时候却比较马虎。这些都与安全心理学息息相关。

安全心理学是研究人们在生产活动过程中的心理现象及其发展、变化规律的科学。人的行为是受人的心理支配的，对人的行为的研究可以归类为心理学研究的一个分支。

因此，通过研究和分析人的行为和心理，采取必要的手段或措施规范人的行为与心理显得非常迫切，这对于减少事故的发生是有利的，作为科学管理的一部分，也是推行HSE管理[健康（Health）、安全（Safety）和环境（Environment）三位一体的管理体系]所必需的。

一、人的不理智行为的心理分析

分析"三违"现象，可以分为两类：一类是不清楚规章制度而违章，可以通过加强教育和培训解决；另一类是明知故犯，绝大部分"三违"属于这一类。造成人的不理智行为的心理原因有以下几个方面。

（一）侥幸心理

人们产生侥幸心理的原因，一是错误的经验。如果在经常违章的情况下，事故从未发生过或很少发生，人们心理上的危险感觉就会减弱，因而产生麻痹心理，助长了违章行为的发生从而最终导致事故的发生。二是受事故低概率的思想的影响。现实工作中，事故发生的总量是巨大的，但事故发生的概率却较低。人们总自以为是地认为尽管自己违章，但事故不会轻易降临到自己头上，于是违章不断，当然，事故也不断。

（二）省事心理

省事心理是人类在长期生活中养成的一种心理习惯，人们总希望以较少的工作获得最大的效果。许多事故就是在这种心理的驱使下发生的。人们怕麻烦、图方便，于是造成了工作的马虎，安全帽戴得歪歪斜斜，登高作业不系安全带，动火作业图省事连必要的手续也省掉等等。

（三）逆反心理

在某些特定的情况下，人们的言行在好胜心、好奇心、思想偏见、对抗情绪的作用下，产生与常态行为相反的对抗心理反应，采取不理智行为，往往也会导致事故的发生。你要他戴安全帽，他偏不戴；要他系好安全带，他偏不系好；要他遵守规章制度，他偏不遵守等等。

（四）凑兴心理

凑兴心理是人在社会群体生活中产生的一种人际关系方面的心理反应，人们从凑兴中获得满足，从凑兴中给予同伴友爱和力量，以及通过凑兴行为发泄剩余精力，于是冒险行为就产生了。

（五）从众心理

在社会生活中，从众心理对人的影响很大，不从众会感到一种社会精神压力。由于人们具有从众心理，因此不安全的行为很容易被效仿。在一个团体内，如果有几个人经常违章而从未发生事故，那么其他人也会跟着违章，遵章守纪的人反而在这样的团体中显得很孤立。这种从众的心理严重地威胁着安全生产。

安全生产管理者要注意研究这些特点，从心理层面上改善人的心理状态，夯实安全工作的人的心理基础。

二、人的各种心理特性对人的行为的作用

根据人的心理特性，研究劳动者在自身安全和集体安全问题上的心理活动，可以及时发现人的不安全行为及其心理状态，以便采取补救措施，从心理学的角度防止各类事故的发生。

（一）自卫心理

每个人都有害怕被伤害的自卫心理，这是一种强烈而普遍的心理特性。经历过事故的人或事故的受伤害者，一般自卫心理很强，安全意识很高。而对于没有事故经验的人，自卫心理就要差一些，提高这些人的自卫心理对于安全是必要的。

（二）人道心理

人们普遍不愿意看到血淋淋的场面，希望他人少受伤害是人们广泛具有的心理。挖掘和利用这一心理特性，可以减少人们的违章，增加团体的合作。

（三）荣誉心理

受到人们对自己工作的肯定和赞许一般人都会产生满足感，利用好这样的心理特性，可以有力地调动人们对安全工作的积极性。

（四）责任心理

责任心理是指人们认清自己义务的心理特性，责任心理因人而异，责任心理强的人可增加其在安全工作中所负的责任，担负起重要的工作。

（五）自尊心理

自尊心理来自人们对自己价值的认识。对违章行为适当地进行批评或公开曝光，可以激发起违章者的自尊心，认识到自己的错误，从而改变不良行为。

（六）从众心理

由于人们都或多或少具有从众心理，害怕被孤立，因此，最好不要将有违章习惯的人组织在一个团体中，而应该予以分散，让违章者在团体中永远属于极少数，违章者自己就会受到遵章守纪者的影响而改变自己的习惯。

（七）恐惧心理

恐惧心理是人们对危险所做的心理反应。在恐惧心理的作用下，人们对危险总会本能地做出一定的行为反应，而这种行为是恐惧心理的自发结果，集中表现了人们对于安全的需要。面对危险，人们总是小心翼翼，注意力高度集中。恐惧心理对于防范事故的发生，作用是显著的。

人的各种心理特性基本上每个人都具备，管理者要善于利用人的心理特性为我所用，为安全工作所用。

三、性格对人的行为的影响

性格是人们在对待客观事物的态度和社会行为方式中区别于他人所表现出来的那些比较稳定的心理特征的总和，体现了一个人的意志特征。人的性格影响着人的行为，不同性格的人具有不同的行为方式。

（一）冷静型

冷静型的人善于思考、工作细致、头脑清醒、行动准确、责任心强、不感情用事。

（二）活泼型

活泼型的人反应灵敏、适应性强、精力充沛、热情好动、善于交际。

（三）急躁型

急躁型的人反应敏捷、求胜心切、急功近利、工作草率、易动感情。

（四）轻浮型

轻浮型的人工作马马虎虎、不求甚解、心猿意马、轻举妄动，经常在没有经过深思熟虑的情况下贸然行动。

（五）迟钝型

迟钝型的人反应迟缓、动作呆板、头脑简单、判断力差。

在实际工作中，冷静型、活泼型的人较少出差错，属于安全型性格；而急躁型、轻浮型、迟钝型的人存在一定的性格缺陷，属于不安全性格。但性格也不是一成不变的，随环境的影响会不断地变化，在不同的时间、地点、条件下会有不同的具体表现。一个人有果断、敏捷、开朗的时候，也有犹豫、迟钝、忧郁的时候。在生产过程中，管理者要注意发扬人性格良好的一面，克服和制止其性格不良的一面，这对于安全是有利的。

四、气质对人的行为的影响

气质主要表现为人的心理活动的动力方面的特点，体现了一个人的情感特征。不同气质的人的行为特征是不一样的。

（一）胆汁质

胆汁质的人属于兴奋型，精力充沛、热情直率、敏捷果断、进取心强、大胆倔强、刚毅不屈、性情急躁、主观任性、自制力差、情绪易于冲动、心境变化剧烈。

（二）多血质

多血质的人属于活泼型，灵活机智、思路敏锐、活泼好动、善于交际、适应性强、性格爽朗、注意力易转移、粗心大意、情绪多变、生活散漫、轻举妄动、兴趣易变化。

（三）黏液质

黏液质的人属于安静型，安静稳定、情绪不外露、坚定顽强、从容不迫、耐心谨慎、自制力强、善于忍耐、固执己见、因循守旧、动作缓慢、沉默寡言。

(四) 抑郁型

抑郁型的人孤僻寡欢、犹豫胆怯、敏感多疑、情绪消沉、行动迟缓、平易近人、谦虚谨慎、忠于职守、细致入微。

人的心理活动的动力并不完全决定于气质，它还与活动的内容、目的、动机有关。无论什么样的人，遇到愉快的事都会精神振奋、情绪高涨、干劲倍增，遇到不愉快的事总会精神不振、情绪低落。气质也不是一成不变的，它会随着环境的变化而变化。大多数人具有一种气质的个别特征与其他气质的若干特征相结合的特点。不同气质的人在同样的环境下做同样的工作，其效率和安全性也是不一样的。在实际工作中，合理地选择不同气质的人担任不同的工作，不仅可以提高工作效率，也有利于安全的工作。

五、情绪对人的行为的影响

情绪是人们对客观事物的特殊反应形式。任何人都有喜怒哀乐的情绪。情绪反应通常伴随着行为反应的发生，并随着行为的变化而变化。根据情绪的不同，情绪状态可分为心境、激情、应激。

(一) 心境

心境是一种使人的一切其他体验和活动都感染上情绪色彩的比较持久的情绪状态。心境对人的生活和工作有很大的影响，积极、良好的心境有利于人的积极性的发挥，提高效率、克服困难；消极不良的心境使人厌烦、消沉、急躁、烦躁，使失误率增加，容易造成事故的发生。

(二) 激情

激情是强烈的、暴风雨般的激动而短促的情绪状态。激情有很明显的外部表现，它笼罩着整个人，处于激情状态下，人的认识活动范围会缩小，理智分析能力受抑制，自控能力减弱，这些对于安全工作是不利的，往往会造成事故的发生。

(三) 应激

应激是出乎意料的紧张情况所引起的情绪状态。人在面临危险时，需要迅速判断情况，瞬间做出决定，利用过去的经验，集中注意力果断地做出行为反应。应激的情绪状态在事故发生时对处理事故是有利的，但如果人长期处于应激状态，会导致精神状态因长期紧张而迟钝，危险就有可能发生。

安全管理是一门系统科学，涉及多方面的学科。在实际安全工作中，不仅要加强设备的管理、完善各类制度、配备各类防护用品、加强员工培训、提高员工各方面技能，还要开展对人的心理方面的分析和研究，合理利用心理学的知识规范人的行为。

典型例题

人的心理状态对交通安全隐患的影响非常重要，不同气质类型的司机交通事故发生率不同。下列气质类型中，被认为是"马路第一杀手"的是（ ）。

A. 多血质
B. 黏液质
C. 抑郁质
D. 胆汁质

【解析】胆汁质的人易怒、易冲动、情绪波动大，通常被认为是"马路第一杀手"。

答案：D

第四节　安全生产管理基本理论

一、安全生产管理发展历史

人类要生存、要发展，就需要认识自然、改造自然，通过生产活动和科学研究，掌握自然变化规律。科学技术的不断进步，生产力的不断发展，使人类生活越来越丰富，但也产生了威胁人类安全与健康的安全问题。

人类"钻木取火"的目的是利用火，如果不对火进行管理，就会给使用火的人们带来灾难。在公元前27世纪，古埃及第三王朝在建造金字塔时，组织10万人用20年的时间开凿地下甬道和墓穴及建造地面塔体。对于如此庞大的工程，施工过程中没有管理是不可想象的。在古罗马和古希腊时代，维护社会治安和救火的工作由禁卫军和值班团承担。到12世纪，英国颁布了《防火法令》，17世纪颁布了《人身保护法》，安全生产管理有了自己的内容。

我国早在先秦时期，《周易》一书中就有"水火相忌""水在火上，既济"的记载，说明了用水灭火的道理。自秦人开始兴修水利以来，几乎历朝历代都设有专门管理水利的机构。到北宋时代，消防组织已相当严密。据《东京梦华录》记载，当时的都城汴京消防组织相当完善，消防管理机构由地方政府及军队担负执勤任务。

18世纪中叶，蒸汽机的发明引起了工业革命，大规模的机器化生产开始出现，工人在极其恶劣的作业环境中从事超过10小时的劳动，工人的安全和健康时刻受到机器的威胁，伤亡事故和职业病不断出现。为了确保生产过程中工人的安全和健康，人们采用了很多种手段改善作业环境，一些学者也开始研究劳动安全卫生问题。安全生产管理的内容和范畴有了很大发展。

20世纪初，现代工业兴起并快速发展，重大生产事故和环境污染相继发生，造成了大量的人员伤亡和巨大的财产损失，给社会带来了极大危害，使一些企业不得不设置专职安全人员从事安全生产管理工作，一些企业主不得不花费一定的资金和时间对工人进行安全教育。到了20世纪30年代，很多国家设立了安全生产管理的政府机构，发布了劳动安全卫生的法律法规，逐步建立了较为完善的安全教育、管理、技术体系，初具现代安全生产管理雏形。

进入20世纪50年代，经济的快速增长，使人们的生活水平迅速提高，创造就业机会、改进工作条件、公平分配国民生产总值等问题，引起了越来越多经济学家、管理学家、安全工程专家和政治家的注意。工人强烈要求不仅要有工作机会，还要有安全和健康的工作环境。一些工业化国家进一步加强了安全生产法律法规体系建设，在安全生产方面投入大量的资金进行科学研究，产生了一些安全生产管理原理、事故致因理论和事故预防原理等风险管理理论，以系统安全理论为核心的现代安全生产管理方法、模式、思想、理论基本形成。

到20世纪末，随着现代制造业和航空航天技术的飞速发展，人们对职业安全卫生问题的认识也发生了很大变化，安全生产成本、环境成本等成为产品成本的重要组成部分，职业安全卫生问题成为非官方贸易壁垒的利器。在这种背景下，"持续改进""以人为本"的健康安全生产管理理念逐渐被企业管理者所接受，以职业健康安全生产管理体系为代表的企业安全生产风险管理思想开始形成，现代安全生产管理的内容更加丰富，现代安全生产管理理论、方法、模式及相应的标准、规范更加成熟。

现代安全生产管理理论、方法、模式是20世纪50年代进入我国的。在20世纪六七十年代，我国开始吸收并研究事故致因理论、事故预防原理和现代安全生产管理思想。20世纪八九十年代，开始研究企业安全生产风险评价、危险源辨识和监控，一些企业管理者开始尝试安全生产风险管理。20世纪末，我国几乎与世界工业化国家同步研究并推行了职业健康安全管理体系。进入21世纪以来，我国有些学者提出了系统化的企业安全生产风险管理理论雏形，认为企业安全生产管理是风险管理，管理的内容包括危险源辨识、风险评价、危险预警与监测管理、事故预防与风险控制管理及应急管理等。该理论将现代风险管理完全融入了安全生产管理之中。

二、安全生产管理基本理念

（一）红线意识

强化红线意识，实施安全发展战略。始终把人民群众的生命安全放在首位，发展决不能以牺牲人的生命为代价，这要作为一条不可逾越的红线。

抓紧建立健全安全生产责任体系。要抓紧建立健全"党政同责、一岗双责、齐抓共管"的安全生产责任体系，切实做到管行业必须管安全、管业务必须管安全、管生产经营必须管安全。

强化企业主体责任落实。做到"五落实，五到位"，所有企业都必须认真履行安全生产主体责任，善于发现问题、及时解决问题，采取有力措施，做到安全投入到位、安全培训到位、基础管理到位、应急救援到位。

加快安全监管方面改革创新。要加大安全生产指标考核权重，实行安全生产和重大事故风险"一票否决"。加快安全生产法治化进程，严肃事故调查处理和责任追究。采用"四不两直"（不发通知、不打招呼、不听汇报、不用陪同和接待，直奔基层、直插现场）的方式暗查暗访，建立安全生产检查工作责任制，实行谁检查、谁签字、谁负责。

（二）全面构建长效机制

安全生产要坚持标本兼治、重在治本，建立长效机制，坚持"常、长"二字，经常、长期抓下去。要做到警钟长鸣，用事故教训推动安全生产工作，做到"一厂出事故、万厂受教育，一地有隐患、全国受警示"。要建立隐患排查治理、风险预防控制体系，做到防患于未然。

领导干部要敢于担当。安全生产责任重于泰山。领导干部不要幻想当太平官，要居安思危，临事而惧，有睡不着觉、半夜惊醒的压力。坚持命字在心、严字当头，敢抓敢管、勇于负责，不可有丝毫懈怠、半点疏忽。

（三）安全发展观

党的十八届五中全会提出：牢固树立安全发展观念，坚持人民利益至上，加强全民安全意识教育，健全公共安全体系。完善和落实安全生产责任和管理制度，实行党政同责、一岗双责、失职追责制度，强化预防治本。改革安全评审制度。健全预警应急机制，加大监管执法力度。及时排查化解安全隐患，坚决遏制重特大安全事故频发势头。实施危险化学品和化工企业生产、仓储安全环保搬迁工程。

（四）社会责任

安全生产事关人民福祉、事关改革开放稳定发展大局，是经济社会文明程度的重要标志。企业是生产经营活动的组织者，是经济效益的受益者。承担安全生产主体责任，不仅是企业管理经营的具体体现，也是企业的法定义务、法定责任，是企业不可推卸的重要社会责任。

（五）安全生产方针

根据《中华人民共和国安全生产法》，安全生产工作应当以人为本，坚持安全发展，坚持安全第一、预防为主、综合治理的方针，强化和落实生产经营单位的主体责任，建立生产经营单位负责、职工参与、政府监管、行业自律和社会监督的机制。

三、安全生产管理原理与原则

安全生产管理作为管理的主要组成部分，遵循管理的普遍规律，既服从管理的基本原理与原则，又有其特殊的原理与原则。

安全生产管理原理是从生产管理的共性出发，对生产管理工作的实质内容进行科学分析、综合、抽象与概括所得出的生产管理规律。

安全生产管理原则是指在生产管理原理的基础上，指导生产管理活动的通用规则。

（一）系统原理

系统原理是现代管理学的一个最基本原理。

按照系统的观点，管理系统具有6个特征，即集合性、相关性、目的性、整体性、层次性和适应性。

安全生产管理系统是生产管理的一个子系统，包括各级安全生产管理人员、安全生产防护设备与设施、安全生产管理规章制度、安全生产操作规范和规程以及安全生产管理信息等。

安全贯穿于生产活动的方方面面，安全生产管理是全方位、全天候且涉及全体人员的管理。

系统原理相关原则见表1-7。

表1-7 系统原理相关原则

原则	定义
动态相关性原则	构成管理系统的各要素是运动和发展的，他们相互联系又相互制约。如果管理系统的各要素都处于静止状态，就不会发生事故
整分合原则	在整体规划下明确分工，在分工基础上有效综合。要求企业管理者在制定整体目标和进行宏观决策时，必须将安全生产纳入其中，在考虑资金、人员和体系时，都必须将安全生产作为一项重要内容考虑
反馈原则	反馈是控制过程中对控制机构的反作用。企业生产的内部条件和外部环境在不断变化，所以必须及时捕获、反馈各种安全生产信息，以便及时采取行动
封闭原则	任何一个管理系统内部，管理手段、管理过程等必须构成一个连续封闭的回路。企业安全生产中，各管理机构之间、各种管理制度和方法之间，必须具有紧密的联系，形成相互制约的回路

（二）人本原理

在管理中必须把人的因素放在首位，体现以人为本的指导思想，这就是人本原理。

以人为本有两层含义：

一是一切管理活动都是以人为本展开的，人既是管理的主体，又是管理的客体，每个人都处在一定的管理层面上，离开人就无所谓管理。

二是管理活动中，作为管理对象的要素和管理系统各环节，都需要人掌管、运作、推动和实施。人本原理相关原则见表1-8。

表1-8　人本原理相关原则

原则	定义
动力原则	推动管理活动的基本力量是人，管理必须有能够激发人的工作能力的动力。对于管理系统有3种动力，即物质动力、精神动力、信息动力
能级原则	根据单位和个人能量的大小安排其工作，发挥不同能级的能量，保证结构的稳定性和管理的有效性
激励原则	利用某种外部诱因的刺激，调动人的积极性和创造性。以科学的手段，激发人的内在潜力，使其充分发挥积极性、主动性和创造性。人的工作动力来源于内在动力、外部压力和工作吸引力
行为原则	需要与动机是人的行为的基础，人类的行为规律是需要决定动机。安全生产工作重点是防止人的不安全行为

（三）预防原理

安全生产管理工作应该做到预防为主，通过有效的管理和技术手段，减少和防止人的不安全行为和物的不安全状态，从而使事故发生的概率降到最低，这就是预防原理。在可能发生人身伤害、设备或设施损坏以及环境破坏的场合，事先采取措施，防止事故发生。预防原理相关原则见表1-9。

表1-9　预防原理相关原则

原则	定义
偶然损失原则	事故后果以及后果的严重程度，都是随机的、难以预测的。反复发生的同类事故，并不一定产生完全相同的后果。事故损失不论大小，都必须做好预防工作
因果关系原则	只要诱发事故的因素存在，发生事故就是必然的，只是时间或迟或早而已
3E原则	针对造成人的不安全行为和物的不安全状态的原因，可归结为4个方面：技术原因、教育原因、身体和态度原因以及管理原因。可以采取3种预防对策，即工程技术对策、教育对策、法制对策
本质安全化原则	从根本上消除事故发生的可能性，从而达到预防事故发生的目的。本质安全化原则不仅可以应用于设备、设施，还可以应用于建设项目

（四）强制原理

采取强制管理的手段控制人的意愿和行为，使个人的活动、行为等受到安全生产管理要求的约束，从而实现有效的安全生产管理，这就是强制原理。所谓强制就是绝对服从，不必经被管理者同意便可采取控制行动。强制原理相关原则见表1-10。

表1-10　强制原理相关原则

原则	定义
安全第一原则	安全第一就是要求在进行生产和其他工作时把安全工作放在一切工作的首要位置。当生产和其他工作与安全发生矛盾时，要以安全为主，生产和其他工作要服从于安全
监督原则	在安全工作中，为了使安全生产法律法规得到落实，必须明确安全生产监督职责，对企业生产中的守法和执法情况进行监督

典型例题

1. 某疫苗生产企业对公司构架进行调整后,根据人员教育背景、工作经历和实际绩效,重新明确了每个部门和所有人员的安全生产分工,实现了安全生产责任的"横向到边,纵向到底"。该企业上述做法基于（　　）。

   A. 动态相关性原则和3E原则　　　　　B. 整分合原则和能级原则
   C. 安全第一原则和动力原则　　　　　D. 封闭原则和行为原则

   【解析】整分合原则：高效的现代安全生产管理必须在整体规划下明确分工,在分工基础上有效综合,这就是整分合原则。运用该原则,要求企业管理者在制定整体目标和进行宏观决策时,必须将安全生产纳入其中,在考虑资金、人员和体系时,都必须将安全生产作为一项重要内容考虑。能级原则：现代管理认为,单位和个人都具有一定的能量,并且可以按照能量的大小顺序排列,形成管理的能级,就像原子中电子的能级一样。在管理系统中,建立一套合理的能级,根据单位和个人能量的大小安排其工作,发挥不同能级的能量,保证结构的稳定性和管理的有效性,这就是能级原则。

2. 某日上午9时,某企业施工现场一台履带式起重机司机甲发动起重机主机准备进行施工操作时,看到位于前方10多米处另一台履带式起重机转向无法到位,便擅自离开驾驶室到另一台起重机驾驶室帮忙操作。9时20分,无人操纵的起重机由于未停机,起重臂突然后仰倾覆,砸垮现场临时围墙,倒向路面,造成6名行人伤亡。为吸取事故教训,该企业管理者从需要、动机和行为出发,提出防止人的不安全行为措施,上述做法体现了安全生产管理的原则是（　　）。

   A. 系统原理的动态相关性原则　　　　B. 人本原理的行为原则
   C. 预防原理的激励原则　　　　　　　D. 强制原理的监督原则

   【解析】人本原理的行为原则：需要与动机是人的行为的基础,人类的行为规律是需要决定动机,动机产生行为,行为指向目标,目标完成需要得到满足,于是又产生新的需要、动机、行为,以实现新的目标。安全生产工作重点是防止人的不安全行为。

   答案：1.B　2.B

同步强化训练

一、单项选择题

1. 某化工企业,在设备改造过程中,发生有毒气体泄漏爆炸事故,造成3人死亡,53人急性工业中毒,直接经济损失680万元,依据《生产安全事故报告和调查处理条例》,该事故的等级是（　　）。

   A. 一般事故　　　　　　　　　　　　B. 较大事故
   C. 重大事故　　　　　　　　　　　　D. 特别重大事故

2. 甲市安全生产监督管理局,对其市城乡接合部炼油厂组织安全检查时,发现该厂进行中的管线支撑和吊架变形严重,有可能发生管线断裂破损、柴油泄漏事故,依据《安全事故隐患排查治理暂行规定》,该隐患属于（　　）。

   A. 一般事故隐患　　　　　　　　　　B. 较大事故隐患
   C. 重大事故隐患　　　　　　　　　　D. 特大事故隐患

3. 某矿山企业在安全检查人员中开展安全原理讨论活动，参加活动的人员给出了以下关于安全管理原则的观点，其中正确的是（　　）。
   A．"强制原则"是指违反了纪律就应该得到相应的惩罚
   B．"封闭原则"是指管理手段相互联系并相互制约的回路
   C．"偶然损失原则"是指事故的发生只是偶然的，可以避免
   D．"反馈原则"是指员工对领导的反作用

4. 某煤业公司把勾人员甲在矿车与勾头未连接时推矿车，由于斜巷防跑车装置失灵造成"跑车"，将在巷道边操作的员工乙撞击碾压致死。为防止此类事故的再次发生，煤业公司采取了以下做法，其中符合通过有效技术手段防止事故的措施是（　　）。
   A．对把勾人员进行罚款　　　　　　B．解决防跑车装置失灵
   C．教育全公司人员引以为戒　　　　D．加大安全监管人员监管力度

5. 为了保证企业组织结构的稳定性和管理的有效性，某企业根据甲、乙、丙三位职工的从业经验和能力等综合因素分析，对三位职工岗位进行了重新调整，这种调整，符合安全生产管理原理的（　　）。
   A．整分合原则　　B．能级原则　　C．3E原则　　D．激励原则

6. 某市一金属矿山企业发生一起严重透水事故，市安全生产监督管理局要求该市所有金属矿山企业一律停产，全面开展隐患排查，经过安全评估并验收合格后，方可恢复生产。该种做法符合安全生产管理原理的（　　）。
   A．动态相关原则　　B．监督原则　　C．行为原则　　D．能级原则

二、多项选择题

1. 某小型私营矿山企业的员工腰挎手电筒，将一包用报纸捆扎的炸药卷放在休息室内的电炉子旁边，边烤手取暖，边与带班班长聊天。根据危险源辨识理论，上述事件中，属于危险源的有（　　）。
   A．炸药　　　　　　　　　　　　B．报纸
   C．电炉子　　　　　　　　　　　D．休息室
   E．手电筒

2. 某硫铁矿井下炸药库因防静电设施失效造成炸药发生爆炸，产生大量的一氧化碳、氮氧化物等有毒气体，并形成强大的冲击风流，造成作业人员多人中毒和伤亡。事后，该矿采取了相应的整改措施，下列措施中，符合能量意外释放理论措施的有（　　）。
   A．扩大炸药库通风巷道的面积　　　B．加大检查职工佩戴自救器频次
   C．降低炸药库存量　　　　　　　　D．巷道设置防爆水袋
   E．提高防静电设施标准

3. 某危险化学品企业结合职工素质和行业生产特点，提出了生产要服从安全，违反操作规程一律待岗的红线。这种说法符合强制原理的（　　）。
   A．安全第一原则　　　　　　　　B．3E原则
   C．动力原则　　　　　　　　　　D．监督原则
   E．整分合原则

4. 本质安全是通过设计等手段使生产设备或生产系统、建设项目本身具有安全性，即使在操

作失误的情况下也不会造成人员伤亡。下列属于本质安全设计的有（ ）。

A. 失误—安全功能　　　　　　　B. 事故—接触

C. 控制缺陷—管理　　　　　　　D. 故障—安全功能

E. 修复或急救—功能

>>> 参考答案及解析 <<<

一、单项选择题

1. 【答案】C

【解析】本题考查的是事故、事故隐患、危险、危险源与重大危险源。重大事故是指造成10人以上（含10人）30人以下死亡，或者50人（包括急性工业中毒）以上（含50人）100人以下重伤，或者5 000万元以上（含5 000万元）1亿元以下直接经济损失的事故。53人急性工业中毒属于重大事故。

2. 【答案】C

【解析】事故隐患分为一般事故隐患和重大事故隐患。一般事故隐患，是指危害和整改难度较小，发现后能够立即整改排除的隐患。重大事故隐患，是指危害和整改难度较大，应当全部或者局部停产停业，并经过一定时间整改治理方能排除的隐患，或者因外部因素影响致使生产经营单位自身难以排除的隐患。

3. 【答案】B

【解析】本题考查的是安全生产管理原理与原则。所谓强制原则就是绝对服从，不必经被管理者同意便可采取控制行动，选项A错误。在任何一个管理系统内部，管理手段、管理过程等必须构成一个连续封闭的回路，才能形成有效的管理活动，这就是封闭原则，选项B正确。偶然损失原则是指事故后果以及后果的严重程度，都是随机的、难以预测的，选项C错误。反馈原则，反馈是控制过程中对控制机构的反作用，选项D错误。

4. 【答案】B

【解析】本题考查的是安全生产管理原理与原则。安全生产管理工作应该做到预防为主，通过有效的管理和技术手段，减少和防止人的不安全行为和物的不安全状态，从而使事故发生的概率降到最低。选项A、C、D属于有效的管理措施。

5. 【答案】B

【解析】本题考查的是能级原则的概念。根据甲、乙、丙三位职工的从业经验和能力等综合因素分析，进行重新调整，是能级原则。

6. 【答案】B

【解析】根据题干，"一律停产"是一种强制措施，符合强制原理的内容，选项中只有监督原则属于强制原理。

二、多项选择题

1. 【答案】AC

【解析】从安全生产角度解释，危险源是指可能造成人员伤害和疾病、财产损失、作业环境破坏或其他损失的根源或状态。

第一类危险源是指生产过程中存在的，可能发生意外释放的能量，包括生产过程中各种能量源、能量载体或危险物质。第二类危险源是指导致能量或危险物质约束或限制措施破坏或失效的各种因素。广义上包括物的故障、人的失误、环境不良以及管理缺陷等因素。

2.【答案】ACDE

【解析】1961年吉布森提出了事故是一种不正常的或不希望的能量释放，意外释放的各种形式的能量是构成伤害的直接原因。因此，应该通过控制能量，或控制作为能量达及人体媒介的能量载体来预防伤害事故。能量意外释放理论揭示了事故发生的物理本质，选项A、C、D、E均属于防止能量意外释放的屏蔽措施。

3.【答案】AD

【解析】运用强制原理的原则是：①安全第一原则。安全第一就是要求在进行生产和其他工作时把安全工作放在一切工作的首要位置。当生产和其他工作与安全发生矛盾时，要以安全为主，生产和其他工作要服从于安全，这就是安全第一原则。②监督原则。监督原则是指在安全工作中，为了使安全生产法律法规得到落实，必须明确安全生产监督职责，对企业生产中的守法和执法情况进行监督。

4.【答案】AD

【解析】本质安全是指通过设计等手段使生产设备或生产系统本身具有安全性，即使在误操作或发生故障的情况下也不会造成事故。具体包括失误—安全功能和故障—安全功能。这两种安全功能应该是设备、设施和技术工艺本身固有的。

第二章
安全生产监管监察

掌握我国现行安全生产监管监察体制以及监管监察的内容和要求。

第一节　安全生产监管监察概述

一、安全生产监督管理体制

目前我国安全生产监督管理的体制是综合监管与行业监管相结合、国家监察与地方监管相结合、政府监督与其他监督相结合的格局。

（一）综合监管与行业监管

中华人民共和国应急管理部是国务院主管安全生产综合监督管理的部门，依法对全国安全生产实施综合监督管理。

公安、交通、铁道、民航、水利、电力、建设、国防科技、邮政、信息产业、旅游、质检、环保等国务院有关部门分别对其行业和领域内的安全生产工作负责监督管理，即行业监管。

《中华人民共和国安全生产法》第十条明确规定，国务院应急管理部门依照本法，对全国安全生产工作实施综合监督管理；县级以上地方各级人民政府应急管理部门依照本法，对本行政区域内安全生产工作实施综合监督管理。

国务院有关部门依照本法和其他有关法律、行政法规的规定，在各自的职责范围内对有关行业、领域的安全生产工作实施监督管理；县级以上地方各级人民政府有关部门依照本法和其他有关法律、法规的规定，在各自的职责范围内对有关行业、领域的安全生产工作实施监督管理。

应急管理部门和对有关行业、领域的安全生产工作实施监督管理的部门，统称负有安全生产监督管理职责的部门。

另外，为了加强国家对整个安全生产工作的领导，加强综合监管与行业监管之间的协调配合，国务院成立了安全生产委员会，设立国务院安全生产委员会办公室，其办公室工作由中华人民共和国应急管理部承担。

（二）国家监察与地方监管

针对某些危险性较高的特殊领域，国家为了加强安全生产监督管理工作，专门建立了国家监察机制。如煤矿安全监察。

考虑到目前全国的煤矿数量很大，煤矿安全监察机构的力量不足的特点，国家赋予某些权力给地方政府，由地方政府明确相应的部门行使对煤矿安全生产的监督管理权，即实行地方监管。

煤矿安全监察机构主要履行以下职责：

（1）对煤矿安全实施重点监察、专项监察和定期监察，对煤矿违法违规行为依法作出现场处理或实施行政处罚。

（2）对地方煤矿监管工作进行检查指导。

（3）负责煤矿安全生产许可证的颁发管理工作和矿长安全资格、特种作业人员的培训发证工作。

（4）负责煤矿建设工程安全设施的设计审查和竣工验收。

（5）组织煤矿安全事故的调查处理。

地方煤矿安全监管机构主要履行以下职责：

（1）对本地区煤矿安全进行日常检查，对煤矿违法违规行为依法作出现场处理或者实施行政处罚。

（2）监督煤矿企业事故隐患的整改并组织复查。

（3）依法组织关闭不具备安全生产条件的矿井。

（4）负责组织煤矿安全专项整治。

（5）参与煤矿事故调查处理。

（6）对煤矿职工培训进行监督检查。

（三）政府监督与其他监督

政府方面的监督主要有：

（1）应急管理部门和其他负有安全生产监督管理职责部门的监督。

（2）监察部门的监督。

其他方面的监督主要有：

（1）安全机构的监督。

（2）行业协会自律、社会公众的监督。

（3）工会的监督、新闻媒体的监督。

（4）乡、镇人民政府以及街道办事处、开发区管理机构、居民委员会、村民委员会等组织的监督。

（四）安全生产监督监察的基本特征

（1）权威性。源于法律的授权，而法律体现的是国家意志。

（2）强制性。法律由国家强制力来保证其实施，依法行使的监督管理权是以国家强制力作为后盾。

（3）普遍约束性。国内从事生产经营活动的单位，凡涉及安全生产方面的工作，都必须接受统一的监督管理。这是法律的普遍约束力在安全生产工作中的具体体现。

（五）安全生产监督管理的基本原则

（1）坚持"有法必依、执法必严、违法必究"的原则。

（2）坚持以事实为依据，以法律为准绳的原则。

（3）坚持预防为主的原则。

（4）坚持行为监察与技术监察相结合的原则。

（5）坚持监察与服务相结合的原则。

（6）坚持教育与惩罚相结合的原则。

二、应急管理部门和安全生产监督管理人员的主要职责

（一）应急管理部门的主要职责

（1）采取多种形式，加强对有关安全生产的法律、法规和安全生产知识的宣传，提高职工的安全生产意识。

（2）配合有关政府进行安全检查。县级以上地方各级人民政府应当根据本行政区域的安全生产状况，组织有关部门按照职责分工，对本行政区域内容易发生重大安全生产事故的生产经营单位进行严格检查，发现事故隐患及时处理。

（3）严格依法对涉及安全生产的事项进行审查批准并加强监督检查。

（4）对生产经营单位执行有关法律、法规和标准的情况进行监督检查，进入现场进行检查，查阅有关资料，向有关单位和人员了解情况，对事故隐患进行处理，对安全生产违规行为进行处理，对不符合国家标准或者行业标准的设施、设备和器材进行处理，部门之间的相互配合等。

（5）接受监察机关的监督。

（6）建立举报制度。

（7）制定有关奖励制度，对报告重大事故隐患或者举报安全生产违规行为的有功人员，给予奖励。

（8）配合地方政府建立应急救援体系。

（9）事故报告。负有安全生产监督管理职责的部门接到事故报告后，应当立即按照国家有关规定上报事故情况，不得隐瞒不报、谎报或者拖延不报。

（二）安全生产监督管理人员的主要职责

（1）宣传安全生产法律、法规和国家有关方针和政策。

（2）监督检查生产经营单位执行安全生产法律、法规和标准的情况。

（3）严格履行有关行政许可的审查职责。

依照有关法律、法规的规定，对涉及安全生产的事项设立了许多行政许可，如安全生产许可、建筑施工许可等，都要求负有安全生产监督管理职责的部门严格依法把关并加强监督检查。

（4）依法处理安全生产违法行为，实施行政处罚。

（5）正确处理事故隐患，防止事故发生。

对生产经营单位的现场检查，由安全生产监督管理人员履行。对于轻微的事故隐患，安全生产监督管理人员直接责令立即排除；对于严重的事故隐患，责令立即排除，如立即排除难以做到的，责令立即从危险区域内撤出作业人员，暂时停产停业或者停止使用，同时向行政执法部门报告。

重大事故隐患排除后，负有安全生产监督管理职责的部门应当对隐患排除情况和安全生产条件依法进行审查，经审查同意后，才能恢复生产经营或者使用相关的设备、器材等。

（6）依法处理不符合法律、法规和标准的有关设施、设备、器材。

《中华人民共和国安全生产法》（以下简称《安全生产法》）和其他有关安全生产的法律、行政法规都明确要求生产经营单位使用的设施、设备、器材应当符合保障安全生产的国家标准或者行业标准的要求。

（7）接受行政监察机关的监督。

《安全生产法》第七十一条规定："监察机关依照行政监察法的规定，对负有安全生产监督管理职责的部门及其工作人员履行安全生产监督管理职责实施监察。"

（8）及时报告事故。

发生安全生产事故后，及时报告事故既是应急管理部门的职责，也是每个安全生产监督管理人员应尽的职责。

（9）参加安全事故应急救援与事故调查处理。

发生安全生产事故，安全生产监督管理人员应当积极参与政府及其有关部门组织的应急救援，服从应急救援领导机构和指挥部门的指挥，协助政府做好人员的疏散工作及其他相关工作。

（10）忠于职守，坚持原则，秉公执法。

《安全生产法》第六十七条规定："安全生产监督检查人员应当忠于职守，坚持原则，秉公执法。"这是对安全生产监督检查人员应当具备的道德素质和执行监督检查任务时应当遵守的义务的规定。

(11) 法律、行政法规规定的其他职责。

三、安全生产监督管理的程序与方式

(一) 安全生产监督管理的程序

安全生产的监督管理有很多形式，有召开各种会议、安全检查、行政许可等。对作业场所的监督检查和颁发管理有关安全生产事项的许可是两种十分重要的形式。

对作业场所的监督检查，一般程序包括：

(1) 监督检查前的准备。

(2) 监督检查用人单位执行安全生产法律、法规及标准的情况。

(3) 作业现场检查。

(4) 提出意见或建议。

(5) 发出《整改指令书》《处罚决定书》。

颁发管理有关安全生产事项的许可，一般程序包括：

(1) 申请。申请人向安全生产许可证颁发管理机关提交申请书、文件、资料。

(2) 受理。许可证颁发管理机关按有关规定受理。申请事项不属于本机关职权范围的，应当即时作出不予受理的决定，并告知申请人向有关机关申请；申请材料存在可以当场更正的错误的，应当允许或者要求申请人当场更正，并即时出具受理的书面凭证；申请材料不齐全或者不符合要求的，应当当场或者在规定时间内告知申请人需要补正的全部内容，逾期不告知的，自收到申请材料之日起即为受理；申请材料齐全、符合要求或者按照要求全部补正的，自收到申请材料或者全部补正材料之日起即为受理。

(3) 征求意见。对有些行政许可，按照有关规定应当听取有关单位和人员的意见，有些还要向社会公开，征求社会的意见。

(4) 审查和调查。经同意后，许可证颁发管理机关指派有关人员对申请材料和安全生产条件进行审查；需要到现场审查的，应当到现场进行审查。负责审查的有关人员提出审查意见。

(5) 做出决定。许可证颁发管理机关对负责审查的有关人员提出的审查意见进行讨论，并在受理申请之日起规定的时间内作出颁发或者不予颁发安全生产许可证的决定。

(6) 送达。对决定颁发的，许可证颁发管理机关应当自决定之日起在规定的时间内送达或者通知申请人领取安全生产许可证；对决定不予颁发的，应当在规定时间内书面通知申请人并说明理由。

(二) 安全生产监督管理的方式

安全生产监督管理的方式多种多样，有召开有关会议、安全大检查、许可证管理、专项整治等，综合来说，大体可以分为事前、事中和事后3种方式。

1. 事前的监督管理

有关安全生产许可事项的审批，包括安全生产许可证、经营许可证、矿长资格证、生产经营单位主要负责人安全资格证、安全管理人员安全资格证、特种作业人员操作资格证等。

2. 事中的监督管理

主要是日常的监督检查、安全大检查、重点安全行业和领域的专项整治、许可证的监督检

查等。

事中监督管理重点在作业场所的监督检查,监督检查方式主要有两种:

(1) 行为监察(人、管)。监督检查生产经营单位安全生产的组织管理、规章制度建设、职工教育培训、各级安全生产责任制的实施等工作。其目的和作用在于提高用人单位各级管理人员和普通职工的安全意识,落实安全措施,对违章操作、违反劳动纪律的不安全行为,严肃纠正和处理。

(2) 技术监察(物)。对物质条件的监督检查,包括对新建、扩建、改建和技术改造工程项目的"三同时"监察;对用人单位现有防护措施与设施完好率、使用率的监察;对个人防护用品的质量、配备与使用的监察;对危险性较大的设备、危害性较严重的作业场所和特殊工种作业的监察等。其特点是专业性强,技术要求高。技术监察多从设备的本质安全入手。

3. 事后的监督管理

生产安全事故发生后的应急救援,以及调查处理,查明事故原因,严肃处理有关责任人员,提出防范措施。严格按照"四不放过"的原则,处理发生的生产安全事故。

"四不放过"原则:①事故原因未查清不放过;②责任人员未处理不放过;③责任人和群众未受教育不放过;④整改措施未落实不放过。

四、安全生产监管执法监督办法

根据规定,安全生产监管执法行为是指应急管理部门依法履行安全生产、职业健康监督管理职责,按照有关法律、法规、规章对行政相对人实施监督检查、现场处理、行政处罚、行政强制、行政许可等行为。

安全监管部门通过综合监督、日常监督、专项监督3种方式开展执法监督工作。

(1) 综合监督是指上级安全监管部门按照本办法规定的检查内容,对下级安全监管部门执法总体情况开展的执法监督。

(2) 日常监督是指安全监管部门对内设机构、专门执法机构及其执法人员日常执法情况开展的执法监督。

(3) 专项监督是指安全监管部门针对有关重要执法事项或者执法行为开展的执法监督。

·典型例题·

1. 安全生产监督管理的方式可以分为事前、事中和事后3种。下列监督管理内容中,属于事中监督管理的是( )。

A. 电焊作业人员操作资格证审核　　B. 特种劳动防护用品使用的监察
C. 危化品企业负责人安全资格证审批　　D. 生产安全事故调查处理

【解析】事前监督管理:有关安全生产许可事项的审批,包括安全生产许可证、经营许可证、矿长资格证、生产经营单位主要负责人安全资格证、安全管理人员安全资格证、特种作业人员操作资格证等。注意选项A,操作资格证的审核是发证后,不属于事中的监督管理。特种劳动防护用品的监察属于事中技术监察。

2. 安全生产监督管理的方式多种多样,按照监督时间逻辑可分为事前、事中和事后3种。下列属于事前监督管理的是( )。

A. 监督检查特种设备的运行情况　　B. 审批安全生产许可证
C. 监察事故责任追究情况　　D. 监察特殊工种的作业

【解析】事前监督管理:有关安全生产许可事项的审批,包括安全生产许可证、经营许可证、矿长资格证、生产经营单位主要负责人安全资格证、安全管理人员安全资格证、特种作业人员操作资格证等。

3. 某地下金属矿山企业建立了监测监控系统、井下人员定位系统、紧急避险系统、压风自救系统、供水施救系统和通信联络系统等安全避险"六大系统"。为了保证系统运行的可靠性，当地安全监督管理部门组织专业技术人员对系统的完好率进行了监督检查，该种监测方式属于（　　）。

  A. 事前监督管理   B. 事中行为监察
  C. 事中技术监察   D. 事后监督管理

【解析】事中技术监察是对物质条件的监督检查，包括对新建、扩建、改建和技术改造工程项目的"三同时"监察；对用人单位现有防护措施与设施完好率、使用率的监察；对个人防护用品的质量、配备与使用的监察；对危险性较大的设备、危害性较严重的作业场所和特殊工种作业的监察等。其特点是专业性强，技术要求高。技术监察多从设备的本质安全入手。

4. 在安全生产监督管理过程中，监督检查生产经营单位安全生产的组织管理、规章制度建设、职工教育培训以及各级安全生产责任制的落实等工作属于（　　）。

  A. 技术监察   B. 专业监察
  C. 过程监察   D. 行为监察

【解析】行为监察即监督检查生产经营单位安全生产的组织管理、规章制度建设、职工教育培训、各级安全生产责任制的实施等工作。其目的和作用在于提高用人单位各级管理人员和普通职工的安全意识，落实安全措施，对违章操作、违反劳动纪律的不安全行为，严肃纠正和处理。

5. 国家为了加强安全生产监督管理工作，专门建立了国家监察机制。其中，煤矿安全的监管比较特殊，实行的是（　　）的方式。

  A. 国家监察与地方监管相结合   B. 政府监督
  C. 行业监管与综合监管相结合   D. 社会公众的监督

【解析】除了综合监督管理与行业监督管理之外，针对某些危险性较高的特殊领域，国家为了加强安全生产监督管理工作，专门建立了国家监察机制。如对煤矿行业，国家专门建立了垂直管理的煤矿安全监察机构——国家矿山安全监察局，产煤地区另设立省级煤矿安全监察局，省级煤矿安全监察局下设分局，监察机构的人、财、物全部由中央负责，避免实行监察过程中受地方政府的干扰。

6. 下列职责中，不属于安全生产监督管理人员的职责范围的是（　　）。

  A. 宣传安全生产法律、法规和国家有关方针政策
  B. 参加安全事故应急救援与事故调查
  C. 配合有关政府进行安全检查
  D. 正确处理事故隐患，防止事故发生

【解析】安全生产监督管理人员主要职责：
（1）宣传安全生产法律、法规和国家有关方针和政策。
（2）监督检查生产经营单位执行安全生产法律、法规和标准的情况。
（3）严格履行有关行政许可的审查职责。
（4）依法处理安全生产违法行为，实施行政处罚。
（5）正确处理事故隐患，防止事故发生。

(6) 依法处理不符合法律、法规和标准的有关设施、设备、器材。
(7) 接受行政监察机关的监督。
(8) 及时报告事故。
(9) 参加安全事故应急救援与事故调查处理。
(10) 忠于职守,坚持原则,秉公执法。
(11) 法律、行政法规规定的其他职责。

7. 安全生产监管执法监督是指安全监管部门对执法行为及相关活动的监督,包括上级安全监管部门对下级安全监管部门的监督,安全监管部门对本部门内设机构、专门执法机构及其执法人员开展的监督。根据国家安全监管总局 2018 年 3 月 5 日印发的《安全生产监管执法监督办法》,下列不属于安全监管部门开展执法监督工作方式的是(　　)。

A. 综合监督　　　　　　　　　　B. 抽查监督
C. 日常监督　　　　　　　　　　D. 专项监督

【解析】《安全生产监管执法监督办法》由国家安全监管总局 2018 年 3 月 5 日印发,自印发之日起施行。安全监管部门通过综合监督、日常监督、专项监督等 3 种方式开展执法监督工作。

答案:1.B　2.B　3.C　4.D　5.A　6.C　7.B

第二节　矿山安全监察

一、矿山安全监察体制的特点

(一) 实行垂直管理

从国家矿山安全监察局到国家矿山安全监察局省级局以及设在各地的监察处实行垂直管理,人、财、物全部归中央管理,包括监察装备、人员的工资全部由中央财政承担。它不同于质检、工商等行政执法部门实行的省以下垂直管理体制。

(二) 监察和监管分开

矿山安全监察机构不承担矿山安全监管的职责,只实行对矿山安全的监察职责,矿山安全监管的政府职责由地方人民政府的有关部门承担。

(三) 分区监察

国家矿山安全监察局设在各地的监察处不是以现有行政区域为基础,而是根据矿山安全工作的重点,在大中型矿区和矿山比较集中的地区,往往一个矿山安全监察处的监察范围包括多个行政地市和县。

(四) 国家监察

正是基于矿山安全监察机构实行上下垂直的管理体制,与地方政府没有人、财、物的关系,因此,它是代表国家行使对矿山安全的监察职能。

二、矿山安全监察体制的机构设置

2020 年,中共中央办公厅、国务院办公厅印发《国家矿山安全监察局职能配置、内设机构和人员编制规定》,按照党中央决策部署,国家煤矿安全监察局更名为国家矿山安全监察局,仍由应急管理部管理。应急管理部的非煤矿山安全监督管理职责划入国家矿山安全监察局。设在地方的 27 个煤矿安全监察局相应更名为矿山安全监察局，由国家矿山安全监察局领导管理。矿山安全监察实施垂直管理，形成了"国家监察、地方监管、企业负责"的矿山安全监察工作格局。

在应急管理部下，国家单设国家矿山安全监察局，为副部级，行使对矿山安全监察的行政职能。

三、国家矿山安全监察局与有关部门的职责分工

（1）与自然资源部门的有关职责分工。自然资源部门负责查处矿山企业越界开采等违法行为。国家矿山安全监察机构发现矿山企业有越界开采等违法行为的，应当移送当地自然资源部门进行处理。

（2）与公安机关的有关职责分工。公安机关负责民用爆炸物品公共安全管理和民用爆炸物品购买、运输、爆破作业的安全监督管理。国家矿山安全监察机构发现矿山企业有民用爆炸物品使用违法行为的，应当移送当地公安机关进行处理。

（3）与能源部门的有关职责分工。能源部门从行业规划、产业政策、法规标准、行政许可等方面加强煤矿安全生产工作，负责指导和组织拟订煤炭行业规范和标准。国家矿山安全监察机构负责指导和组织拟订煤矿安全标准，会同能源等部门指导和监督煤矿生产能力核定工作。

矿山安全监察机构实行矿山安全监察员制度。矿山安全监察员是从事矿山安全监察和行政执法工作的国家公务员。矿山安全监察员按照法律行政法规规定的职责实施矿山安全监察，不受任何组织和个人的非法干涉。

四、矿山安全监察的内容与程序

（一）矿山安全监察的内容

（1）依法取得有关安全生产行政许可的情况。

（2）建立和落实安全生产责任制、安全生产规章制度和操作规程、作业规程的情况。

（3）按照国家规定提取和使用安全生产费用、安全生产风险抵押金，以及其他安全生产投入的情况。

（4）依法设置安全生产管理机构和配备安全生产管理人员的情况。

（5）从业人员受到安全生产教育、培训，取得有关安全资格证书的情况。

（6）新建、改建、扩建工程项目的安全设施与主体工程同时设计、同时施工、同时投入生产和使用，以及按规定办理设计审查和竣工验收的情况。

（7）在有较大危险因素的生产经营场所和有关设施、设备上，设置安全警示标志的情况。

（8）对安全设备设施的维护、保养、定期检测的情况。

（9）重大危险源登记建档、定期检测、评估、监控和制定应急预案的情况。

（10）教育和督促从业人员严格执行本单位的安全生产规章制度和安全操作规程，并向从业人员如实告知作业场所和工作岗位存在的危险因素、职业病危害因素、防范措施以及事故应急措施的情况。

（11）为从业人员提供符合国家标准或者行业标准的劳动防护用品，并监督、教育从业人员按照使用规则正确佩戴和使用的情况。

（12）在同一作业区域内进行生产经营活动，可能危及对方生产安全的，与对方签订安全生产管理协议，明确各自的安全生产管理职责和应当采取的安全措施，并指定专职安全生产管理人员进行安全检查与协调的情况。

(13) 对承包单位、承租单位的安全生产工作实行统一协调、管理的情况。

(14) 组织安全生产检查，及时排查治理生产安全事故隐患的情况。

(15) 制定、实施生产安全事故应急预案，以及有关应急预案备案和组织演练的情况。

(16) 危险物品的生产、经营、储存单位以及矿山企业建立应急救援组织或者兼职救援队伍、签订应急救援协议，以及应急救援器材、设备的配备、维护、保养的情况。

(17) 按照规定报告生产安全事故的情况。

(18) 依法应当监督检查的其他情况。

(二) 矿山安全监察的程序

(1) 矿山安全监察执法程序启动。矿山安全监察机构依据监察执法计划、举报材料或者其他执法行动的要求，对矿山企业启动矿山安全监察执法程序。

(2) 执法准备，包括编制执法计划、制定具体执法预案、安排人员并携带相关仪器、资料等。一般情况下，矿山安全监察机构根据执法计划安排，指定两名及以上矿山安全监察员负责对矿山企业的监察执法。

(3) 现场检查，包括出示证件、现场监察等。现场监察分地面或井下监察。对监察执法中发现的安全生产违法行为或隐患，按照《安全生产法》《煤矿安全监察条例》《安全生产违法行为行政处罚办法》等有关规定，采取现场处理措施或作出现场处理决定。

(4) 整改复查。对监察执法中发现矿山安全生产隐患整改情况的复查，由矿山安全监察机构或当地矿山安全监管部门组织实施。

(5) 行政处罚。发现当事人存在违法行为或安全生产隐患应当给予行政处罚时，矿山安全监察机构应当依法实施行政处罚。矿山安全监察机构在作出行政处罚前，应当告知当事人作出行政处罚决定的事实、理由、依据，以及矿山企业依法享有的权利，并送达当事人。当事人依法享有陈述、申辩等权利。

(6) 监察建议和文书移送。现场监察结束后，矿山安全监察员应当向当事人通报监察执法情况，指出矿山企业存在的问题，提出解决问题的建议。及时向当地人民政府及其地方矿山安全监管机构通报行政执法情况，并移送有关执法文书。

(7) 结案归档。

• 典型例题 •

下列不属于矿山安全监察体制的特点的是（　　）。

A. 实行垂直管理　　　　　　　　B. 监管与监察相结合

C. 分区监察　　　　　　　　　　D. 国家监察

【解析】矿山安全监察体制的特点：实行垂直管理、监管与监察相分开、分区监察、国家监察。

答案：B

第三节　特种设备安全监察

《中华人民共和国特种设备安全法》（以下简称《特种设备安全法》），自2014年1月1日起施行。本法所称特种设备，是指对人身和财产安全有较大危险性的锅炉、压力容器（含气瓶）、压力管道、电梯、起重机械、客运索道、大型游乐设施、场（厂）内专用机动车辆，以及法律、行政法规规定适用本法的其他特种设备。

《特种设备安全监察条例》,自 2003 年 6 月 1 日起施行,2009 年 5 月 1 日修改。

《特种设备安全监察条例》对锅炉、压力容器、压力管道、电梯、起重机械、客运索道、大型游乐设施和场(厂)内专用机动车辆等特种设备的生产(含设计、制造、安装、改造、维修)、使用、检验检测等事项作出了全面的规定。

一、特种设备安全监察体制

国家对特种设备实行专项安全监察体制。国务院、省(自治区、直辖市)、市(地)以及经济发达县的质检部门设立特种设备安全监察机构。

根据《特种设备安全法》《特种设备安全监察条例》的规定,我国的特种设备安全监督管理部门,国务院负责的部门是指国家市场监督管理总局,地方是指各级地方人民政府的市场监督管理部门。

国家市场监督管理总局内设特种设备安全监察局,各省、自治区、直辖市在市场监督管理部门内设有特种设备安全监察处,各地市设安全监察科。

二、特种设备安全监察法规体系

目前,我国制定了一系列涉及特种设备安全方面的法律法规和规范性文件,基本形成了"法律—法规—规章—规范性文件—相关标准及技术规定"5 个层次的特种设备安全监察法规体系结构。

(1)法律,主要包括《特种设备安全法》《中华人民共和国安全生产法》《中华人民共和国劳动法》《中华人民共和国产品质量法》《中华人民共和国行政处罚法》《中华人民共和国行政许可法》等。

(2)法规,主要包括《特种设备安全监察条例》《国务院关于特大安全事故行政责任追究的规定》《生产安全事故报告和调查处理条例》等国务院行政法规,以及《浙江省特种设备安全管理条例》《广东省特种设备安全监察规定》等地方性法规。

(3)规章,包括原国家质量监督检验检疫总局发布的办法、规定、规则,如《设备监理单位资格管理办法》(国家质量监督检验检疫总局令第 157 号),以及地方政府制定的规章,如《河北省特种设备安全监察规定》(河北省人民政府令〔2012〕第 18 号)等。

(4)规范性文件,如原国家质量监督检验检疫总局《关于进一步加强电梯安全工作的意见》(国质检特〔2013〕14 号)、原广东省质量技术监督局《重点监控特种设备安全监督管理办法》等。

(5)技术标准,主要是指技术法规中引用的各类标准。

三、特种设备安全监察制度

按照设计、制造、安装、使用、检验、修理、改造及进出口等环节,对锅炉、压力容器等特种设备的安全实施全过程一体化的安全监察。

目前,对特种设备的安全监察,主要建立两项制度:

(1)特种设备市场准入制度。

(2)设计、制造、安装、使用、检验、修理、改造 7 个环节全过程一体化的监察制度。

四、特种设备安全监察机构和人员的职责

特种设备安全监察人员的职责(监察机构的职责和此类似)如下:

(1)积极宣传安全生产的方针、政策和特种设备安全法规,督促有关单位贯彻执行。

（2）对特种设备设计、制造、安装、充装、检验、修理、改造、使用、维修保养、化学清洗单位进行监督检查，发现有违反设备安全法律法规行为时，有权通知违规单位予以纠正。

（3）对特种设备的制造、安装、充装、检验、修理、改造、使用、维修保养、化学清洗活动进行检查，有权制止无资质或违章作业行为，发现安全质量不符合要求的，可以报告监察机构发出《安全监察指令书》，要求相关单位限期解决；逾期不解决，有权通知停止设备的制造和使用。

（4）监督有关单位对司炉工、焊工、压力容器操作人员、医用氧舱维护人员、水处理人员、电梯操作人员、起重机械操作人员、客运索道管理人员、充装人员等特种作业人员的培训考核，有权制止非持证人员上岗作业。

（5）制定或参与审定有关特种设备安全技术规程、标准。

（6）参加特种设备事故的调查，提出处理意见。

五、特种设备安全监察的方式与内容

（一）特种设备安全监察的方式

1. 行政许可制度

对特种设备实施市场准入制度和设备准用制度。

（1）市场准入制度：主要是对从事特种设备的设计、制造、安装、修理、维护保养、改造的单位实施资格许可，并对部分产品出厂实施安全性能监督检验。

（2）设备准用制度：对在用的特种设备通过实施定期检验，注册登记，施行准用制度。

2. 监督检查制度

监督检查的目的是预防事故的发生，其实现手段有：

（1）通过检验发现特种设备在设计、制造、安装、维修、改造中的影响产品安全性能的质量问题。

（2）对检查发现的问题，用行政执法的手段纠正违法违规行为。

（3）通过广泛宣传，提高全社会的安全意识和法规意识。

（4）发挥群众监督和舆论监督的作用，加大对各类违法违规行为的查处力度。

（5）加强日常工作的监察。

3. 事故应对和调查处理

特种设备安全监察机构在做好事故预防工作的同时，要将危机处理机制的建立作为安全监察工作的重要内容。

危机处理机制应包括事故应急处理预案、组织和物资保证、技术支撑、人员救援、后勤保障、建立与舆论界可控的互动关系等。事故发生后，组织调查处理，按照"四不放过"原则，严肃处理事故。

（二）特种设备安全监察的内容

（1）特种设备设计、制造、安装、检验、修理、使用单位贯彻执行国家法律、法规、标准和有关规定的情况。

（2）特种设备、特种设备操作人员及其他相应人员的持证上岗情况。

（3）建立相应的安全生产责任制情况。

（4）特种设备的设计、制造、安装、充装、检验、修理、改造、使用、维修保养、化学清洗是否遵守有关法律、法规和标准的规定。

（5）参加或进行特种设备的事故调查。

国务院特种设备安全监督管理部门应当组织对特种设备检验检测机构的检验检测结果、鉴

定结论进行监督抽查。县以上地方负责特种设备安全监督管理的部门在本行政区域内也可以组织监督抽查，但是要防止重复抽查。监督抽查结果应当向社会公布。

> **典型例题**

1. 为加强特种设备安全监督管理，对从事压力容器的设计、制造、安装、修理、维护保养等单位，实施市场准入制度，并对部分产品实施安全性能监督检验。这种特种设备安全监察方式属于（ ）。

   A. 准用制度　　　　　　　　　　　B. 产品合格制度
   C. 事故应对调查制度　　　　　　　D. 行政许可制度

   【解析】行政许可制度：对特种设备实施市场准入制度和设备准用制度。市场准入制度主要是对从事特种设备的设计、制造、安装、修理、维护保养、改造的单位实施资格许可，并对部分产品出厂实施安全性能监督检验；设备准用制度是对在用的特种设备通过实施定期检验，注册登记，施行准用制度。

2. 根据《特种设备安全监察条例》，组织对特种设备检验、检测机构的检验检测结果、鉴定结论进行监督抽查的部门是（ ）。

   A. 国务院特种设备安全监督管理部门
   B. 省级特种设备安全监督管理部门
   C. 设区的市级特种设备安全监督管理部门
   D. 县级特种设备安全监督管理部门

   【解析】国务院特种设备安全监督管理部门应当组织对特种设备检验检测机构的检验检测结果、鉴定结论进行监督抽查。

3. 我国通过实施行政许可制度、监督检查制度以及事故应对和调查处理机制，贯彻落实特种设备监察工作。其中行政许可制度是指（ ）。

   A. 市场准入和人员资格准入制度
   B. 市场准入和设备准用制度
   C. 危机处理和人员资格准入制度
   D. 行政执法和设备准用制度

   【解析】行政许可制度：对特种设备实施市场准入制度和设备准用制度。市场准入制度主要是对从事特种设备的设计、制造、安装、修理、维护保养、改造的单位实施资格许可，并对部分产品出厂实施安全性能监督检验；设备准用制度是对在用的特种设备通过实施定期检验，注册登记，施行准用制度。

   答案：1.D　2.A　3.B

同步强化训练

单项选择题

1. 目前，我国安全生产监督管理体制是综合监管与行业监管相结合、国家监察与地方监管相结合、政府监督与其他监督相结合的格局。煤矿的监督管理体制是（ ）。

   A. 综合监管与行业监管
   B. 国家监察与地方监管
   C. 政府监督与其他监督

D. 安全生产监督管理的责任主体

2. 煤矿安全监察机构依法履行国家煤矿安全监察职责,实施煤矿安全监察行政执法,对煤矿安全进行重点监察、专项监察和定期监察。下列属于重点监察的是（   ）。

   A. 安全管理人员安全资格的监察
   B. 瓦斯治理和整顿关闭监察
   C. 节后矿井恢复生产实施的监察
   D. 年底、突击生产实施的监察

3. 安全生产监督管理的形式多种多样,按照监督时间逻辑可分为事前、事中和事后3种。下列属于事中行为监察的是（   ）。

   A. 安全生产许可证的颁发
   B. 对某金属冶炼企业的安全生产规章制度建设的监察
   C. 对某甲醇生产企业危险性较大的工艺流程设备的监察
   D. 企业发生事故后的调查处理

4. 《特种设备安全监察条例》建立了特种设备安全监察制度,特种设备安全监察的主要环节是（   ）。

   A. 设计、制造、安装、使用、检验、改造、责任追究
   B. 设计、制造、安装、使用、检验、修理、改造
   C. 设计、制造、检验、改造、化学清洗、事故处理
   D. 行政许可、设计、制造、安装、使用、检验、改造

5. 我国对从事特种设备的设计、制造、安装、修理、维护保养、改造的单位实施资格许可,并对部分产品出厂实施性能监督检验,是（   ）制度。

   A. 设备准用   B. 市场准入
   C. 监督检查   D. 责任追究

>>> **参考答案及解析** <<<

单项选择题

1. 【答案】B
   【解析】对于煤矿,国家专门建立了垂直管理的煤矿安全监察机构,国家设立国家矿山安全监察局,施行国家监察与地方监管。

2. 【答案】A
   【解析】重点监察是指对重点事项的监察,如对安全生产许可证的监察,对安全管理机构设置和安全管理人员安全资格的监察等。瓦斯治理和整顿关闭监察是专项监察,节后矿井恢复生产实施的监察和年底、突击生产实施的监察是定期监察。

3. 【答案】B
   【解析】安全生产许可证的颁发属于事前监察内容;甲醇生产企业危险性较大的工艺流程设备的监察属于事中技术监察;企业发生事故后的调查处理属于事后监察。

4. 【答案】B
   【解析】《特种设备安全监察条例》对特种设备的生产(含设计、制造、安装、改造、维修)、使用、检验检测等事项作出了全面的规定。

5.【答案】B

【解析】市场准入制度主要是对从事特种设备的设计、制造、安装、修理、维护保养、改造的单位实施资格许可，并对部分产品出厂实施安全性能监督检验。

第三章
安全生产管理

　　熟练掌握安全生产规章制度、安全生产责任制、安全生产标准化、安全文化以及安全生产教育和培训的相关内容，进行危险化学品重大危险源辨识、评价、监管、控制和应急管理。根据安全生产相关法律法规和政策规定，解决建设项目安全设施"三同时"工作中的实际问题，进行设备设施选用、安装调试、使用、检测维护、拆除、报废等设备设施过程管理，编制安全技术措施计划。辨识不良作业环境，提出相应安全措施，编制企业安全生产费用提取、使用和管理计划，了解安全生产责任保险，进行安全生产检查与隐患排查治理。选用和验收劳动防护用品，掌握正确使用方法。编制安全操作规程，进行危险作业管理以及相关方安全管理，解决企业承包和租赁经营过程中相关方安全管理问题。

第一节　安全生产标准化管理

一、安全生产标准化的定义

安全生产标准化是指通过建立安全生产责任制，制定安全管理制度和操作规程，排查治理隐患和监控重大危险源，建立预防机制，规范生产行为，使各生产环节符合有关安全生产法律法规和标准规范的要求，人、机、物、环处于良好的生产状态，并持续改进，不断加强企业安全生产规范化建设。

安全生产标准化体现了"安全第一、预防为主、综合治理"的方针和"以人为本"的科学发展观，强调企业安全生产工作的规范化、科学化、系统化和法制化，强化风险管理和过程控制，注重绩效管理和持续改进，符合安全管理的基本规律，代表了现代安全管理的发展方向，是先进安全管理思想与我国传统安全管理方法、企业具体实际的有机结合，有效提高企业安全生产水平，从而推动我国安全生产状况的根本好转。

二、企业开展安全生产标准化的必要性

安全生产是关系人民群众生命财产安全的大事，是经济社会协调健康发展的标志，是党和政府对人民利益高度负责的要求。当前我国正处在工业化、城镇化持续推进过程中，生产经营规模不断扩大，传统和新型生产经营方式并存，各类事故隐患和安全风险交织叠加，安全生产基础薄弱、监管体制机制和法律制度不完善、企业主体责任落实不力等问题依然突出，生产安全事故易发多发，尤其是重特大安全事故频发势头尚未得到有效遏制，一些事故的发生呈现由高危行业领域向其他行业领域蔓延的趋势，直接危及生产安全和公共安全。开展安全生产标准化是党中央、国务院加强安全生产工作的重要举措。

三、安全生产标准化的现实意义

（1）实践"安全第一、预防为主、综合治理"的方针和以人为本的科学发展观的具体体现。

（2）保护和发展先进生产力，促进企业乃至整个国民经济持续健康快速发展的基本条件。

（3）加强安全生产工作的一项带有基础性、长期性、前瞻性、战略性、根本性的工作。

（4）提高企业安全素质的一项基本建设工程，是落实企业安全生产主体责任的重要举措和建立安全生产长效机制的根本途径。

（5）夯实企业安全生产基础，实现企业安全生产工作的规范化、制度化、标准化和科学化，提高企业安全生产水平，保障企业从业人员的安全与健康，促进企业的可持续健康发展的需要。

（6）有助于实现对企业分级管理、分类指导，促进安全生产形势稳定好转，实现长治久安。

（7）有利于推动安全监管部门依法行政，提高安全监管水平。

四、开展安全生产标准化建设的重点内容

（一）《企业安全生产标准化基本规范》要素

企业安全生产标准化建设主要根据《企业安全生产标准化基本规范》（GB/T 33000—2016）（以下简称《规范》）进行评估和建设，《规范》包含的要素见表3-1。

表 3-1 《企业安全生产标准化基本规范》要素

老标准	新标准	
一级元素（13个）	一级要素（8个）	二级要素（28个）
1. 目标职责 2. 组织机构和职责 3. 安全投入	1. 目标职责	1.1 目标
		1.2 机构和职责
		1.3 全员参与
		1.4 安全生产投入
		1.5 安全文化建设
		1.6 安全生产信息化建设
4. 法律法规与安全管理制度	2. 制度化管理	2.1 法规标准识别
		2.2 规章制度
		2.3 操作规程
		2.4 文档管理
5. 教育培训	3. 教育培训	3.1 教育培训管理
		3.2 人员教育培训
6. 生产设备设施 7. 作业安全 8. 职业健康	4. 现场管理	4.1 设备设施管理
		4.2 作业安全
		4.3 职业健康
		4.4 警示标志
9. 隐患排查和治理 10. 重大危险源监控	5. 安全风险管控及隐患排查治理	5.1 安全风险管理
		5.2 重大危险源识别与管理
		5.3 隐患排查治理
		5.4 预防预警
11. 应急演习	6. 应急管理	6.1 应急准备
		6.2 应急处置
		6.3 应急评估
12. 事故报告、调查和处理	7. 事故管理	7.1 报告
		7.2 事故调查和处理
		7.3 管理
13. 绩效评定与持续改进	8. 持续改进	8.1 绩效评定
		8.2 绩效改进

（二）核心要求

1. 目标职责

（1）目标。

企业应根据自身安全生产实际，制定文件化的总体和年度安全生产与职业卫生目标，并纳入企业总体生产经营目标。明确目标的制定、分解、实施、检查、考核等环节要求，并按照所属基层单位和部门在生产经营活动中所承担的职能，将目标分解为指标，确保落实。

企业应定期对安全生产与职业卫生目标、指标实施情况进行评估和考核，并结合实际及时进行调整。

（2）机构和职责。

①机构设置。

企业应落实安全生产组织领导机构，成立安全生产委员会，并应按照有关规定设置安全生产和职业卫生管理机构，或配备相应的专职或兼职安全生产和职业卫生管理人员，按照有关规定配备注册安全工程师，建立健全从管理机构到基层班组的管理网络。

②主要负责人及领导层职责。

企业主要负责人全面负责安全生产和职业卫生工作，并履行相应责任和义务。分管负责人应对各自职责范围内的安全生产和职业卫生工作负责。各级管理人员应按照安全生产和职业卫生责任制的相关要求，履行其安全生产和职业卫生职责。

（3）全员参与。

企业应建立健全安全生产和职业卫生责任制，明确各级部门和从业人员的安全生产和职业卫生职责，并对职责的适宜性、履行情况进行定期评估和监督考核。

企业应为全员参与安全生产和职业卫生工作创造必要的条件，建立激励约束机制，鼓励从业人员积极建言献策，营造自下而上、自上而下全员重视安全生产和职业卫生的良好氛围，不断改进和提升安全生产和职业卫生管理水平。

（4）安全生产投入。

企业应建立安全生产投入保障制度，按照有关规定提取和使用安全生产费用，并建立使用台账。

企业应按照有关规定，为从业人员缴纳相关保险费用。企业宜投保安全生产责任保险。

（5）安全文化建设。

企业应开展安全文化建设，确立本企业的安全生产和职业病危害防治理念及行为准则，并教育、引导全体人员贯彻执行。

企业开展安全文化建设活动，应符合《企业安全文化建设导则》（AQ/T 9004—2008）的规定。

（6）安全生产信息化建设。

企业应根据自身实际情况，利用信息化手段加强安全生产管理工作，开展安全生产电子台账管理、重大危险源监控、职业病危害防治、应急管理、安全风险管控和隐患自查自报、安全生产预测预警等信息系统的建设。

2. 制度化管理

（1）法规标准识别。

企业应建立安全生产和职业卫生法律法规、标准规范的管理制度，明确主管部门，确定获取的渠道、方式，及时识别和获取适用、有效的法律法规、标准规范，建立安全生产和职业卫生法律法规、标准规范清单和文本数据库。

企业应将适用的安全生产和职业卫生法律法规、标准规范的相关要求转化为本单位的规章制度、操作规程，并及时传达给相关从业人员，确保相关要求落实到位。

（2）规章制度。

企业应建立健全安全生产和职业卫生规章制度，并征求工会及从业人员意见和建议，规范安全生产和职业卫生管理工作。

企业应确保从业人员及时获取制度文本。

企业安全生产和职业卫生规章制度包括但不限于下列内容：

①目标管理。

②安全生产和职业卫生责任制。

③安全生产承诺。

④安全生产投入。

⑤安全生产信息化。

⑥四新（新技术、新材料、新工艺、新设备设施）管理。

⑦文件、记录和档案管理。

⑧安全风险管理、隐患排查治理。

⑨职业病危害防治。

⑩教育培训。

⑪班组安全活动。

⑫特种作业人员管理。

⑬建设项目安全设施、职业病防护设施"三同时"管理。

⑭设备设施管理。

⑮施工和检维修安全管理。

⑯危险物品管理。

⑰危险作业安全管理。

⑱安全警示标志管理。

⑲安全预测预警。

⑳安全生产奖惩管理。

㉑相关方安全管理。

㉒变更管理。

㉓个体防护用品管理。

㉔应急管理。

㉕事故管理。

㉖安全生产报告。

㉗绩效评定管理。

（3）操作规程。

企业应按照有关规定，结合本企业生产工艺、作业任务特点以及岗位作业安全风险与职业病防护要求，编制齐全适用的岗位安全生产和职业卫生操作规程，发放到相关岗位员工，并严格执行。

企业应确保从业人员参与岗位安全生产和职业卫生操作规程的编制和修订工作。

企业应在新技术、新材料、新工艺、新设备设施投入使用前，组织制修订相应的安全生产和职业卫生操作规程，确保其适用性和有效性。

（4）文档管理。

①记录管理。

企业应建立文件和记录管理制度，明确安全生产和职业卫生规章制度、操作规程的编制、评审、发布、使用、修订、作废以及文件和记录管理的职责、程序和要求。

企业应建立健全主要安全生产和职业卫生过程与结果的记录，并建立和保存有关记录的电子档案，支持查询和检索，便于自身管理使用和行业主管部门调取检查。

②评估。

企业应每年至少评估一次安全生产和职业卫生法律法规、标准规范、规章制度、操作规程的适用性、有效性和执行情况。

③修订。

企业应根据评估结果、安全检查情况、自评结果、评审情况、事故情况等，及时修订安全生产和职业卫生规章制度、操作规程。

3. 教育培训

（1）教育培训管理。

企业应建立健全安全教育培训制度，按照有关规定进行培训。培训大纲、内容、时间应满足有关标准的规定。

企业安全教育培训应包括安全生产和职业卫生的内容。

企业应明确安全教育培训主管部门，定期识别安全教育培训需求，制定、实施安全教育培训计划，并保证必要的安全教育培训资源。

企业应如实记录全体从业人员的安全教育和培训情况，建立安全教育培训档案和从业人员个人安全教育培训档案，并对培训效果进行评估和改进。

（2）人员教育培训。

①主要负责人和安全管理人员。

企业的主要负责人和安全生产管理人员应具备与本企业所从事的生产经营活动相适应的安全生产和职业卫生知识与能力。

企业应对各级管理人员进行教育培训，确保其具备正确实行岗位安全生产和职业卫生职责的知识与能力。

法律法规要求考核其安全生产和职业卫生知识与能力的人员，应按照有关规定经考核合格。

②从业人员。

企业应对从业人员进行安全生产和职业卫生教育培训，保证从业人员具备满足岗位要求的安全生产和职业卫生知识，熟悉有关的安全生产和职业卫生法律法规、规章制度、操作规程，掌握本岗位的安全操作技能和职业危害防护技能、安全风险辨识和管控方法，了解事故现场应急处置措施，并根据实际需要，定期进行复训考核。

未经安全教育培训合格的从业人员，不应上岗作业。

煤矿、非煤矿山、危险化学品、烟花爆竹、金属冶炼等企业应对新上岗的临时工、合同工、劳务工、轮换工、协议工等进行强制性安全培训，保证其具备本岗位安全操作、自救互救以及应急处置所需的知识和技能后，方能安排上岗作业。

企业的新入厂（矿）从业人员上岗前应经过厂（矿）、车间（工段、区、队）、班组三级安全培训教育，岗前安全教育培训学时和内容应符合国家和行业的有关规定。

在新工艺、新技术、新材料、新设备设施投入使用前，企业应对有关从业人员进行专门的安全生产和职业卫生教育培训，确保其具备相应的安全操作、事故预防和应急处置能力。

从业人员在企业内部调整工作岗位或离岗一年以上重新上岗时，应重新进行车间（工段、区、队）和班组级的安全教育培训。

从事特种作业、特种设备作业的人员应按照有关规定，经专门安全作业培训，考核合格，取得相应资格后，方可上岗作业，并定期接受复审。

企业专职应急救援人员应按照有关规定，经专门应急救援培训，考核合格后，方可上岗，并定期参加复训。

其他从业人员每年应接受再培训，再培训时间和内容应符合国家和地方政府的有关规定。

③其他人员教育培训。

企业应对进入企业从事服务和作业活动的承包商、供应商的从业人员和接收的中等职业学校、高等学校实习生，进行入厂（矿）安全教育培训，并保存记录。

外来人员进入作业现场前，应由作业现场所在单位对其进行安全教育培训，并保存记录。主要内容包括：外来人员入厂（矿）有关安全规定、可能接触到的危害因素、所从事作业的安全要求、作业安全风险分析及安全控制措施、职业病危害防护措施、应急知识等。

企业应对进入企业检查、参观、学习等外来人员进行安全教育，主要内容包括：安全规定、可能接触到的危险有害因素、职业病危害防护措施、应急知识等。

4. 现场管理

（1）设备设施管理。

①设备设施建设。

企业总平面布置应符合《工业企业总平面设计规范》（GB 50187—2012）的规定，建筑设计防火和建筑灭火器配置应分别符合《建筑设计防火规范》（GB 50016—2018）和《建筑灭火器配置设计规范》（GB 50140—2010）的规定；建设项目的安全设施和职业病防护设施应与建设项目主体工程同时设计、同时施工、同时投入生产和使用。

企业应按照有关规定进行建设项目安全生产、职业病危害评价，严格履行建设项目安全设施和职业病防护设施设计审查、施工、试运行、竣工验收等管理程序。

②设备设施验收。

企业应执行设备设施采购、到货验收制度，购置、使用设计符合要求、质量合格的设备设施。设备设施安装后企业应进行验收，并对相关过程及结果进行记录。

③设备设施运行。

企业应对设备设施进行规范化管理，建立设备设施管理台账。

企业应有专人负责管理各种安全设施以及检测与监测设备，定期检查维护并做好记录。

企业应针对高温、高压和生产、使用、储存易燃、易爆、有毒、有害物质等高风险设备，以及海洋石油开采特种设备和矿山井下特种设备，建立运行、巡检、保养的专项安全管理制度，确保其始终处于安全可靠的运行状态。

安全设施和职业病防护设施不应随意拆除、挪用或弃置不用；确因检维修拆除的，应采取临时安全措施，检维修完毕后立即复原。

④设备设施检、维修。

企业应建立设备设施检维修管理制度，制定综合检维修计划，加强日常检维修和定期检维修管理，落实"五定"原则，即定检维修方案、定检维修人员、定安全措施、定检维修质量、定检维修进度，并做好记录。

检维修方案应包含作业安全风险分析、控制措施、应急处置措施及安全验收标准。检维修过程中应执行安全控制措施，隔离能量和危险物质，并进行监督检查，检维修后应进行安全确认。检维修过程中涉及危险作业的，应按照其他相应规定执行。

⑤检测检验。

特种设备应按照有关规定，委托具有专业资质的检测、检验机构进行定期检测、检验。涉及人身安全、危险性较大的海洋石油开采特种设备和矿山井下特种设备，应取得矿用产品安全标志或相关安全使用证。

⑥设备设施拆除、报废。

企业应建立设备设施报废管理制度。设备设施的报废应办理审批手续，在报废设备设施拆除前应制定方案，并在现场设置明显的报废设备设施标志。报废、拆除涉及许可作业的，在作业前对相关作业人员进行培训和安全技术交底。报废、拆除应按方案和许可内容组织落实。

（2）作业安全。

①作业环境和作业条件。

企业应事先分析和控制生产过程及工艺、物料、设备设施、器材、通道、作业环境等存在的安全风险。

生产现场应实行定置管理，保持作业环境整洁。

生产现场应配备相应的安全、职业病防护用品（具）及消防设施与器材，按照有关规定设置应急照明、安全通道，并确保安全通道畅通。

企业应对临近高压输电线路作业、危险场所动火作业、有（受）限空间作业、临时用电作业、爆破作业、封道作业等危险性较大的作业活动，实施作业许可管理，严格履行作业许可审批手续。作业许可应包含安全风险分析、安全及职业病危害防护措施、应急处置等内容。作业许可实行闭环管理。

企业应对作业人员的上岗资格、条件等进行作业前的安全检查，做到特种作业人员持证上岗，并安排专人进行现场安全管理，确保作业人员遵守岗位操作规程和落实安全及职业病危害防护措施。

企业应采取可靠的安全技术措施，对设备能量和危险有害物质进行屏蔽或隔离。

两个以上作业队伍在同一作业区域内进行作业活动时，不同作业队伍相互之间应签订管理协议，明确各自的安全生产、职业卫生管理职责和采取的有效措施，并指定专人进行检查与协调。

危险化学品生产、经营、储存和使用单位的特殊作业，应符合《危险化学品企业特殊作业安全规范》（GB 30871—2022）的规定。

②作业行为。

企业应依法合理进行生产作业组织和管理，加强对从业人员作业行为的安全管理，对设备设施、工艺技术以及从业人员作业行为等进行安全风险辨识，采取相应的措施，控制作业行为安全风险。

企业应监督、指导从业人员遵守安全生产和职业卫生规章制度、操作规程，杜绝违章指挥、违规作业和违反劳动纪律的"三违"行为。

企业应为从业人员配备与岗位安全风险相适应的、符合《个体防护装备选用规范》（GB 11651—2022）规定的个体防护装备与用品，并监督、指导从业人员按照有关规定正确佩戴、使用、维护、保养和检查个体防护装备与用品。

③岗位达标。

企业应建立班组安全活动管理制度，开展岗位达标活动，明确岗位达标的内容和要求。

从业人员应熟练掌握本岗位安全职责、安全生产和职业卫生操作规程、安全风险及管控措施、防护用品使用、自救互救及应急处置措施。

各班组应按照有关规定开展安全生产和职业卫生教育培训、安全操作技能训练、岗位作业危险预知、作业现场隐患排查、事故分析等工作，并做好记录。

④相关方。

企业应建立承包商、供应商等安全管理制度，将承包商、供应商等相关方的安全生产和职业卫生纳入企业内部管理，对承包商、供应商等相关方的资格预审、选择、作业人员培训、作业过程检查监督、提供的产品与服务、绩效评估、续用或退出等进行管理。

企业应建立合格承包商、供应商等相关方的名录和档案，定期识别服务行为安全风险，并采取有效的控制措施。

企业不应将项目委托给不具备相应资质或安全生产、职业病防护条件的承包商、供应商等相关方。企业应与承包商、供应商等签订合作协议，明确规定双方的安全生产及职业病防护的责任和义务。

企业应通过供应链关系促进承包商、供应商等相关方达到安全生产标准化要求。

(3) 职业健康。

①基本要求。

企业应为从业人员提供符合职业卫生要求的工作环境和条件，为接触职业危害的从业人员提供个人使用的职业病防护用品，建立健全职业卫生档案和健康监护档案。

产生职业病危害的工作场所应设置相应的职业病防护设施，并符合《工业企业设计卫生标准》(GBZ 1—2010) 的规定。

企业应确保使用有毒、有害物品的作业场所与生活区、辅助生产区分开，作业场所不应住人；将有害作业与无害作业分开，高毒工作场所与其他工作场所隔离。

对可能发生急性职业危害的有毒、有害工作场所，应设置检验报警装置，制定应急预案，配置现场急救用品、设备，设置应急撤离通道和必要的泄险区，定期检查监测。

企业应组织从业人员进行上岗前、在岗期间、特殊情况应急后和离岗时的职业健康检查，将检查结果书面告知从业人员并存档。对检查结果异常的从业人员，应及时就医，并定期复查。企业不应安排未经职业健康检查的从业人员从事接触职业病危害的作业；不应安排有职业禁忌的从业人员从事禁忌作业。从业人员的职业健康监护应符合《职业健康监护技术规范》(GBZ 188—2014) 的规定。

各种防护用品、各种防护器具应定点存放在安全、便于取用的地方，建立台账，并有专人负责保管，定期校验、维护和更换。

涉及放射工作场所和放射性同位素运输、贮存的企业，应配置防护设备和报警装置，为接触放射线的从业人员佩带个人剂量计。

②职业危害告知。

企业与从业人员订立劳动合同时，应将工作过程中可能产生的职业危害及其后果和防护措施如实告知从业人员，并在劳动合同中写明。

企业应按照有关规定，在醒目位置设置公告栏，公布有关职业病防治的规章制度、操作规程、职业病危害事故应急救援措施和工作场所职业病危害因素检测结果。对存在或产生职业病危害的工作场所、作业岗位、设备、设施，应在醒目位置设置警示标识和中文警示说明；使用有毒物品作业场所，应设置黄色区域警示线、警示标识和中文警示说明，高毒作业场所应设置红色区域警示线、警示标识和中文警示说明,并设置通信报警设备。高毒物品作业岗位职业病危害告知应符合《高毒物品作业岗位职业病危害告知规范》(GBZ/T 203—2007)的规定。

③职业病危害申报。

企业应按照有关规定,及时、如实向所在地应急管理部门申报职业病危害项目,并及时更新信息。

④职业病危害检测与评价。

企业应改善工作场所职业卫生条件,控制职业病危害因素浓(强)度不超过《工作场所有害因素职业接触限值 第1部分:化学有害因素》(GBZ 2.1—2019)、《工作场所有害因素职业接触限值 第2部分:物理因素》(GBZ 2.2—2022)等规定的限值。

企业应对工作场所职业病危害因素进行日常监测,并保存监测记录。存在职业病危害的,应委托具有相应资质的职业卫生技术服务机构进行定期检测,每年至少进行一次全面的职业病危害因素检测;职业病危害严重的,应委托具有相应资质的职业卫生技术服务机构,每3年至少进行一次职业病危害现状评价。检测、评价结果存入职业卫生档案,并向安全监管部门报告,向从业人员公布。

定期检测结果中职业病危害因素浓度或强度超过职业接触限值的,企业应根据职业卫生技术服务机构提出的整改建议,结合本单位的实际情况,制定切实有效的整改方案,立即进行整改。整改落实情况应有明确的记录并存入职业卫生档案备查。

(4) 警示标志。

企业应按照有关规定和工作场所的安全风险特点,在有重大危险源、较大危险因素和严重职业病危害因素的工作场所,设置明显的、符合有关规定要求的安全警示标志和职业病危害警示标识。安全警示标志和职业病危害警示标识应标明安全风险内容、危险程度、安全距离、防控办法、应急措施等内容,在有重大隐患的工作场所和设备设施上设置安全警示标志,标明治理责任、期限及应急措施;在有安全风险的工作岗位设置安全告知卡,告知从业人员本企业、本岗位主要危险有害因素、后果、事故预防及应急措施、报告电话等内容。

企业应定期对警示标志进行检查维护,确保其完好有效。

企业应在设备设施施工、吊装、检维修等作业现场设置警戒区域和警示标志,在检维修现场的坑、井、渠、沟、陡坡等场所设置围栏和警示标志,进行危险提示、警示,告知危险的种类、后果及应急措施等。

5. 安全风险管控及隐患排查治理

(1) 安全风险管理。

①安全风险辨识。

企业应建立安全风险辨识管理制度,组织全员对本单位安全风险进行全面、系统的辨识。

安全风险辨识范围应覆盖本单位的所有活动及区域,并考虑正常、异常和紧急三种状态及过去、现在和将来三种时态。安全风险辨识应采用适宜的方法和程序,且与现场实际相符。

企业应对安全风险辨识资料进行统计、分析、整理和归档。

②安全风险评估。

企业应建立安全风险评估管理制度,明确安全风险评估的目的、范围、频次、准则和工作程序等。

企业应选择合适的安全风险评估方法，定期对所辨识出的存在安全风险的作业活动、设备设施、物料等进行评估。在进行安全风险评估时，至少应从影响人、财产和环境三个方面的可能性和严重程度进行分析。

矿山、金属冶炼和危险物品生产、储存企业，每3年应委托具备规定资质条件的专业技术服务机构对本企业的安全生产状况进行安全评价。

③安全风险控制。

企业应选择工程技术措施、管理控制措施、个体防护措施等，对安全风险进行控制。

企业应根据安全风险评估结果及生产经营状况等，确定相应的安全风险等级，对其进行分级分类管理，实施安全风险差异化动态管理，制定并落实相应的安全风险控制措施。

企业应将安全风险评估结果及所采取的控制措施告知相关从业人员，使其熟悉工作岗位和作业环境中存在的安全风险，掌握、落实应采取的控制措施。

④变更管理。

企业应制定变更管理制度。变更前应对变更过程及变更后可能产生的安全风险进行分析，制定控制措施，履行审批及验收程序，并告知和培训相关从业人员。

（2）重大危险源辨识和管理。

企业应建立重大危险源管理制度，全面辨识重大危险源，对确认的重大危险源制定安全管理技术措施和应急预案。

涉及危险化学品的企业应按照《危险化学品重大危险源辨识》（GB 18218—2021）的规定，进行重大危险源辨识和管理。

企业应对重大危险源登记建档，设置重大危险源监控系统，进行日常监控，并按照有关规定向所在地安全监管部门备案。重大危险源安全监控系统应符合《危险化学品重大危险源安全监控通用技术规范》（AQ 3035—2015）的技术规定。

含有重大危险源的企业应将监控中心（室）视频监控资料、数据监控系统状态数据和监控数据与有关监管部门监管系统联网。

（3）隐患排查治理。

①隐患排查。

企业应建立隐患排查治理制度，逐渐建立并落实从主要负责人到每位从业人员的隐患排查治理和防控责任制，并按照有关规定组织开展隐患排查治理工作，及时发现并消除隐患，实行隐患闭环管理。

企业应依据有关法律法规、标准规范等，组织制定各部门、岗位、场所、设备设施的隐患排查治理标准或排查清单，明确隐患排查的时限、范围、内容和要求，并组织开展相应的培训。隐患排查的范围应包括所有与生产经营相关的场所、人员、设备设施和活动，包括承包商和供应商等相关服务范围。

企业应按照有关规定，结合安全生产的需要和特点，采用综合检查、专业检查、季节性检查、节假日检查、日常检查等不同方式进行隐患排查。对排查出的隐患，按照隐患的等级进行记录，建立隐患信息档案，并按照职责分工实施监控治理。组织有关人员对本企业可能存在的重大隐患作出认定，并按照有关规定进行管理。

企业应将相关方排查出的隐患统一纳入本企业隐患管理。

②隐患治理。

企业应根据隐患排查的结果，制定隐患治理方案，对隐患及时进行治理。

企业应按照责任分工立即或限期组织整改一般隐患。主要负责人应组织制定并实施重大隐患治理方案，治理方案应包括目标和任务、方法和措施、经费和物资、机构和人员、时限和要求、应急预案。

企业在隐患治理过程中，应采取相应的监控防范措施。隐患排除前或排除过程中无法保证安全的，应从危险区域内撤出作业人员，疏散可能危及的人员，设置警戒标志，暂时停产停业或停止使用相关设备、设施。

③验收与评估。

隐患治理完成后，企业应按照有关规定对治理情况进行评估、验收。重大隐患治理完成后，企业应组织本企业的安全管理人员和有关技术人员进行验收或委托依法设立的为安全生产提供技术、管理服务的机构进行评估。

④信息记录、通报和报送。

企业应如实记录隐患排查治理情况，至少每月进行统计分析，及时将隐患排查治理情况向从业人员通报。

企业应运用隐患自查、自改、自报信息系统，通过信息系统对隐患排查、报告、治理、销账等过程进行电子化管理和统计分析，并按照当地安全监管部门和有关部门的要求，定期或实时报送隐患排查治理情况。

（4）预测预警。

企业应根据生产经营状况、安全风险管理及隐患排查治理、事故等情况，运用定量或定性的安全生产预测预警技术，建立体现企业安全生产状况及发展趋势的安全生产预测预警体系。

6．应急管理

（1）应急准备。

①应急救援组织。

企业应按照有关规定建立应急管理组织机构或指定专人负责应急管理工作，建立与本企业安全生产特点相适应的专（兼）职应急救援队伍。按照有关规定可以不单独建立应急救援队伍的，应指定兼职救援人员，并与邻近专业应急救援队伍签订应急救援服务协议。

②应急预案。

企业应在开展安全风险评估和应急资源调查的基础上，建立生产安全事故应急预案体系，制定符合《生产经营单位生产安全事故应急预案编制导则》（GB/T 29639—2020）规定的生产安全事故应急预案，针对安全风险较大的重点场所（设施）制定现场处置方案，并编制重点岗位、人员应急处置卡。

企业应按照有关规定将应急预案报当地主管部门备案，并通报应急救援队伍、周边企业等有关应急协作单位，企业应定期评估应急预案，及时根据评估结果或实际情况的变化进行修订和完善，并按照有关规定将修订的应急预案及时报当地主管部门备案。

③应急设施、装备、物资。

企业应根据可能发生的事故种类特点，按照规定设置应急设施，配备应急装备，储备应急物资，建立管理台账，安排专人管理，并定期检查、维护、保养，确保其完好、可靠。

④应急演练。

企业应按照《生产安全事故应急演练基本规范》（AQ/T 9007—2019）的规定定期组织公司（厂、矿）、车间（工段、区、队）、班组开展生产安全事故应急演练，做到一线从业人员参与应急演练全覆盖，并按照《生产安全事故应急演练评估规范》(AQ/T 9009—2015)的规定对演练进行总结和评估，根据评估结论和演练发现的问题，修订、完善应急预案，改进应急准备工作。

⑤应急救援信息系统建设。

矿山、金属冶炼等企业，生产、经营、运输、储存、使用危险物品或处置废弃危险物品的生产经营单位，应建立生产安全事故应急救援信息系统，并与所在地县级以上地方人民政府负有安全生产监督管理职责的部门的安全生产应急管理信息系统互联互通。

(2) 应急处置。

发生事故后，企业应根据预案要求，立即启动应急响应程序，按照有关规定报告事故情况，并开展先期处置：

发出警报，在不危及人身安全时，现场人员采取阻断或隔离事故源、危险源等措施；严重危及人身安全时，迅速停止现场作业，现场人员采取必要的或可能的应急措施后撤离危险区域。

立即按照有关规定和程序报告本企业有关负责人，有关负责人应立即将事故发生的时间、地点、当前状态等简要信息向所在地县级以上地方人民政府负有安全生产监督管理职责的有关部门报告，并按照有关规定及时补报、续报有关情况；情况紧急时，事故现场有关人员可以直接向有关部门报告；对可能引发次生事故灾害的，应及时报告相关主管部门。

研判事故危害及发展趋势，将可能危及周边生命、财产、环境安全的危险性和防护措施等告知相关单位与人员；遇有重大紧急情况时，应立即封闭事故现场，通知本单位从业人员和周边人员疏散，采取转移重要物资、避免或减轻环境危害等措施。

请求周边应急救援队伍参加事故救援，维护事故现场秩序，保护事故现场证据。准备事故救援技术资料，做好向所在地人民政府及其负有安全生产监督管理职责的部门移交救援工作指挥权的各项准备。

(3) 应急评估。

企业应对应急准备、应急处置工作进行评估。

矿山、金属冶炼等企业，生产、经营、运输、储存、使用危险物品或处置废弃危险物品的企业，应每年进行一次应急准备评估。

完成险情或事故应急处置后，企业应主动配合有关组织开展应急处置评估。

7. 事故查处

(1) 报告。

企业应建立事故报告程序，明确事故内、外部报告的责任人、时限、内容等，并教育、指导从业人员严格按照有关规定的程序报告发生的生产安全事故。

企业应妥善保护事故现场以及相关证据。

事故报告后出现新情况的，应当及时补报。

(2) 调查和处理。

企业应建立内部事故调查和处理制度，按照有关规定、行业标准和国际通行做法，将造成人员伤亡（轻伤、重伤、死亡等人身伤害和急性中毒）和财产损失的事故纳入事故调查和处理范畴。

企业发生事故后，应及时成立事故调查组，明确其职责与权限，进行事故调查。事故调查应查明事故发生的时间、经过、原因、波及范围、人员伤亡情况及直接经济损失等。

事故调查组应根据有关证据、资料，分析事故的直接、间接原因和事故责任，提出应吸取的教训、整改措施和处理建议，编制事故调查报告。

企业应开展事故案例警示教育活动，认真吸取事故教训，落实防范和整改措施，防止类似事故再次发生。

企业应根据事故等级，积极配合有关人民政府开展事故调查。

（3）管理。

企业应建立事故档案和管理台账，将承包商、供应商等相关方在企业内部发生的事故纳入本企业事故管理。

企业应按照《企业职工伤亡事故分类》（GB 6441—86）、《事故伤害损失工作日标准》（GB/T 15499—1995）的有关规定和国家、行业确定的事故统计指标开展事故统计分析。

8. 持续改进

（1）绩效评定。

企业每年至少应对安全生产标准化管理体系的运行情况进行一次自评，验证各项安全生产制度措施的适宜性、充分性和有效性，检查安全生产和职业卫生管理目标、指标的完成情况。

企业主要负责人应全面负责组织自评工作，并将自评结果向本企业所有部门、单位和从业人员通报。自评结果应形成正式文件，并作为年度安全绩效考评的重要依据。

企业应落实安全生产报告制度，定期向业绩考核等有关部门报告安全生产情况，并向社会公示。

企业发生生产安全责任死亡事故，应重新进行安全绩效评定，全面查找安全生产标准化管理体系中存在的缺陷。

（2）持续改进。

企业应根据安全生产标准化管理体系的自评结果和安全生产预测预警系统所反映的趋势，以及绩效评定情况，客观分析企业安全生产标准化管理体系的运行质量，及时调整完善相关制度文件和过程管控，持续改进，不断提高安全生产绩效。

五、企业安全生产标准化定级管理

企业安全生产标准化达标等级分为一级企业、二级企业、三级企业，其中一级为最高。定级标准和具体要求按照行业分别确定。企业安全生产标准化定级实行分级负责。应急管理部为一级企业以及海洋石油全部等级企业的定级部门。省级和设区的市级应急管理部门分别为本行政区域内二级、三级企业的定级部门。定级部门通过政府购买服务方式确定从事安全生产相关工作的事业单位或者社会组织作为标准化定级组织单位和评审单位，负责受理和审核企业自评报告、监督现场评审过程和质量等具体工作，并向社会公布组织单位、评审单位名单。

（一）定级程序

企业安全生产标准化定级按照自评、申请、评审、公示、公告的程序进行。

1. 自评

企业应自主开展安全生产标准化建设工作，成立由主要负责人任组长的自评工作组，对照相应定级标准开展自评，每年一次，形成自评报告在企业内部进行公示，及时整改发现的问题，持续改进安全绩效。

2. 申请

申请定级的企业，依拟申请的等级向相应组织单位提交自评报告。组织单位收到企业自评报告后，对自评报告内容存在问题的，告知企业需要补正的全部内容。符合申请条件的，将审核意见和企业自评报告报送定级部门，并书面告知企业；对不符合的，书面告知企业并说明理由。审核、报送和告知工作应在 10 个工作日内完成。

3. 评审

定级部门对组织单位报送的审核意见和企业自评报告进行确认后，由组织单位通知负责现场评审的单位成立现场评审组在 20 个工作日内完成现场评审，形成现场评审报告，初步确定企业是否达到拟申请的等级，书面告知企业。企业收到现场评审报告后，应当在 20 个工作日内完成不符合项整改工作，并将整改情况报告现场评审组。现场评审组应指导企业做好整改工作，并在收到企业整改情况报告后 10 个工作日内采取书面检查或者现场复核的方式，确认整改是否合格，书面告知企业和组织单位。企业未在规定期限内完成整改的，视为整改不合格。

4. 公示

组织单位将确认整改合格、符合相应定级标准的企业名单定期报送相应定级部门；定级部门确认后，在本级政府或者本部门网站向社会公示，接受社会监督，公示时间不少于 7 个工作日。公示期间，收到企业存在不符合定级标准以及其他相关要求问题反映的，由定级部门组织核实。

5. 公告

对公示无异议或者经核实不存在所反映问题的定级企业，由定级部门确认定级等级，予以公告，并抄送同级工业和信息化、人力资源社会保障、国有资产监督管理、市场监督管理等部门和工会组织，以及相应银行保险和证券监督管理机构。对未予公告的企业，由定级部门书面告知其未通过定级，并说明理由。

（二）定级条件

申请定级的企业应当在自评报告中，由其主要负责人承诺符合以下条件：

（1）依法应当具备的证照齐全有效。

（2）依法设置安全生产管理机构或者配备安全生产管理人员。

（3）主要负责人、安全生产管理人员、特种作业人员依法持证上岗。

（4）申请定级之日前 1 年内，未发生死亡、总计 3 人及以上重伤或者直接经济损失、总计 100 万元及以上的生产安全事故。

（5）未发生造成重大社会不良影响的事件。

（6）未被列入安全生产失信惩戒名单。

（7）前次申请定级被告知未通过之日起满 1 年。

（8）被撤销安全生产标准化等级之日起满 1 年。

（9）全面开展隐患排查治理，发现的重大隐患已完成整改。

申请一级定级的企业，还应当承诺符合以下条件：

（1）从未发生过特别重大生产安全事故，且申请定级之日前 5 年内未发生过重大生产安全事故、前 2 年内未发生过生产安全死亡事故。

（2）按照《企业职工伤亡事故分类》（GB 6441—86）、《事故伤害损失工作日标准》（GB/T 15499—1995），统计分析年度事故起数、伤亡人数、损失工作日、千人死亡率、千人重伤率、伤害频率、伤害严重率等，并自前次取得安全生产标准化等级以来逐年下降或者持平。

（3）曾被定级为一级，或者被定级为二级、三级并有效运行 3 年以上。

发现企业存在承诺不实的,定级相关工作即行终止,3年内不再受理该企业安全生产标准化定级申请。

(三) 期满定级申请

企业安全生产标准化等级有效期为3年。已经取得安全生产标准化等级的企业,可以在有效期届满前3个月再次按照安全生产标准化定级程序申请定级。对再次申请原等级的企业,在安全生产标准化等级有效期内符合以下条件的,经定级部门确认后,直接予以公示和公告:

(1) 未发生生产安全死亡事故。

(2) 一级企业未发生总计重伤3人及以上或者直接经济损失总计100万元及以上的生产安全事故,二级、三级企业未发生总计重伤5人及以上或者直接经济损失总计500万元及以上的生产安全事故。

(3) 未发生造成重大社会不良影响的事件。

(4) 有关法律、法规、规章、标准及所属行业定级相关标准未作重大修订。

(5) 生产工艺、设备、产品、原辅材料等无重大变化,无新建、改建、扩建工程项目。

(6) 按照规定开展自评并提交自评报告。

(四) 定级等级撤销

取得安全生产标准化定级的企业,在证书有效期内发生下列行为之一的,由原定级部门撤销其等级并予以公告,同时抄送同级工业和信息化、人力资源社会保障、国有资产监督管理、市场监督管理等部门和工会组织,以及相应银行保险和证券监督管理机构。

(1) 发生生产安全死亡事故的。

(2) 连续12个月内发生总计重伤3人及以上或者直接经济损失总计100万元及以上的生产安全事故的。

(3) 发生造成重大社会不良影响事件的。

(4) 瞒报、谎报、迟报、漏报生产安全事故的。

(5) 被列入安全生产失信惩戒名单的。

(6) 提供虚假材料,或者以其他不正当手段取得安全生产标准化等级的。

(7) 行政许可证照注销、吊销、撤销的,或者不再从事相关行业生产经营活动的。

(8) 存在重大生产安全事故隐患,未在规定期限内完成整改的。

(9) 未按照安全生产标准化管理体系持续、有效运行,情节严重的。

(五) 激励和监督保障措施

企业安全生产标准化建设情况将作为应急管理部门和有关部门分类分级监管的重要依据,对不同等级的企业实施差异化监管。

(1) 对安全生产标准化一级企业,减少执法检查频次,不纳入政策性限产、停产范围,优先办理复工复产验收。

(2) 加大对安全生产标准化等级企业在工伤保险费、安全生产责任保险、信贷信用等级评定、评先创优和安全文化示范企业创建等方面的支持力度。

(3) 各级定级部门加强对定级组织单位、评审单位工作过程和质量进行监督,发现现场评审报告质量低、现场评审把关不严、收取企业费用、出具虚假报告等行为依法依规严肃处理。

(4) 企业安全生产标准化定级各环节相关工作通过应急管理部企业安全生产标准化信息管

理系统进行。

> · 典型例题 ·

1. 根据《企业安全生产标准化基本规范》，下列关于开展安全标准化建设的重点内容的表述，正确的是（　　）。

   A. 企业安全生产标准化管理体系的运行情况，采用企业自评的方式进行评估

   B. 生产经营单位应建立安全生产投入保障制度，完善和改进安全生产条件，按规定提取安全费用，专项用于安全生产，并建立安全费用台账

   C. 生产经营单位应确定安全教育培训主管部门，按规定及岗位需要，定期识别安全教育培训需求，制定、实施安全教育培训计划，安全教育培训无需记录

   D. 安全设备设施可随意拆除和挪用，也可以任意安装

   【解析】企业安全生产标准化管理体系的运行情况，采用企业自评和评审单位评审的方式进行评估，选项A错误。企业应明确安全教育培训主管部门，定期识别安全教育培训需求，制定、实施安全教育培训计划，并保证必要的安全教育培训资源。企业应如实记录全体从业人员的安全教育和培训情况，建立安全教育培训档案和从业人员个人安全教育培训档案，并对培训效果进行评估和改进，选项C错误。安全设施和职业病防护设施不应随意拆除、挪用或弃置不用；确因检维修拆除的，应采取临时安全措施，检维修完毕后立即复原，选项D错误。

2. 根据《企业安全生产标准化基本规范》，关于生产经营单位建设项目的所有设备全生命周期管理的说法中，正确的是（　　）。

   A. 安全设施投资应纳入专项资金管理，但不纳入建设项目概算

   B. 主要生产设备设施变更应执行备案制度，并及时向地方政府相关部门汇报

   C. 安全设施随生产设备改造同步拆除时，应采取临时安全措施，改造完成后立即恢复

   D. 拆除生产设备设施涉及危险物品时，应及时向地方政府相关部门汇报

   【解析】根据建设项目安全设施"三同时"的规定，安全设施的投资应纳入建设项目概算，选项A错误。企业执行变更管理以及拆除生产设备设施是企业内部管理范畴，选项B、D错误。

3. 根据《企业安全生产标准化基本规范》，二级要素预测预警属于一级要素中的（　　）。

   A. 目标职责

   B. 安全风险管控

   C. 应急管理

   D. 现场管理

   【解析】一级要素安全风险管控及隐患排查治理中包含的二级要素为安全风险管理、重大危险源辨识与管理、隐患排查治理、预测预警等四项要素。

4. 某企业为推动安全生产标准化管理体系的有效运行，开展自评工作，根据安全生产制度措施的适应性、充分性和有效性，检查安全生产和职业卫生管理目标、指标的完成情况，并作为年度安全绩效考评的重要依据。关于该企业安全生产标准化绩效评定的说法，正确的是（　　）。

   A. 企业主管安全的副总经理全面负责组织自评工作

   B. 企业发生死亡事故应重新进行安全绩效评定

   C. 企业自评周期为每两年一次

D. 企业自评结果的通报范围为自评工作小组

【解析】选项 A 错误，企业主要负责人应全面负责组织自评工作。选项 B 正确，企业发生生产安全责任死亡事故，应重新进行安全绩效评定，全面查找安全生产标准化管理体系中存在的缺陷。选项 C 错误，企业每年至少应对安全生产标准化管理体系的运行情况进行一次自评，自评结果应形成正式文件，并作为年度安全绩效考评的重要依据。选项 D 错误，自评结果向本企业所有部门、单位和从业人员通报。

5. 根据《企业安全生产标准化基本规范》，企业应采用 PDCA 动态循环模式中的 C 代表（ ）。

A. 实施 B. 策划
C. 改进 D. 检查

【解析】企业应采用"策划、实施、检查、改进的 PDCA"动态循环模式。

6. 根据《企业安全生产标准化基本规范》，企业应对工作场所职业病危害因素进行日常监测，并保存监测记录。职业病危害严重的，应委托具有相应资质的职业卫生技术服务机构，至少（ ）进行一次职业病危害现状评价。

A. 每半年
B. 每年
C. 每两年
D. 每三年

【解析】职业病危害严重的，应委托具有相应资质的职业卫生技术服务机构，每三年至少进行一次职业病危害现状评价。

7. 某企业在安全生产标准化创建过程中，为了进一步规范和完善档案管理，对有关材料进行分类分卷整理。根据《企业安全生产标准化基本规范》，安全生产预测预警信息系统建设的有关材料应归于"核心要求"的（ ）中。

A. 目标职责
B. 制度化管理
C. 隐患排查治理
D. 现场管理

【解析】根据《企业安全生产标准化基本规范》，企业应根据自身实际情况，利用信息化手段加强安全生产管理工作，开展安全生产电子台账管理、重大危险源监控、职业病危害防治、应急管理、安全风险管控和隐患自查自报、安全生产预测预警等信息系统的建设。安全生产预测预警信息系统的建设属于核心要素目标职责的内容。

8. 某企业在开展安全生产标准化建设过程中，注重结合企业自身的特点，建立并保持安全生产标准化系统，建立安全生产长效机制，不断提高安全生产管理水平。按照《企业安全生产标准化基本规范》的要求进行了自评并形成了评定结果。该企业应在安全生产标准化的评定结果中明确的事项是（ ）。

A. 企业生产工艺和技术发生的变化
B. 依据法律、法规、规章和标准发生的变化
C. 部门、所属单位、员工安全绩效考评结果
D. 验证各项安全生产制度措施的适宜性、充分性和有效性

【解析】企业每年至少应对安全生产标准化管理体系的运行情况进行一次自评，验证各项安全生产制度措施的适宜性、充分性和有效性，检查安全生产和职业卫生管理目标、指标的完成情况。

企业主要负责人应全面负责组织自评工作，并将自评结果向本企业所有部门、单位和从业人员通报。自评结果应形成正式文件，并作为年度安全绩效考评的重要依据。

企业应落实安全生产报告制度，定期向业绩考核等有关部门报告安全生产情况，并向社会公示。

企业发生生产安全责任死亡事故，应重新进行安全绩效评定，全面查找安全生产标准化管理体系中存在的缺陷。

企业应根据安全生产标准化管理体系的自评结果和安全生产预测预警系统所反映的趋势，以及绩效评定情况，客观分析企业安全生产标准化管理体系的运行质量，及时调整完善相关制度文件和过程管控，持续改进，不断提高安全生产绩效。

9. 某轻工企业安全生产标准化二级企业证书有效期即将到期，该企业张总经理、体系管理代表郝女士、分管安全生产工作的刘副总经理、常年安全生产顾问李注册安全工程师等召开专题会议，研究决定申请复评。为保证工作有效开展，会议决定成立自评工作组。根据安全生产标准化建设的有关规定，应当任命（　　）为自评工作组组长。

A. 张总经理　　　　　　　　B. 体系管理者代表郝女士
C. 刘副总经理　　　　　　　D. 李注册安全工程师

【解析】根据《企业安全生产标准化基本规范》，企业主要负责人应全面负责组织自评工作，并将自评结果向本企业所有部门、单位和从业人员通报。自评结果应形成正式文件，并作为年度安全绩效考评的重要依据。

答案：1.B　2.C　3.B　4.B　5.D　6.D　7.A　8.D　9.A

第二节　安全生产责任制

一、安全生产责任制的定义

安全生产责任制是根据我国的安全生产方针"安全第一、预防为主、综合治理"和安全生产法规建立的各级领导、职能部门、工程技术人员、岗位操作人员在劳动生产过程中对安全生产层层负责的制度。安全生产责任制是企业岗位责任制的一个组成部分，是企业中最基本的一项安全制度，也是企业安全生产、劳动保护管理制度的核心。

实践证明，凡是建立、健全了安全生产责任制的企业，各级领导重视安全生产、劳动保护工作，切实贯彻执行党的安全生产、劳动保护方针、政策和国家的安全生产、劳动保护法规，在认真负责地组织生产的同时，积极采取措施，改善劳动条件，工伤事故和职业性疾病就会减少。反之，就会职责不清，相互推诿，而使安全生产、劳动保护工作无人负责，无法进行，工伤事故与职业病就会不断发生。

二、制定安全生产责任制的目的

制定安全生产责任制的目的是：明确安全生产责任、依职分担；安全生产人人有责、人人尽责。

生产经营单位和企业由各个部门和车间、班组和个人组成，各自具有本职任务或生产任务。安全不是离开生产经营独立存在的，是贯穿于生产经营整个过程中的，只有从上到下建立起严格的安全生产责任制，职责明确，责任分明，各司其职，各负其责，将法律法规赋予生产经营单位和企业主要负责人的安全生产责任由大家共同承担，安全工作才能形成一个整体。

生产经营单位是安全生产责任主体，生产经营单位的主要负责人是本单位安全生产的第一责任人，对本单位的安全生产工作全面负责。

根据《中华人民共和国安全生产法》第三条规定，安全生产工作坚持中国共产党的领导。安全生产工作应当以人为本，坚持人民至上、生命至上，把保护人民生命安全摆在首位，树牢安全发展理念，坚持安全第一、预防为主、综合治理的方针，从源头上防范化解重大安全风险。安全生产工作实行管行业必须管安全、管业务必须管安全、管生产经营必须管安全，强化和落实生产经营单位主体责任与政府监管责任，建立生产经营单位负责、职工参与、政府监管、行业自律和社会监督的机制。

三、安全生产责任制制定的法规依据

《安全生产法》第五条规定，生产经营单位的主要负责人是本单位安全生产第一责任人，对本单位的安全生产工作全面负责。其他负责人对职责范围内的安全生产工作负责。

第二十一条规定，生产经营单位的主要负责人对本单位安全生产工作负有下列职责：

（1）建立健全并落实本单位全员安全生产责任制，加强安全生产标准化建设。

（2）组织制定并实施本单位安全生产规章制度和操作规程。

（3）组织制定并实施本单位安全生产教育和培训计划。

（4）保证本单位安全生产投入的有效实施。

（5）组织建立并落实安全风险分级管控和隐患排查治理双重预防工作机制，督促、检查本单位的安全生产工作，及时消除生产安全事故隐患。

（6）组织制定并实施本单位的生产安全事故应急救援预案。

（7）及时、如实报告生产安全事故。

第二十二条规定，生产经营单位的全员安全生产责任制应当明确各岗位的责任人员、责任范围和考核标准等内容。生产经营单位应当建立相应的机制，加强对全员安全生产责任制落实情况的监督考核，保证全员安全生产责任制的落实。

四、安全生产责任制的制定原则

安全生产责任制的内容应根据各部门和人员职责来确定，在制定时应遵循以下原则。

（一）"谁主管，谁负责"和"管生产必须管安全"的原则

安全问题发生在生产过程中，因此安全工作要渗透到生产的整个过程和各个环节，是生产工作的重要组成部分，无论是从事生产管理还是生产操作，都应将安全纳入其职责范围。坚持管行业必须管安全、管业务必须管安全、管生产经营必须管安全。

根据《国务院关于加强企业生产中安全工作的几项规定》，为了进一步贯彻执行安全生产方针，加强企业生产中安全工作的领导和管理，以保证职工的安全与健康，促进生产，关于安全生产责任制特作如下规定：

（1）企业单位的各级领导人员在管理生产的同时，必须负责管理安全工作，认真贯彻执行

国家有关劳动保护的法规和制度,在计划、布置、检查、总结、评比生产的时候,同时计划、布置、检查、总结、评比安全工作。

(2) 企业单位中的生产、技术、设计、供销、运输、财务等各有关专职机构,都应该在各自业务范围内,对实现安全生产的要求负责。

(二) 充分体现职责权利相统一的原则

职责、权利应是统一的,只有职责而没有权利,职责就很难被履行,没有职责的权利将被滥用。所以在制定安全生产责任制时要充分体现责任权利相统一这个原则。例如,职工有做好本职安全工作、遵守安全操作规程的责任,同时也有拒绝违章指挥、冒险作业的权利。

(三) 分级负责、职责权利关系协调的原则

企业应该根据生产经营机构、岗位及其在安全生产中的作用,制定以法定代表人或负责人为核心的各部门、各类人员的安全生产责任制,实现分级负责;安全生产责任制应实行"一岗双责",坚持"谁主管,谁负责","谁签字,谁负责",体现分级负责、职责权利关系协调的原则,并力求做到定量化、程序化,具有可操作性和针对性,责任清楚,落实到人。

(四) 突出重点的原则

安全涉及生产的各个方面,安全生产责任制也是全方位的,但必须突出重点,如果事无巨细地罗列责任条文,这些条文也很难得到真正的落实。因此在界定企业和各部门、层次、个人的安全生产责任制体系时,应抓住重点,围绕安全工作的重点来展开责任体系,这也就抓住了安全工作的关键。

安全工作重点主要包括:

(1) 易造成重大损失的易燃易爆物品、剧毒品、锅炉、受压容器、起重设备和机械、运输设备、冶炼设备、电气设备、冲压机械、高处作业和本企业易发生工伤、火灾、爆炸等事故的其他设备、工种、场所及其作业人员。

(2) 造成职业中毒或职业病的尘毒点及其作业人员。

(3) 直接管理重要危险点和有害点的部门及其负责人。

五、安全生产责任制的具体要求

(1) 要明确企业的各级领导、各职能管理部门、各级管理人员、各工作岗位的安全生产职责,做到"横向到边、纵向到底"。

(2) 安全生产管理组织体系要遵循"分线负责,系统管理;分级管理,下管一级;责权一致"的原则。

(3) 要把为实现安全生产应干的全部工作分配到有关岗位的安全生产职责中,做到"人人有责"。

(4) 企业安全生产责任体系"五落实五到位"规定:

①必须落实"党政同责"要求,董事长、党组织书记、总经理对本企业安全生产工作共同承担领导责任。

②必须落实安全生产"一岗双责",所有领导班子成员对分管范围内安全生产工作承担相应职责。

③必须落实安全生产组织领导机构,成立安全生产委员会,由董事长或总经理担任主任。

④必须落实安全管理力量,依法设置安全生产管理机构,配齐配强注册安全工程师等专业

安全管理人员。

⑤必须落实安全生产报告制度，定期向董事会、业绩考核部门报告安全生产情况，并向社会公示。

⑥必须做到安全责任到位、安全投入到位、安全培训到位、安全管理到位、应急救援到位。

六、安全生产责任制的主要内容

（1）生产经营单位的各级负责生产和经营的管理人员，在完成生产或经营任务的同时，对保证生产安全负责。要做到计划、布置、检查、总结、评比安全"五同时"。

（2）各职能部门的人员，对自己业务范围内及有关的安全生产负责。

（3）所有的从业人员应在自己本职工作范围内做到安全生产。

安全生产责任制是保证生产经营单位的生产经营活动安全进行的重要措施，生产经营单位的主要负责人应当建立、健全本单位的安全生产责任制，并定期检查执行情况，及时解决执行中的问题，还应落实具体奖惩办法。

七、建立安全生产责任制

（1）以各层次各部门相应职能（分工）制定安全生产责任制。用这种方法制定的安全生产责任制，与企业的现行组织结构能一一对应，各层次、各部门的安全生产责任明确、全面，且条理化，能够体现"分级管理，分级负责"的原则，可以避免遗漏重叠，也便于集中考核。但在实践中，遇到具体活动或问题时，由于对活动中的各方职责界定不具体，时有发生相互推诿或谁都不管（遗漏）的现象。

（2）以生产经营活动界定涉及相关部门或层次的安全生产职责。在具体的安全事务中，各层次各部门应该做什么，怎样做，做到什么程度，什么时间做，谁做，规定清楚，杜绝相互推诿或遗漏。

八、各级人员安全职责

对企业各级负责人员、职能部门及其工作人员、工程技术人员和各岗位操作人员明确各自的安全职责。

（一）主要负责人安全生产职责

（1）建立健全并落实本单位全员安全生产责任制，加强安全生产标准化建设。

（2）组织制定并实施本单位安全生产规章制度和操作规程。

（3）组织制定并实施本单位安全生产教育和培训计划。

（4）保证本单位安全生产投入的有效实施。

（5）组织建立并落实安全风险分级管控和隐患排查治理双重预防工作机制，督促、检查本单位的安全生产工作，及时消除生产安全事故隐患。

（6）组织制定并实施本单位的生产安全事故应急救援预案。

（7）及时、如实报告生产安全事故。

（二）安全生产管理部门的责任

（1）组织或者参与拟订本单位安全生产规章制度、操作规程和生产安全事故应急救援预案。

（2）组织或者参与本单位安全生产教育和培训，如实记录安全生产教育和培训情况。

(3) 组织开展危险源辨识和评估,督促落实本单位重大危险源的安全管理措施。

(4) 组织或者参与本单位应急救援演练。

(5) 检查本单位的安全生产状况,及时排查生产安全事故隐患,提出改进安全生产管理的建议。

(6) 制止和纠正违章指挥、强令冒险作业、违反操作规程的行为。

(7) 督促落实本单位安全生产整改措施。

(三) 领导班子其他负责人的安全生产责任

《安全生产管理条例》规定,分管安全生产的负责人是安全生产直接责任人,对安全生产工作负直接领导责任;其他负责人在其分管工作中涉及安全生产内容的,承担相应的领导责任。

(四) 各业务部门负责人的安全生产责任

按照"谁主管,谁负责"原则,要体现职责权利关系协调的原则,并力求做到定量化、程序化。这里特别强调:安全职能部门是企业安全生产工作的综合管理部门,对其他职能部门的安全生产管理工作进行综合协调和监督;责任主体是主管领导和各级专业部门,主管领导和各部门都要对所管专业范围内的安全负责,就是明确责任主体和监管主体,进一步落实责任。

九、落实安全生产责任制

(一) 把握关键

单位主要负责人、分管安全的领导要组织安全部门理顺领导、机关职能部门及下属单位的责任制,职责分解到岗位,健全岗位、部门安全及综合责任体系,并经安委会审查通过和行文颁发执行。

(二) 领导支持

主要领导要以身作则,积极支持分管安全的领导的工作,同时积极支持落实领导、相关职能部门等安全部门的工作。

(三) 纠正偏见

不分管安全的领导、机关职能部门及岗位人员要提高认识,在工作中仍需牢记并严格落实安全职责,并彻底消除"安全工作是安全部门和安全专职管理人员的职责"的偏见。发挥专业科室的作用。

(四) 完善制度

配套、健全、完善考核问责制度,并严格兑现。

(五) 定期汇报

安全分管领导和安全综合监管部门要加大监督检查力度,定期向安委会报告责任制执行情况。

总之,生产经营单位由领导层、各个行政部门、车间、班组和个人组成,各自具有本职任务或生产任务。安全不是离开生产而独立存在的,是贯穿于整个生产过程之中的。只有从上到下建立起严格的安全生产责任制,责任分明,各司其职,各负其责,将法规赋予生产经营单位的安全生产责任由大家共同承担,安全工作才能形成一个整体,使各类生产中的事故隐患无机可乘,从而避免或减少事故的发生。

第三章　安全生产管理

· 典型例题 ·

1. 安全生产管理人员在企业中具有不可替代的重要作用，为员工的生命安全保驾护航。按照有关法律法规，下列属于其职责的是（　　）。

A. 组织制定并实施本单位的安全生产教育和培训计划

B. 组织开展危险源辨识和评估，组织本单位应急救援演练

C. 组织制定并实施本单位安全生产规章制度和操作规程

D. 保证本单位安全生产投入的有效实施

【解析】选项 A、C、D 均属于生产经营单位主要负责人的职责。

2. 下列不属于生产经营单位主要负责人的安全生产职责的是（　　）。

A. 组织制定并实施本单位安全生产规章制度和操作规程

B. 组织制定并实施本单位安全生产教育和培训计划

C. 督促、检查本单位的安全生产工作，及时消除生产安全事故隐患

D. 督促落实本单位重大危险源的安全管理措施

【解析】生产经营单位的主要负责人对本单位安全生产工作负有下列职责：①建立健全并落实本单位全员安全生产责任制，加强安全生产标准化建设；②组织制定并实施本单位安全生产规章制度和操作规程；③组织制定并实施本单位安全生产教育和培训计划；④保证本单位安全生产投入的有效实施；⑤组织建立并落实安全风险分级管控和隐患排查治理双重预防工作机制，督促、检查本单位的安全生产工作，及时消除生产安全事故隐患；⑥组织制定并实施本单位的生产安全事故应急救援预案；⑦及时、如实报告生产安全事故。

3.《安全生产法》规定："生产经营单位的主要负责人和安全生产管理人员必须具备与本单位所从事的生产经营活动相应的安全生产知识和管理能力。"生产经营单位的安全生产管理人员是指（　　）。

A. 所有专职安全生产管理人员

B. 所有专、兼职安全生产管理人员

C. 安全生产主管部门负责人以及所有专、兼职安全生产管理人员

D. 分管安全生产的负责人、安全生产主管部门负责人以及所有专、兼职安全生产管理人员

【解析】《生产经营单位安全培训规定》第三十二条第二款规定，生产经营单位安全生产管理人员是指生产经营单位分管安全生产的负责人、安全生产管理机构负责人及其管理人员，以及未设安全生产管理机构的生产经营单位专、兼职安全生产管理人员等。

4. 某中央企业按照《企业安全生产责任体系五落实五到位规定》要求，进一步健全"五落实五到位"安全生产责任体系，强化安全生产主体责任落实。下列做法中，符合"五落实"要求的是（　　）。

A. 董事长、总经理对本企业安全生产工作负全部领导责任

B. 董事长或总经理担任本企业安全生产委员会主任

C. 定期向董事会和国家安全监管部门报告安全生产情况

D. 定期向业务考核部门和所在省安全监督部门报告安全生产情况

【解析】企业安全生产责任体系"五落实五到位"规定：①必须落实"党政同责"要求，董事长、党组织书记、总经理对本企业安全生产工作共同承担领导责任；②必须落实安全生产"一岗双责"，所有领导班子成员对分管范围内安全生产工作承担相应职责；③必须落实安全生

产组织领导机构，成立安全生产委员会，由董事长或总经理担任主任；④必须落实安全管理力量，依法设置安全生产管理机构，配齐配强注册安全工程师等专业安全管理人员；⑤必须落实安全生产报告制度，定期向董事会、业绩考核部门报告安全生产情况，并向社会公示；⑥必须做到安全责任到位、安全投入到位、安全培训到位、安全管理到位、应急救援到位。

答案：1.B 2.D 3.D 4.B

第三节　安全生产规章制度

安全生产规章制度是指生产经营单位依据国家有关法律法规、国家和行业标准，结合生产、经营的安全生产实际，以生产经营单位名义起草颁发的有关安全生产的规范性文件。

安全生产规章制度的建设，其核心就是危险有害因素的辨识和控制。一般包括：规程、标准、规定、措施、办法、制度、指导意见等。

一、安全生产规章制度建设的必要性

（1）建立健全安全生产规章制度是生产经营单位的法定责任。生产经营单位是安全生产的责任主体。

（2）建立健全安全生产规章制度是生产经营单位安全生产的重要保障。

（3）建立健全安全生产规章制度是生产经营单位保护从业人员安全与健康的重要手段。

二、安全生产规章制度建设的依据

（1）以安全生产法律法规、国家和行业标准、地方政府的法规、标准为依据。

（2）安全生产规章制度的建设，其核心就是危险有害因素的辨识和控制。

（3）以国际、国内先进的安全管理方法为依据。

三、安全生产规章制度建设的原则

（1）必须坚持"安全第一，预防为主，综合治理"的原则。

（2）主要负责人负责的原则。

《安全生产法》规定，建立、健全本单位安全生产责任制，组织制定本单位安全生产规章制度和操作规程，是生产经营单位的主要负责人的职责。

（3）系统性原则。建立涵盖全员、全过程、全方位的安全生产规章制度。

（4）规范化和标准化原则。

四、安全生产规章制度体系的建立

目前我国还没有明确的安全生产规章制度体系建设标准。

按照安全系统工程和人机工程原理建立的安全生产规章制度体系，一般分为4类：综合安全管理、人员安全管理、设备设施安全管理、环境安全管理；按照标准化工作体系建立的安全生产规章制度体系，一般分为技术标准、管理标准和工作标准；按职业安全健康管理体系建立的安全生产规章制度体系，一般分为手册、程序文件、作业指导书。

一般性生产经营单位安全生产规章制度体系见表 3-2。

表 3-2 安全生产规章制度体系

制度体系	综合安全生产管理制度		人员安全管理制度	设备设施安全管理制度	环境安全管理制度
具体内容	目标、指标和总体原则	消防安全管理制度	安全教育培训制度	"三同时"制度	安全标志管理制度
	安全生产责任制	隐患排查和治理制度	劳动防护用品发放和使用管理制度	定期巡视检查制度	作业环境管理制度
	定期例行工作制度	交通安全管理制度	安全工器具的使用管理制度	定期维护检修制度	职业卫生管理制度
	承包与发包工程安全管理制度	防灾减灾管理制度	特种作业及特殊危险作业管理制度	定期检测、检验制度	
	安全设施和费用管理制度	事故调查报告处理制度	岗位安全规范	安全操作规程	
	重大危险源管理制度	应急管理制度	职业健康检查制度		
	危险物品使用管理制度	安全奖惩制度	现场作业安全管理制度		

五、安全生产规章制度的管理

（1）起草。根据生产经营单位安全生产责任制，由负责安全生产管理的部门或相关职能部门负责起草。

（2）会签或公开征求意见。意见不一致时，一般由分管安全的负责人组织讨论，取得一致意见。

（3）审核。一是由生产经营单位负责法律事务的部门，对规章制度与相关法律法规的符合性及与生产经营单位现行规章制度一致性进行审查；二是专业性较强的规章制度应邀请相关专家进行审核；三是安全奖惩等涉及全员性的制度，应经过职工代表大会或职工代表进行审核。

（4）签发。技术规程规范、安全操作规程等技术性较强的安全生产规章制度，由生产经营单位主管安全生产的领导或总工程师签发，涉及全局性的综合管理类安全生产规章制度应由生产经营单位主要负责人签发。

（5）发布。生产经营单位的安全生产规章制度，应采用固定的发布方式。

（6）培训。新颁布、修订的安全生产规章制度应组织相关人员进行培训，对安全操作规程类制度，还应组织考试。

（7）反馈。应定期检查安全生产规章制度执行中存在的问题，或建立信息反馈渠道，及时掌握安全生产规章制度的执行效果。

（8）持续改进。生产经营单位应每年制订安全生产规章制度制定、修订计划，并公布现行有效的安全生产规章制度清单。对安全操作规程类安全生产规章制度，除每年进行一次修订外，3~5 年应组织进行一次全面修订，并重新发布。

·典型例题·

1. 某公司为了提高安全生产管理水平，成立工作组对公司的安全生产规章制度进行系统梳理，按照安全系统和人机工程原理健全安全生产规章制度体系。为了完成这项工作，工作组召开会议进行了专题研究。关于各管理制度分类的说法，正确的是（　　）。

　　A. 安全标志管理制度属于综合安全管理制度
　　B. 安全工器具的使用管理制度属于人员安全管理制度
　　C. 安全设施和费用管理制度属于设备设施安全管理制度
　　D. 现场作业安全管理制度属于环境安全管理制度

　　【解析】选项A属于环境安全管理制度。选项C属于综合安全管理制度。选项D属于人员安全管理制度。

　　2. 某企业按照安全系统工程和人机工程原理编制了4类安全生产规章制度，属于综合安全管理制度的是（　　）。

　　A. 安全设施和费用管理制度　　　　B. 安全教育培训制度
　　C. 安全操作规程　　　　　　　　　D. 安全标志管理制度

　　【解析】安全设施和费用管理制度属于综合安全管理制度。综合安全管理制度包括安全生产管理目标、指标和总体原则，安全生产责任制，安全管理定期例行工作制度，承包与发包工程安全管理制度，安全设施和费用管理制度，重大危险源管理制度，危险物品使用管理制度，消防安全管理制度，安全风险分级管控和隐患排查治理双重预防工作制度，交通安全管理制度，防灾减灾管理制度，事故调查报告处理制度，应急管理制度，安全奖惩制度。

　　3. 按照安全系统工程和人机工程原理建立的安全生产规章制度体系，一般将规章制度分为4类，隐患排查和治理制度属于安全生产规章制度的（　　）类。

　　A. 综合管理　　　B. 人员管理　　　C. 设备设施　　　D. 环境管理

　　【解析】综合安全管理制度：①安全生产管理目标、指标和总体原则；②安全生产责任制；③安全管理定期例行工作制度；④承包与发包工程安全管理制度；⑤安全设施和费用管理制度；⑥重大危险源管理制度；⑦危险物品使用管理制度；⑧消防安全管理制度；⑨隐患排查和治理制度；⑩交通安全管理制度；⑪防灾减灾管理制度；⑫事故调查报告处理制度；⑬应急管理制度；⑭安全奖惩制度。

　　4. 按照安全系统工程和人机工程原理建立的安全生产规章制度体系，一般由综合安全管理、人员安全管理、设备设施安全管理、环境安全管理4类组成。安全生产责任制属于（　　）。

　　A. 人员安全管理　　　　　　　　　B. 综合安全管理
　　C. 设备设施安全管理　　　　　　　D. 环境安全管理

　　【解析】参照本节第3题解析。

　　5. 下列各项不属于综合安全管理制度内容的是（　　）。

　　A. 承包与发包工程安全管理制度　　B. 交通安全管理制度
　　C. 劳动防护用品发放和使用管理制度　D. 重大危险源管理制度

　　【解析】参照本节第3题解析。

　　6. 生产经营单位规章制度体系中，不属于设备设施安全管理制度的是（　　）。

　　A. "三同时"制度　　　　　　　　　B. 安全工器具使用管理制度
　　C. 定期维护检修制度　　　　　　　D. 定期检测、检验制度

　　【解析】设备设施安全管理制度：①"三同时"制度；②定期巡视检查制度；③定期维护检修制度；④定期检测、检验制度；⑤安全操作规程。

　　答案：1.B　2.A　3.A　4.B　5.C　6.B

第四节　安全操作规程

一、操作规程概述

(一) 操作规程的定义

操作规程,一般是指有关权力部门为保证本部门的生产、工作能够安全、稳定、有效运转而制定的,相关人员在操作设备或办理业务时必须遵循的程序或步骤。

(二) 作业风险

作业风险是指因内部作业、人员及系统不当与失误,或其他外部作业与相关事件所造成损失的风险。它包括法律风险,但排除策略风险及声誉风险。

常见作业风险分析见表 3-3。

表 3-3　常见作业风险分析

动火作业风险分析		
序号	风险分析	安全措施
1	易燃易爆有害物质	①将动火设备、管道内的物料清洗、置换,经分析合格
		②储罐动火,清除易燃物,罐内盛满清水或惰性气体保护
		③设备内通气保护
		④塔内动火,将石棉布浸湿,铺在相邻两层塔盘上进行隔离
		⑤进入受限空间动火,必须办理《受限空间作业证》
2	火星窜入其他设备或易燃物侵入动火设备	切断与动火设备相连通的设备管道并加盲板隔断,挂牌,并办理《抽堵盲板作业证》
3	动火点周围有易燃物	①清除动火点周围易燃物,动火点附近的下水井、地漏、地沟、电缆沟等清除易燃物后予以封闭
		②电缆沟动火,清除沟内易燃气体、液体,必要时将沟两端隔绝
4	泄漏电流(感应电)危害	电焊回路线应搭接在焊件上,不得与其他设备搭接,禁止穿越下水道(井)
5	火星飞溅	①高处动火办理《高处作业证》,并采取措施,防止火花飞溅
		②注意火星飞溅方向,用水冲淋火星落点
6	气瓶间距不足或放置不当	①氧气瓶、溶解乙炔气瓶间距不小于 5m,二者与动火地点之间均不小于 10m
		②气瓶不准在烈日下暴晒,溶解乙炔气瓶禁止卧放
7	电、气焊工具有缺陷	动火作业前,应检查电、气焊工具,保证安全可靠,不准带病使用
8	作业过程中,易燃物外泄	动火过程中,遇有跑料、串料和易燃气体,应立即停止动火
9	通风不良	①室内动火,应将门窗打开,周围设备应遮盖,密封下水漏斗,清除油污,附近不得有用溶剂等易燃物质清洗的作业
		②采用局部强制通风

续表

动火作业风险分析		
序号	风险分析	安全措施
10	未定时监测	①取样与动火间隔不得超过30min
		②采样点应有代表性,特级动火的分析样品应保留至动火结束
		③动火过程中,中断动火时,现场不得留有余火,重新动火前应认真检查现场条件是否有变化,如有变化,不得动火
11	监护不当	①监火人应熟悉现场环境和检查确认安全措施落实到位,具备相关安全知识和应急技能,与岗位保持联系,随时掌握工况变化,并坚守现场
		②监火人随时扑灭飞溅的火花,发现异常立即通知动火人停止作业,联系有关人员采取措施
12	应急设施不足或措施不当	①动火现场备有灭火工具(如蒸汽管、水管、灭火器、砂子、铁锨等)
		②固定泡沫灭火系统进行预启动状态
13	涉及危险作业组合,未落实相应安全措施	若涉及下釜、高处、抽堵盲板、管道设备检修作业等危险作业时,应同时办理相关作业许可证
14	施工条件发生重大变化	若施工条件发生重大变化,应重新办理《二级动火作业证》
受限空间风险分析		
序号	风险分析	安全措施
1	隔绝不可靠	①与该设备连接的物料、蒸汽、氮气管线使用盲板隔断,并办理《抽堵盲板作业证》
		②拆除相关管线
2	机械伤害	办理设备停电手续,切断设备动力电源,挂"禁止合闸"警示牌,设专人监护
3	置换不合格	置换完毕后,取样分析至合格
4	氧气不足	设备内氧含量达19.5%~21%
5	通风不良	①打开设备通风孔进行自然通风
		②采用强制通风
		③佩戴空气呼吸器或长管面具
		④采用管道空气送风,通风前必须对管道内介质和风源进行分析确认,严禁通入氧气补氧
		⑤设备内温度需适宜人员作业
6	未定时监测	①作业前30min内,必须对设备内气体采样分析,合格后方可进入设备
		②采样点应有代表性
		③作业中应加强定时监测,情况异常立即停止作业

续表

受限空间风险分析		
序号	风险分析	安全措施
7	触电危害	①设备内照明电压应小于等于36V，在潮湿容器、狭小容器内作业应小于等于12V
		②使用超过安全电压的手持电动工具，必须按规定配备漏电保护器
8	防护措施不当	①在有缺氧、有毒环境中，佩戴隔离式防毒面具
		②在易燃易爆环境中，使用防爆型低压灯具及不发生火花的工具，不准穿戴化纤织物
		③在酸碱等腐蚀性环境中，穿戴好防腐蚀护具、扒渣服、耐酸靴、耐酸手套、护目镜
9	通道不畅	设备进出口通道，不得有阻碍人员进出的障碍物
10	监护不当	①进入设备前，监护人应会同作业人员检查安全措施，统一联系信号
		②监护人随时与设备内取得联系，不得脱离岗位
		③监护人用安全绳拴住作业人员进行作业
11	应急设施不足或措施不当	①设备外备有空气呼吸器、消防器材和清水等相应的急救用品
		②设备内事故抢救时，救护人员必须做好自身防护方能进入设备内实施抢救
12	涉及危险作业组合，未落实相应安全措施	若涉及动火、高处、抽堵盲板等危险作业时，应同时办理相关作业许可证
13	作业条件发生重大变化	若作业条件发生重大变化，应重新办理《受限空间作业证》
14	设备内遗留异物	设备内作业结束后，认真检查设备内外，不得遗留工具及其他物品
临时用电作业风险分析		
序号	风险分析	安全措施
1	违章作业	①作业人员必须持有电气安全作业证
		②临时用电线路架空高度在装置内不低于2.5m，道路不低于5m
		③所有临时用电线路，不得采用裸线
		④临时用电线路架空线，不得在树上或脚手架上架设
2	电缆损坏	暗管埋设及地下电缆线路应设有走向标志和安全标志，电缆埋设深度大于0.7m
3	配电盘、配电箱短路	现场临时用电配电盘、箱应有防雨措施
4	防止设施损坏	①临时用电设施应有漏电保护器
		②用电设备、线路容量、负荷应符合要求
5	防止火灾爆炸	所使用的临时电气设备和线路须达到相应的防爆要求
6	作业条件发生重大变化	若作业条件发生重大变化，应重新办理《临时用电作业证》

续表

高处作业风险分析		
序号	风险分析	安全措施
1	作业人员不熟悉作业环境或不具备相关安全技能	作业人员必须经安全教育，熟悉现场环境和施工安全要求，按《高处作业证》内容检查确认安全措施落实到位后，方可作业
2	作业人员未佩戴防坠落防滑用品或使用方法不当或用品不符合相应安全标准	作业人员必须戴安全帽，拴安全带，穿防滑鞋。作业前要检查其符合相关安全标准，作业中应正确使用
3	未派监护人或未能履行监护职责	作业监护人应熟悉现场环境和检查确认安全措施落实到位，具备相关安全知识和应急技能，与岗位保持联系，随时掌握工况变化，并坚守现场
4	跳板不固定，脚手架、防护围栏不符合相关安全要求	搭设的脚手架、防护围栏应符合相关安全规程
5	登石棉瓦、瓦楞板等轻型材料作业	在石棉瓦、瓦楞板等轻型材料上作业时，应搭设并站在固定承重板上作业
6	登高过程中人员坠落或工具、材料、零件高处坠落伤人	高处作业使用的工具、材料、零件必须装入工具袋，上下时手中不得持物。不准空中抛接工具、材料及其他物品。易滑动、易滚动的工具、材料堆放在脚手架上时，应采取措施防止坠落
7	高处作业下方站位不当或未采取可靠的隔离措施	高处作业正下方严禁站人，与其他作业交叉进行时，必须按指定的路线上下，禁止上下垂直作业。若必须垂直进行作业时，应采取可靠的隔离措施
8	与电气设备（线路）距离不符合安全要求或未采取有效的绝缘措施	在电气设备（线路）旁高处作业应符合安全距离要求。在采取地（零）电位或等（同）电位作业方式进行带电高处作业时，必须使用绝缘工具
9	作业现场照度不良	高处作业应有足够的照明
10	无通信、联络工具或联络不畅	30m以上高处作业应配备通信、联络工具，指定专人负责联系，并将联络相关事宜填入《高处作业证》安全防范措施补充栏内
11	作业人员患有高血压、心脏病、恐高症等职业禁忌证或健康状况不良	患有职业禁忌证和年老体弱、疲劳过度、视力不佳、酒后人员及其他健康状况不良者，不准高处作业
12	大风、大雨等恶劣气象条件下从事高处作业	如遇暴雨、大雾、5级以上大风等恶劣气象条件应停止高处作业
13	涉及动火、抽堵盲板等危险作业，未落实相应安全措施	若涉及动火、抽堵盲板等危险作业时，应同时办理相关作业许可证
14	作业条件发生重大变化	若作业条件发生重大变化，应重新办理《高处作业证》

续表

\multicolumn{3}{c|}{断路作业风险分析}		
序号	风险分析	安全措施
1	标识不明，信息沟通不畅，影响交通，引发事故	①作业前，施工单位在断路路口设置交通栏杆、断路标识，为来往的车辆提示绕行线路
		②交管部门审批《断路作业证》后，立即通知调度等有关部门
2	作业期间，无适当安全措施或措施不到位，引发交通事故或人员伤害事故	①断路作业过程中，施工单位应负责在施工现场设置围栏、交通警告牌，夜间应悬挂警示红灯
		②在断路施工作业时，施工单位应设置安全巡检员，保证在应急情况下公路的随时畅通
		③在断路施工作业期间，施工单位不得随意乱堆施工材料
3	作业结束后，现场清理不彻底，阻碍交通，引发事故	①断路作业结束后，施工单位应负责清理现场，撤除现场和路口设置的栏杆、断路标志、围栏、警告牌、警示红灯，报交管部门
		②交管部门到现场检查核实后，通知各有关单位断路工作结束，恢复交通
4	变更未经审批，引发事故	①断路作业应按《断路作业证》的内容进行，严禁涂改、转借《断路作业证》，严禁擅自变更作业内容、扩大作业范围或转移作业部位
		②在《断路作业证》规定的时间内未完成断路作业时，由断路申请单位重新办理
5	涉及危险作业组合，未落实相应安全措施	若涉及高处、动土等危险作业时，应同时办理相关作业许可证
6	施工条件发生重大变化	若施工条件发生重大变化，应重新办理《断路作业证》
\multicolumn{3}{c|}{破土作业风险分析}		
序号	风险分析	安全措施
1	管线、电缆破坏，造成事故	①电力电缆已确认，保护措施已落实
		②电信电缆已确认，保护措施已落实
		③地下供排水管线、工艺管线已确认，保护措施已落实
		④动土临近地下隐蔽设施时，应轻轻挖掘，禁止使用抓斗等机械工具
		⑤已按施工方案图划线施工
		⑥道路施工作业已报交通、消防、调度、安全监督管理部门
2	发生坍塌	①多人同时挖土应保持一定的安全距离
		②挖掘土方应自上而下进行，不准采用挖地脚的办法，挖出的土方不准堵塞下水道和窨井
		③开挖没有边坡的沟、坑等必须设支撑，开挖前设法排除地表水，当挖到地下水位以下时，要采取排水措施
		④已进行放坡处理和固壁支撑
		⑤作业人员必须戴安全帽。坑、槽、井、沟上端边沿不准人员站立、行走

续表

\multicolumn{3}{c}{破土作业风险分析}
序号	风险分析	安全措施
3	出现中毒	①备有可燃气体检测仪、有毒介质检测仪
		②作业人员必须佩戴防护器具
		③人员进出口和撤离保护措施已落实：a. 梯子；b. 修边坡
4	造成坠落	①作业现场围栏、警戒线、警告牌、夜间警示灯已按要求设置
		②作业现场夜间有充足照明：a. 普通灯；b. 防爆灯
		③作业人员上下时要铺设跳板
5	涉及危险作业组合，未落实相应安全措施	若涉及高处、断路等危险作业时，应同时办理相关作业许可证
6	施工条件发生重大变化	若施工条件发生重大变化，应重新办理《动土作业证》
\multicolumn{3}{c}{吊装作业风险分析}
序号	风险分析	安全措施
1	无证操作	吊装和指挥人员必须经过专业培训，持证上岗
2	指挥混乱	非紧急意外情况下，现场专人统一指挥，信号明确
3	无警戒线或警示标志	有完善的吊装方案，划定警戒线，设置安全标志，禁止非施工人员入内
4	作业条件不良	①夜间作业现场要有足够的照明
		②遇暴雨、大雾及6级以上大风等恶劣气象条件，须停止作业
5	未严格执行吊装作业"十不吊"	①指挥信号不明不吊
		②超负荷或物件重量不明不吊
		③斜拉重物不吊
		④光线不足，看不清重物不吊
		⑤重物下站人不吊
		⑥重物埋在地下不吊
		⑦重物紧固不牢，绳打结、绳不齐不吊
		⑧棱刃物件没有衬垫措施不吊
		⑨重物越人头不吊
		⑩安全装置失灵不吊
6	涉及危险作业组合，未落实相应安全措施	①吊装过程中如需阻断道路交通，应办理《断路作业证》
		②吊装现场，作业人员在2m以上高处作业时，应办理《高处作业证》
		③涉及其他危险作业须办理相关作业证

续表

\<盲板抽堵作业风险分析\>		
序号	风险分析	安全措施
1	盲板有缺陷	盲板材质要适宜，厚度应经强度计算，高压盲板应经探伤合格，盲板应有一两个手柄，便于辨识、抽堵，应选用与之相配的垫片
2	危险有害物质（能量）突出	①在拆装盲板前，应将管道压力泄至常压或微正压
		②严禁在同一管道上同时进行两处及两处以上盲板抽堵作业
		③气体温度应小于60℃
		④作业人员严禁正对危险有害物质（能量）可能突出的方向，做好个人防护
3	明火及其他火源	在易燃易爆场所作业时，作业地点30m内不得有动火作业；工作照明使用防爆灯具；使用防爆工具，禁止用铁器敲打管线、法兰等
4	操作失误	①抽堵多个盲板时，应按盲板位置图及盲板编号，由作业负责人统一指挥
		②每个抽堵盲板处应设标牌，标明盲板位置
5	通风不良	①将门窗打开，加强自然通风
		②采用局部强制通风
6	监护不当	①作业时应有专人监护，作业结束前监护人不得离开作业现场
		②监护人应熟悉现场环境和检查确认安全措施落实到位，具备相关安全知识和应急技能，与岗位保持联系，随时掌握工况变化
7	应急不足	作业复杂、危险性大的场所，除监护人外，其他相关部门人员应到现场，做好应急准备
8	涉及危险作业组合，未落实相应安全措施	若涉及动火、受限空间、高处等危险作业时，应同时办理相关作业许可证
9	作业条件发生重大变化	若作业条件发生重大变化，应重新办理《抽堵盲板作业证》

二、安全操作规程的编制依据

安全操作规程的编制原则是要贯彻"安全第一，预防为主，综合治理"的方针，其内容要结合设备的实际运行情况，突出重点、文字简洁、通俗易懂。规程条款的先后顺序最好与操作顺序相同。根据设备使用说明书的操作维护要求，结合生产及工作环境进行编制。

安全操作规程的编制依据是国家、行业的有关法律、法规、规程、标准。

三、安全操作规程的内容

安全操作规程一般包括以下内容：
（1）操作前的准备。
（2）劳动防护用品的穿戴要求。
（3）操作的先后顺序、方式。
（4）操作过程中机器设备的状态，如手柄、开关所处的位置等。

（5）操作过程需要进行哪些测试和调整，如何进行。

（6）操作人员所处的位置和操作时的规范姿势。

（7）操作过程中有哪些必须禁止的行为。

（8）一些特殊要求。

（9）异常情况如何处理。

（10）其他要求。

四、安全操作规程的通用要求

安全操作规程的通用要求有以下内容：

（1）开动设备、接通电源以前应清理好工作现场，仔细检查各部位是否正确、灵活，安全装置是否齐全可靠。

（2）开动设备前首先检查油池、油箱中的油量是否充足，油路是否畅通并按润滑图表卡片进行润滑工作。

（3）变速时，各变速手柄必须转换到指定位置。

（4）工件必须装卡牢固，以免松动甩出，造成事故。

（5）对已卡紧的工件不得再进行敲打、校正，以免损伤设备精度。

（6）要经常保持润滑工具及润滑系统的清洁，不得敞开油箱、油眼盖，以免灰尘、杂质等异物进入。

（7）开动设备时必须盖好电器箱盖，不允许有污物、水、油进入电机或电器装置内。

（8）设备外露基准面或滑动面上不准堆放工具、产品等，以免碰伤而影响设备精度。

（9）严禁超性能、超负荷使用设备。

（10）采取自动控制时，首先要调整好限位装置，以免超越行程造成事故。

（11）设备运转时，操作者不得离开工作岗位，并应经常注意各部位有无异常（异音、异味、发热、振动等）。一旦发现故障，应立即停止操作、及时排除。凡属操作者不能排除的故障，应及时通知维修人员排除。

（12）操作者离开设备时，以及装卸工件、对设备进行调整、清洗或润滑时，都应停止并切断电源。

（13）不得随意拆除设备上的安全防护装置。

（14）调整或维修设备时，要正确使用拆卸工具，严禁乱敲、乱拆。

（15）人员思想要集中，穿戴要符合安全要求，站立位置要安全。

（16）特殊危险场所的安全要求等。

五、安全操作规程的制定步骤

安全操作规程的制定可按下列步骤进行：

（1）调查、收集资料信息。

安全操作规程应具有很强的针对性和可操作性，为了制定合理的安全操作规程，必须对设备运行情况进行深入调查，并收集、分析相关资料信息。这些资料包括以下内容：

①该类设备现行的国家、行业安全技术标准，安全管理规程，有关的安全检测、检验技术标准规范。

②该设备的使用操作说明书，设备工作原理资料及设计、制造资料。

③同类设备曾经出现的危险、事故及其原因情况。
④同类设备的安全检查表。
⑤作业环境条件、工作制度、安全生产责任制等。
(2) 编写规程。

确定规程内容后即可按统一格式编写安全操作规程。安全操作规程的格式一般可分为全式和简式两种。

全式一般由总则或适用范围、引用标准、定义或名词说明、操作安全要求构成,通常用于适用范围较广的规程,如行业性规程。简式的内容一般由操作安全要求构成,其针对性很强,企业内部制定的安全操作规程通常采用简式。以冲床操作规程为例,以下是一份简式操作规程。

设备安全操作规程

(1) 设备操作人员必须熟悉使用机床的特点,认真学习并严格遵守设备安全操作规程,不违章作业,并劝阻他人不违章操作。

(2) 班前、班后检查所使用的工具、设备,保证安全可靠,并做到正确使用。保持作业现场整洁,爱护和正确使用防护用具。

(3) 开动机床前要详细检查机床上危险部件的防护装置是否安全可靠;机床的紧急停止装置、连锁装置、安全报警装置、自动停车装置等是否确保安全;润滑机床,并做空载试车。

(4) 工作时,工作地点要保持整洁、有条不紊。待加工和已加工工件应摆在架子上,不能将工件或工具放在机床上,尤其不能放在机床的运动部件上以及工作地点通道上,防止物料倾倒伤人;工件及刀具的装夹要牢靠,以防工件和刀具从夹具中脱落;装卸笨重工件工装时,应使用起重设备。

(5) 使用设备时,操作人员应穿好紧身合适的防护衣服,把袖口扣紧或者把衣袖卷起,腰带端头不应悬摆。留有长发时要戴防护帽或头巾,头巾及领带的端头要仔细塞好。操作者应佩戴防打击的护目镜(硬质玻璃护目镜、胶质黏合玻璃片护目镜、钢丝网护目镜)。护目镜应选用没有气泡、杂质,表面平滑的平光镜;还要注意镜片与镜架衔接是否牢固、镜架是否圆滑无锐角,以免造成擦伤或有压迫感。

(6) 旋转运动加工零件的机床在旋转运行时,禁止戴手套操作设备;禁止用手调整机床或测量工件;禁止把手肘支撑在机床上;禁止用手触摸机床的旋转部分;禁止取下安装护板或防护装置;不要用手清除切屑,以防止机床操作者的局部卷入或夹入机床旋转部件而造成伤害事故。

(7) 直线运动加工零件的机床在运行时,操作人员应集中注意力,正确操作。禁止用手调整机床或测量工件;禁止用手触摸机床的旋转部分;禁止把手肘支撑在机床上;禁止用手取放工件;禁止取下安装护板或防护装置;使用脚踏开关时,禁止将脚一直放在开关上;防止操作者与机床相碰撞(操作者和机床相互碰撞、操作者撞机床、机床撞操作者)引起的伤害事故。

(8) 不要使污物或废油混入机床冷却液,严禁使用乳化油、煤油、机油洗手,以防止冷却液对皮肤的侵蚀。

(9) 当切屑飞溅严重,必须使用压缩空气清除切屑时,应在机床周围安装挡板,隔离操作区。不能用压缩空气吹去衣服或头发上的尘土及脏物,否则会引起耳朵和眼睛的损伤。

(10) 机床运转时,操作者不能离开工作地点。发现机床运转不正常时,应立即停车,请维修工检查。当停止供电时,要立即关闭机床或其他电动机构,并把刀具退出工作部位。

(11) 工作结束后,应关闭机床和电动机,把刀具和工件从工作位退出,清理安放好所使用的工、夹、量具,仔细地进行清理工作。

（12）发生事故立即报告班组长，保护现场，向事故调查人员如实介绍情况。

六、岗位安全操作规程的基本结构

（一）适用范围

设置本要素的目的，是明确岗位安全操作规程的适用岗位范围，避免其他岗位人员误用；应具体规定本安全操作规程适用于哪些岗位，如"本规程适用于本公司各部门维修电工岗位""本规程适用于本公司×××车间的×××车床操作岗位""本规程适用于本公司×××部动力设备作业岗位，包括本岗位负责的空压机、制冷机作业"等。

（二）岗位安全作业职责

设置本要素的目的，是确定本作业岗位的安全职责并进行具体描述；应简要规定岗位人员负责的安全职责，通常包括本岗位日常事故隐患自我排查治理、按岗位安全操作规程安全作业、设备保养过程按规定安全作业、本岗位事故和紧急情况的报告和现场处置等；特殊的岗位还应包括巡视、检查等职责。

（三）岗位主要危险、有害因素

设置本要素的目的，是通过岗位安全操作规程，提示岗位存在的风险，以确保岗位人员熟悉本岗位风险，树立风险意识，从而自觉执行岗位安全操作规程；应列出岗位涉及的主要危险、危害因素，所谓主要危险、危害因素，应归纳为岗位最常见的，且风险相对较大的事故风险和职业危害风险，数量不限，通常在3~10个为宜，其他风险可提示岗位人员见本企业或本部门的危险源风险识别清单。主要危险、有害因素应按本岗位相关作业活动分别描述，描述时应简洁地说明风险发生的原因、过程和结果，例如：某维修岗位使用台钻、砂轮机和电动工具，应分别描述使用这些设备、工具的风险；某岗位操作高速机械灌装生产设备，应分别描述其机械伤害风险和接触噪声的风险；某打磨岗位涉及在一般场所打磨和易燃易爆场所打磨，则应在描述一般场所打磨的风险的基础上，增加在易燃易爆场所打磨的风险。

（四）岗位劳动防护用品佩戴要求

设置本要素的目的，是明确规定岗位作业过程需佩戴的劳动防护用品，防止岗位人员出现不使用防护用品的隐患；应具体列出各类活动分别应佩戴的具体劳动防护用品，例如：岗位作业人员进入作业区域应穿戴工作服、工作帽，长发应盘在工作帽内，袖口及衣服角应系扣；进入变配电设施现场进行检修、倒闸及维修作业时应穿戴绝缘靴；带电检修和倒闸时应戴绝缘手套；设备操作岗位作业时需佩戴防噪声耳塞，班后清扫设备时需戴防尘口罩等。

（五）岗位作业安全要求

设置本要素的目的，是规范作业全过程的安全要求，是岗位安全操作规程的核心内容；应具体规定作业前、作业过程和作业后的岗位安全作业要求，包括隐患自查自改、各类活动的安全要求和禁止性要求等；编写的具体内容较多，可根据岗位实际，选择文字描述或列表的方法；通常的编写内容包括：

（1）作业前的安全要求，通常包括开机、作业前对交接班记录和标识、设备设施和工具、安全装置、周边作业环境等进行隐患自查的要求、消除隐患或上报的要求和方法、开机前准备和开机的安全作业步骤和安全注意事项等。

（2）作业过程的安全要求，通常包括正常作业的安全操作注意事项、排除故障时应注意的安全事项、其他作业过程应注意的安全事项等、作业过程检查或巡查发现隐患的处置或上报要求等、作业过程禁止性事项等。

（3）作业后的安全要求，通常包括设备清扫保养过程应注意的安全事项、关闭电源和气源前应注意的安全事项、工作结束离开现场应进行的现场相关隐患检查和处置、交接班记录和标识的要求等。

（六）岗位应急要求

设置本要素的目的，是将岗位涉及的现场应急要求列出，即使本岗位不需编制现场处置方案时，也能确保岗位人员熟悉和执行应急处置措施；应提示岗位可能发生的紧急情况、事故征兆、事件事故，并简要规定岗位第一时间进行处置的方法；如该岗位应急措施涉及流程和内容需编制所在区域、设备的现场处置方案，则可提示其具体执行某某现场处置方案。通常需提示和规定的内容包括：

（1）作业区域发生火险时的处置和疏散方法，例如：立即停机断电；立即使用周边的灭火器进行灭火并同时报告带班人员；处置无效时立即撤离现场，按现场疏散指示标识到某某集合地集合等。

（2）设备发生紧急情况或事件事故时的处置方法，例如：设备发生某某故障，应使用某某工具进行排除；设备发生某某故障，需人工排除时应关机或关闭生产线电源；人员的肢体、衣服、头发等被机械运转部位夹住或卷入时，应立即按下设备的紧急停止开关等。

（3）发生事件事故后报告的方法，通常要求首先报告带班人员，紧急情况下可直接报告单位安全管理人员或值班室、监控室等，并列出报告电话。

（4）现场有人员受到伤害时的处置方法，可列出在第一时间进行抢救处置的简要方法，比较复杂的抢救方法通常可作为岗位安全操作规程的附件。

· 典型例题 ·

1. 某机械的安全操作规程不应包含（　　）。
   A. 操作前准备的工具　　　　　　　B. 劳动防护用品的穿戴
   C. 设置断电时的处理措施　　　　　D. 产品的设计图、产品使用说明书

【解析】安全操作规程一般包含以下内容：①操作前的准备，包括操作前做哪些检查，机器设备和环境应当处于什么状态，应做哪些调整，准备哪些工具等；②劳动防护用品的穿戴要求，应该和禁止穿戴的防护用品种类，以及如何穿戴等；③操作的先后顺序、方式；④操作过程中机器设备的状态，如手柄、开关所处的位置等；⑤操作过程需要进行哪些测试和调整，如何进行；⑥操作人员所处的位置和操作时的规范姿势；⑦操作过程中有哪些必须禁止的行为；⑧一些特殊要求；⑨异常情况如何处理；⑩其他要求。

2. 下列选项中，属于安全操作规程内容的有（　　）。
   A. 引用标准　　　　　　　　　　　B. 岗位职责
   C. 劳动防护用品的穿戴要求　　　　D. 必须禁止的行为
   E. 异常情况如何处理

【解析】安全操作规程内容：①操作前的准备；②劳动防护用品的穿戴要求；③操作的先后顺序、方式；④操作过程中机器设备的状态，如手柄、开关所处的位置等；⑤操作过程需要进行哪些测试和调整，如何进行；⑥操作人员所处的位置和操作时的规范姿势；⑦操作过程中有哪些必须禁止的行为；⑧一些特殊要求；⑨异常情况如何处理；⑩其他要求。

答案：1. D　2. CDE

第五节　安全生产投入与安全生产责任保险

一、对安全生产投入的基本要求

《中华人民共和国安全生产法》第二十三条规定："生产经营单位应当具备的安全生产条件所必需的资金投入，由生产经营单位的决策机构、主要负责人或者个人经营的投资人予以保证，并对由于安全生产所必需的资金投入不足导致的后果承担责任。有关生产经营单位应当按照规定提取和使用安全生产费用，专门用于改善安全生产条件。安全生产费用在成本中据实列支。安全生产费用提取、使用和监督管理的具体办法由国务院财政部门会同国务院应急管理部门征求国务院有关部门意见后制定。"

《国务院关于进一步加强安全生产工作的决定》（国发〔2004〕2号）明确："企业安全费用的提取，要根据地区和行业的特点，分别确定提取标准，由企业自行提取，专户储存，专项用于安全生产。"

生产经营单位是安全生产的责任主体，也是安全生产费用提取、使用和管理的主体。安全生产投入的决策程序，因生产经营单位的性质不同而异。但其项目计划、费用预测大体相同，即由生产经营单位主管安全生产的部门牵头，工会、职业危害管理部门参加，共同制定安全技术措施计划（或安全技术劳动保护措施计划），经财务或生产费用主管部门审核，经分管领导审查后提交主要负责人或安全生产委员会审定。股份制生产经营单位一般在提交董事会讨论批准前，应经过董事会下属的财务管理委员会审查。个体经营的生产经营单位则由投资人决定。

二、安全生产费用提取和使用管理

（一）法律依据与责任主体

保证必要的安全生产投入是实现安全生产的重要基础。《中华人民共和国安全生产法》规定，生产经营单位应当具备的安全生产条件所必需的资金投入，由生产经营单位的决策机构、主要负责人或者个人经营的投资人予以保证，并对由于安全生产所必需的资金投入不足导致的后果承担责任。

安全生产投入资金具体由谁来保证，应根据企业的性质而定。一般说来，股份制企业、合资企业等安全生产投入资金由董事会予以保证；一般国有企业由厂长或者经理予以保证；个体工商户等个体经济组织由投资人予以保证。上述保证人承担由于安全生产所必需的资金投入不足而导致事故后果的法律责任。

（二）安全生产费用提取标准

《企业安全生产费用提取和使用管理办法》（财资〔2022〕136号）对安全生产费用有以下规定：

第七条　煤炭生产企业依据当月开采的原煤产量，于月末提取企业安全生产费用。提取标准如下：

（1）煤（岩）与瓦斯（二氧化碳）突出矿井、冲击地压矿井吨煤50元。

（2）高瓦斯矿井，水文地质类型复杂、极复杂矿井，容易自燃煤层矿井吨煤30元。

（3）其他井工矿吨煤15元。

（4）露天矿吨煤5元。

第十条　非煤矿山开采企业依据当月开采的原矿产量，于月末提取企业安全生产费用。提取标准如下：

（1）金属矿山，其中露天矿山每吨 5 元，地下矿山每吨 15 元。

（2）核工业矿山，每吨 25 元。

（3）非金属矿山，其中露天矿山每吨 3 元，地下矿山每吨 8 元。

（4）小型露天采石场，即年生产规模不超过 50 万吨的山坡型露天采石场，每吨 2 元。

上款所称原矿产量，不含金属、非金属矿山尾矿库和废石场中用于综合利用的尾砂和低品位矿石。

地质勘探单位按地质勘查项目或工程总费用的 2%，在项目或工程实施期内逐月提取企业安全生产费用。

第十一条　尾矿库运行按当月入库尾矿量计提企业安全生产费用，其中三等及三等以上尾矿库每吨 4 元，四等及五等尾矿库每吨 5 元。

尾矿库回采按当月回采尾矿量计提企业安全生产费用，其中三等及三等以上尾矿库每吨 1 元，四等及五等尾矿库每吨 1.5 元。

第十四条　陆上采油（气）、海上采油（气）企业依据当月开采的石油、天然气产量，于月末提取企业安全生产费用。其中每吨原油 20 元，每千立方米原气 7.5 元。

钻井、物探、测井、录井、井下作业、油建、海油工程等企业按照项目或工程造价中的直接工程成本的 2% 逐月提取企业安全生产费用。工程发包单位应当在合同中单独约定并及时向工程承包单位支付企业安全生产费用。

石油天然气开采企业的储备油、地下储气库参照危险品储存企业执行。

第十六条　建设工程是指土木工程、建筑工程、线路管道和设备安装及装修工程，包括新建、扩建、改建。

井巷工程、矿山建设参照建设工程执行。

第十七条　建设工程施工企业以建筑安装工程造价为依据，于月末按工程进度计算提取企业安全生产费用。提取标准如下：

（1）矿山工程 3.5%。

（2）铁路工程、房屋建筑工程、城市轨道交通工程 3%。

（3）水利水电工程、电力工程 2.5%。

（4）冶炼工程、机电安装工程、化工石油工程、通信工程 2%。

（5）市政公用工程、港口与航道工程、公路工程 1.5%。

建设工程施工企业编制投标报价应当包含并单列企业安全生产费用，竞标时不得删减。国家对基本建设投资概算另有规定的，从其规定。

本办法实施前建设工程项目已经完成招投标并签订合同的，企业安全生产费用按照原规定提取标准执行。

第十八条　建设单位应当在合同中单独约定并于工程开工日一个月内向承包单位支付至少 50% 企业安全生产费用。

总包单位应当在合同中单独约定并于分包工程开工日一个月内将至少 50% 企业安全生产费用直接支付分包单位并监督使用，分包单位不再重复提取。

工程竣工决算后结余的企业安全生产费用，应当退回建设单位。

第二十一条　危险品生产与储存企业以上一年度营业收入为依据，采取超额累退方式确定

本年度应计提金额,并逐月平均提取。具体如下:

(1) 上一年度营业收入不超过1 000万元的,按照4.5%提取。

(2) 上一年度营业收入超过1 000万元至1亿元的部分,按照2.25%提取。

(3) 上一年度营业收入超过1亿元至10亿元的部分,按照0.55%提取。

(4) 上一年度营业收入超过10亿元的部分,按照0.2%提取。

第二十四条 交通运输企业以上一年度营业收入为依据,确定本年度应计提金额,并逐月平均提取。具体如下:

(1) 普通货运业务1%。

(2) 客运业务、管道运输、危险品等特殊货运业务1.5%。

第二十七条 冶金企业以上一年度营业收入为依据,采取超额累退方式确定本年度应计提金额,并逐月平均提取。具体如下:

(1) 上一年度营业收入不超过1 000万元的,按照3%提取。

(2) 上一年度营业收入超过1 000万元至1亿元的部分,按照1.5%提取。

(3) 上一年度营业收入超过1亿元至10亿元的部分,按照0.5%提取。

(4) 上一年度营业收入超过10亿元至50亿元的部分,按照0.2%提取。

(5) 上一年度营业收入超过50亿元至100亿元的部分,按照0.1%提取。

(6) 上一年度营业收入超过100亿元的部分,按照0.05%提取。

第三十条 机械制造企业以上一年度营业收入为依据,采取超额累退方式确定本年度应计提金额,并逐月平均提取。具体如下:

(1) 上一年度营业收入不超过1 000万元的,按照2.35%提取。

(2) 上一年度营业收入超过1 000万元至1亿元的部分,按照1.25%提取。

(3) 上一年度营业收入超过1亿元至10亿元的部分,按照0.25%提取。

(4) 上一年度营业收入超过10亿元至50亿元的部分,按照0.1%提取。

(5) 上一年度营业收入超过50亿元的部分,按照0.05%提取。

第三十三条 烟花爆竹生产企业以上一年度营业收入为依据,采取超额累退方式确定本年度应计提金额,并逐月平均提取。具体如下:

(1) 上一年度营业收入不超过1 000万元的,按照4%提取。

(2) 上一年度营业收入超过1 000万元至2 000万元的部分,按照3%提取。

(3) 上一年度营业收入超过2 000万元的部分,按照2.5%提取。

第三十六条 民用爆炸物品生产企业以上一年度营业收入为依据,采取超额累退方式确定本年度应计提金额,并逐月平均提取。具体如下:

(1) 上一年度营业收入不超过1 000万元的,按照4%提取。

(2) 上一年度营业收入超过1 000万元至1亿元的部分,按照2%提取。

(3) 上一年度营业收入超过1亿元至10亿元的部分,按照0.5%提取。

(4) 上一年度营业收入超过10亿元的部分,按照0.2%提取。

第四十三条 电力生产与供应企业以上一年度营业收入为依据,采取超额累退方式确定本年度应计提金额,并逐月平均提取。

(1) 电力生产企业,提取标准如下:

①上一年度营业收入不超过1 000万元的,按照3%提取。

②上一年度营业收入超过1 000万元至1亿元的部分,按照1.5%提取。

③上一年度营业收入超过 1 亿元至 10 亿元的部分，按照 1％提取。
④上一年度营业收入超过 10 亿元至 50 亿元的部分，按照 0.8％提取。
⑤上一年度营业收入超过 50 亿元至 100 亿元的部分，按照 0.6％提取。
⑥上一年度营业收入超过 100 亿元的部分，按照 0.2％提取。

(2) 电力供应企业，提取标准如下：
①上一年度营业收入不超过 500 亿元的，按照 0.5％提取。
②上一年度营业收入超过 500 亿元至 1 000 亿元的部分，按照 0.4％提取。
③上一年度营业收入超过 1 000 亿元至 2 000 亿元的部分，按照 0.3％提取。
④上一年度营业收入超过 2 000 亿元的部分，按照 0.2％提取。

第四十五条　企业应当建立健全内部企业安全生产费用管理制度，明确企业安全生产费用提取和使用的程序、职责及权限，落实责任，确保按规定提取和使用企业安全生产费用。

第四十六条　企业应当加强安全生产费用管理，编制年度企业安全生产费用提取和使用计划，纳入企业财务预算，确保资金投入。

第四十七条　企业提取的安全生产费用从成本（费用）中列支并专项核算。符合本办法规定的企业安全生产费用支出应当取得发票、收据、转账凭证等真实凭证。

本企业职工薪酬、福利不得从企业安全生产费用中支出。企业从业人员发现报告事故隐患的奖励支出从企业安全生产费用中列支。

企业安全生产费用年度结余资金结转下年度使用。企业安全生产费用出现赤字（即当年计提企业安全生产费用加上年初结余小于年度实际支出）的，应当于年末补提企业安全生产费用。

第四十八条　以上一年度营业收入为依据提取安全生产费用的企业，新建和投产不足一年的，当年企业安全生产费用据实列支，年末以当年营业收入为依据，按照规定标准计算提取企业安全生产费用。

第四十九条　企业按本办法规定标准连续两年补提安全生产费用的，可以按照最近一年补提数提高提取标准。

本办法公布前，地方各级人民政府已制定下发企业安全生产费用提取使用办法且其提取标准低于本办法规定标准的，应当按照本办法进行调整。

第五十条　企业安全生产费用月初结余达到上一年应计提金额三倍及以上的，自当月开始暂停提取企业安全生产费用，直至企业安全生产费用结余低于上一年应计提金额三倍时恢复提取。

第五十一条　企业当年实际使用的安全生产费用不足年度应计提金额 60％的，除按规定进行信息披露外，还应当于下一年度 4 月底前，按照属地监管权限向县级以上人民政府负有安全生产监督管理职责的部门提交经企业董事会、股东会等机构审议的书面说明。

（三）安全生产费用的使用

《企业安全生产费用提取和使用管理办法》（财资〔2022〕136 号）明确了安全费用的使用范围。大致包括：

(1) 完善、改造和维护安全防护设备、设施支出。
(2) 配备、维护、保养应急救援器材、设备支出和应急演练支出。
(3) 开展重大危险源和事故隐患评估、监控和整改支出。
(4) 安全生产检查、评价（不包括新建、改建、扩建项目安全评价）、标准化建设和咨询支出。

（5）安全生产宣传、教育、培训支出。

（6）配备和更新现场作业人员安全防护用品支出。

（7）安全生产适用的新技术、新标准、新工艺、新装备的推广应用。

（8）安全设施及特种设备检测、检验支出。

（9）企业从业人员发现报告事故隐患的奖励支出。

（10）安全生产责任保险、承运人责任险等与安全生产直接相关的法定保险支出。

（11）其他与安全生产直接相关的支出。

（四）安全生产费用的管理

安全费用按照"企业提取、政府监管、确保需要、规范使用"的原则进行管理。

企业提取的安全费用应当专户核算，按规定范围安排使用，不得挤占、挪用。

企业应当建立健全内部安全费用管理制度，明确安全费用提取和使用的程序、职责及权限，按规定提取和使用安全费用。

企业提取的安全费用属于企业自提自用资金，其他单位和部门不得采取收取、代管等形式对其进行集中管理和使用，国家法律、法规另有规定的除外。

各级财政部门、应急管理部门、煤矿安全监察机构和有关行业主管部门依法对企业安全费用提取、使用和管理进行监督检查。

三、安全生产责任保险实施办法

2016年12月，《中共中央 国务院关于推进安全生产领域改革发展的意见》明确要求：建立健全安全生产责任保险制度，在矿山、危险化学品、烟花爆竹、交通运输、建筑施工、民用爆炸物品、金属冶炼、渔业生产等高危行业领域强制实施，切实发挥保险机构参与风险评估管控和事故预防功能。

2017年12月，原国家安全监管总局、原保监会、财政部联合印发《安全生产责任保险实施办法》。

2019年8月，应急管理部以安全生产行业强制性标准印发《安全生产责任保险事故预防技术服务规范》。

安全生产责任保险的两大功能及两个强制见表3-4。

表3-4 "安全险"的两大功能及两个强制

安全生产责任保险	两大功能	两个强制
内容	事故预防服务	八大高行业领域企业必须投保"安全险"
	事故经济损失赔偿	保险机构必须为投保单位提供事故预防技术服务

《安全生产责任保险实施办法》（2017年12月12日印发，2018年1月1日起施行）规定：

第二条 本办法所称安全生产责任保险，是指保险机构对投保的生产经营单位发生的生产安全事故造成的人员伤亡和有关经济损失等予以赔偿，并且为投保的生产经营单位提供生产安全事故预防服务的商业保险。

第三条 按照本办法请求的经济赔偿，不影响参保的生产经营单位从业人员（含劳务派遣人员，下同）依法请求工伤保险赔偿的权利。

第五条 安全生产责任保险的保费由生产经营单位缴纳，不得以任何方式摊派给从业人员个人。

第六条 煤矿、非煤矿山、危险化学品、烟花爆竹、交通运输、建筑施工、民用爆炸物品、金属冶炼、渔业生产等高危行业领域的生产经营单位应当投保安全生产责任保险。

第九条 安全生产责任保险的保险责任包括投保的生产经营单位的从业人员人身伤亡赔偿，第三者人身伤亡和财产损失赔偿，事故抢险救援、医疗救护、事故鉴定、法律诉讼等费用。保险机构可以开发适应各类生产经营单位安全生产保障需求的个性化保险产品。

第十条 除被依法关闭取缔、完全停止生产经营活动外，应当投保安全生产责任保险的生产经营单位不得延迟续保、退保。

第十六条 同一生产经营单位的从业人员获取的保险金额应当实行同一标准，不得因用工方式、工作岗位等差别对待。

第十七条 各地区根据实际情况确定安全生产责任保险中涉及人员死亡的最低赔偿金额，每死亡一人按不低于 30 万元赔偿，并按本地区城镇居民上一年度人均可支配收入的变化进行调整。

四、工伤保险

（一）工伤认定

认定为工伤：在工作时间和工作场所内，因工作原因受到事故伤害的；工作时间前后在工作场所内，从事与工作有关的预备性或者收尾性工作受到事故伤害的；在工作时间和工作场所内，因履行工作职责受到暴力等意外伤害的；患职业病的；因工外出期间，由于工作原因受到伤害或者发生事故下落不明的；在上下班途中，受到非本人主要责任的交通事故或者城市轨道交通、客运轮渡、火车事故伤害的；法律、行政法规规定应当认定为工伤的其他情形。

视同工伤：在工作时间和工作岗位，突发疾病死亡或者在 48 小时之内经抢救无效死亡的；在抢险救灾等维护国家利益、公共利益活动中受到伤害的；职工原在军队服役，因战、因公负伤致残，已取得革命伤残军人证，到用人单位后旧伤复发的。

不得认定为工伤或者视同工伤：故意犯罪的；醉酒或者吸毒的；自残或者自杀的。

申请工伤认定的流程如图 3-1 所示。

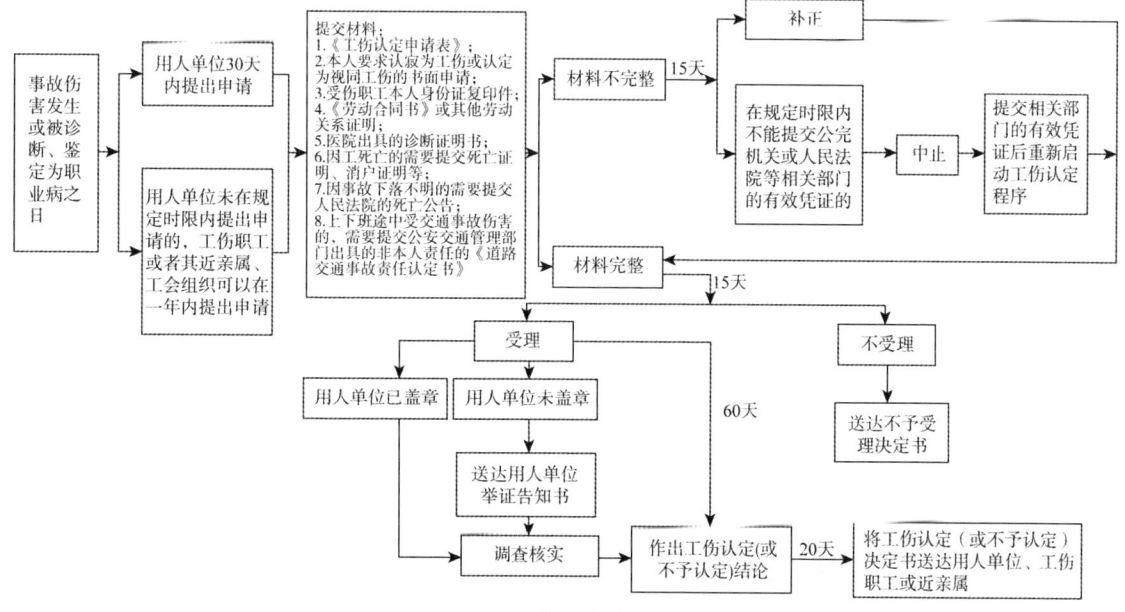

图 3-1 申请工伤认定流程

（二）工伤保险待遇

工伤职工已经评定伤残等级并经劳动能力鉴定委员会确认需要生活护理的，从工伤保险基金按月支付生活护理费。生活护理费按照生活完全不能自理、生活大部分不能自理或者生活部分不能自理 3 个不同等级支付，其标准分别为统筹地区上年度职工月平均工资的 50%、40%或者 30%。

工伤保险待遇见表 3-5。

表 3-5 工伤保险待遇

劳动关系留存	伤残等级	一次性伤残补助金（一定月数的工资）/月	津贴（工资的百分比）
不能解除劳动关系	一	27	90%
	二	25	85%
	三	23	80%
	四	21	75%
单位不能解除劳动关系；经劳动者本人提出的，可以解除	五	18	70%
	六	16	60%
合同到期，单位可以解除劳动关系；经劳动者本人提出，可以解除	七	13	
	八	11	
	九	9	
	十	7	

工伤职工工伤复发，确认需要治疗的，享受规定的工伤待遇。

职工因工死亡，其近亲属按规定从工伤保险基金领取丧葬补助金、供养亲属抚恤金和一次性工亡补助金。

伤残职工在停工留薪期内因工伤导致死亡的，其近亲属享受丧葬补助金、供养亲属抚恤金和一次性工亡补助金的待遇。一级至四级伤残职工在停工留薪期满后死亡的，其近亲属可以享受丧葬补助金和供养亲属抚恤金的待遇。

职工因工外出期间发生事故或者在抢险救灾中下落不明的，从事故发生当月起 3 个月内照发工资，从第 4 个月起停发工资，由工伤保险基金向其供养亲属按月支付供养亲属抚恤金。生活有困难的，可以预支一次性工亡补助金的 50%。职工被人民法院宣告死亡的，按照职工因工死亡的规定处理。

工伤职工有下列情形之一的，停止享受工伤保险待遇：丧失享受待遇条件的；拒不接受劳动能力鉴定的；拒绝治疗的。

用人单位分立、合并、转让的，承继单位应当承担原用人单位的工伤保险责任；原用人单位已经参加工伤保险的，承继单位应当到当地经办机构办理工伤保险变更登记。用人单位实行承包经营的，工伤保险责任由职工劳动关系所在单位承担。职工被借调期间受到工伤事故伤害的，由原用人单位承担工伤保险责任，但原用人单位与借调单位可以约定补偿办法。企业破产的，在破产清算时依法拨付应当由单位支付的工伤保险待遇费用。

———— 典型例题 ————

1. 党中央、国务院一直重视安全生产投入问题，国家有关主管部门制定印发了关于企业安全生产费用提取和使用管理办法，明确了安全生产费用提取、使用和监督管理等工作要求。现行的企业安全生产费用的管理原则是（　　）。

A. 筹措有章、支出有据、管理有序、监督有效

B. 政府领导、企业负责、行业自律、保证使用
C. 政府指导、行业规范、足额提取、确保使用
D. 企业自提、专户核算、集中管理、统筹使用

【解析】企业安全生产费用管理应遵循以下原则：①筹措有章。统筹发展和安全，依法落实企业安全生产投入主体责任，足额提取。②支出有据。企业根据生产经营实际需要，据实开支符合规定的安全生产费用。③管理有序。企业专项核算和归集安全生产费用，真实反映安全生产条件改善投入，不得挤占、挪用。④监督有效。建立健全企业安全生产费用提取和使用的内外部监督机制，按规定开展信息披露和社会责任报告。

2. 保证必要的安全生产投入是实现安全生产的重要基础。某国有企业管理层由张厂长、主管安全生产工作的李副厂长、主管经营工作的赵副厂长、工会主席叶主席和主管财务工作的刘部长等组成。该企业保证安全生产投入的人员应是（   ）。

A. 张厂长　　　　　　　　　　　　B. 李副厂长
C. 叶主席　　　　　　　　　　　　D. 刘部长

【解析】《中华人民共和国安全生产法》第二十三条规定，生产经营单位应当具备的安全生产条件所必需的资金投入，由生产经营单位的决策机构、主要负责人或者个人经营的投资人予以保证，并对由于安全生产所必需的资金投入不足导致的后果承担责任。

3. 某烟花爆竹生产企业于2016年开始建设，2017年开始正式生产，为加强安全生产费用管理，保障企业安全生产资金投入，维护企业、职工以及社会公共利益，按照有关规定，准备对2017年发生的支出进行合规性管理。下列支出中，不应在企业安全生产费用中列支的是（   ）。

A. 配备、维护、保养防爆机械电气设备支出
B. 安全验收评价支出
C. 配备和更新现场作业人员安全防护用品支出
D. 特种设备检测检验支出

【解析】《企业安全生产费用提取和使用管理办法》，明确了安全费用的使用范围。大致包括：①完善、改造和维护安全防护设备、设施支出；②配备、维护、保养应急救援器材、设备支出和应急演练支出；③开展重大危险源和事故隐患评估、监控和整改支出；④安全生产检查、评价（不包括新建、改建、扩建项目安全评价）、标准化建设和咨询支出；⑤安全生产宣传、教育、培训支出；⑥配备和更新现场作业人员安全防护用品支出；⑦安全生产适用的新技术、新标准、新工艺、新装备的推广应用；⑧安全设施及特种设备检测、检验支出；⑨企业从业人员发现报告事故隐患的奖励支出；⑩安全生产责任保险、承运人责任险等与安全生产直接相关的法定保险支出；⑪其他与安全生产直接相关的支出。

4. 某农业集团有面粉加工、饮料生产、渔业生产、豆油分装等公司。为进一步规范安全生产责任保险工作，该集团风险管控部门对所属公司进行了梳理和分类，评估企业安全生产责任险的合规性。根据《安全生产责任保险实施办法》，下列公司中，应投保安全生产责任险的是（   ）。

A. 面粉加工公司　　　　　　　　　B. 饮料生产公司
C. 渔业生产公司　　　　　　　　　D. 豆油分装公司

【解析】《安全生产责任保险实施办法》第六条规定，煤矿、非煤矿山、危险化学品、烟花爆竹、交通运输、建筑施工、民用爆炸物品、金属冶炼、渔业生产等高危行业领域的生产经营

单位应当投保安全生产责任保险。

5. 某地下云母矿，当月开采的矿石为 5 000t。根据《企业安全生产费用提取和使用管理办法》，该企业在当月月末提取安全生产费用的金额为（　　）元。

　　A. 40 000　　　　　　　　　　　B. 25 000
　　C. 20 000　　　　　　　　　　　D. 10 000

【解析】云母矿属于非金属矿山，其中露天矿山每吨提取 3 元，地下矿山每吨提取 8 元。该企业在当月月末提取安全生产费用的金额＝5 000×8＝40 000（元）。

6. 某公司发动员工针对作业场所存在的危险和有害因素进行有奖辨识。辨识结果是：办公室夏季温度过高；去毛刺工位除尘系统效果不佳；消防器材年久失修；公司缺少对员工的安全教育和培训；财务室防盗门损坏；车削工位地面有油渍。该公司针对上述辨识出的危险和有害因素采取了以下措施：加大了安全生产投入为办公室安装了空调系统；对去毛刺除尘系统进行了更新；购买了一批新的消防器材；聘请专家对员工进行安全教育和培训；对财务室的防盗门进行了维修；车削工位地面安装防滑垫。下列项目中，应纳入安全生产费用使用范围的是（　　）。

　　A. 安装空调系统，更新除尘系统，购买消防器材，组织安全教育培训
　　B. 更新除尘系统，购买消防器材，维修财务室防盗门，安装防滑垫
　　C. 安装空调系统，维修财务室防盗门，安装防滑垫，组织安全教育培训
　　D. 更新除尘系统，购买消防器材，安装防滑垫，组织安全教育培训

【解析】本题考查的是安全生产费用的使用和管理。选项 A 中安装空调系统不属于安全生产费用。选项 B、C 中维修财务室防盗门不属于安全生产费用。

7. 某股份制生产经营单位，为了保证安全生产资金的投入，年初按照国家的有关规定提取安全生产措施费，并制定了安全生产措施费的使用计划，该计划应提交的审批机构是（　　）。

　　A. 安全生产委员会　　　　　　　B. 工会委员会
　　C. 董事会　　　　　　　　　　　D. 监事会

【解析】股份制生产经营单位安全生产投入资金的保证者为其决策机构，也就是其董事会，故安全生产措施费的使用计划也应由董事会批准，选项 C 正确。

8. 甲香港投资公司、乙科研单位、丙营销公司共同出资成立了丁新材料公司。丁公司董事长由常驻香港的甲公司赵某担任，总经理由乙科研单位钱某担任，全面负责生产经营活动；财务总监由丙营销公司孙某担任，负责公司财务工作；总经理助理兼安全总监由乙科研单位李某担任，负责丁公司安全管理工作。根据《中华人民共和国安全生产法》，负责保证丁公司安全生产投入的责任主体是（　　）。

　　A. 赵某和钱某
　　B. 丁公司董事会
　　C. 孙某和李某
　　D. 丁公司安委会

【解析】本题考查的是安全生产投入的基本要求。安全生产投入资金具体由谁来保证，应根据企业的性质而定。一般说来，股份制企业、合资企业等安全生产投入资金由董事会予以保证；一般国有企业由厂长或者经理予以保证；个体工商户等个体经济组织由投资人予以保证。上述保证人承担由于安全生产所必需的资金投入不足而导致事故后果的法律责任。

9. 某市安全生产监督管理局在调查、处理一起股份制企业因安全生产投入不足造成的生

产安全事故时,就安全生产投入的责任主体发生了分歧。根据《中华人民共和国安全生产法》,该企业保证安全生产投入的责任主体应是( )。

A. 投资人　　　　　　　　　　B. 总经理
C. 董事长　　　　　　　　　　D. 董事会

【解析】根据《中华人民共和国安全生产法》第二十三条的规定,生产经营单位应当具备的安全生产条件所必需的资金投入,由生产经营单位的决策机构、主要负责人或者个人经营的投资人予以保证,并对由于安全生产所必需的资金投入不足导致的后果承担责任。

有关生产经营单位应当按照规定提取和使用安全生产费用,专门用于改善安全生产条件。安全生产费用在成本中据实列支。安全生产费用提取、使用和监督管理的具体办法由国务院财政部门会同国务院应急管理部门征求国务院有关部门意见后制定。

所以,股份制企业、合资企业等安全生产投入资金由董事会予以保证。

答案: 1.A　2.A　3.B　4.C　5.A　6.D　7.C　8.B　9.D

第六节　安全生产教育和培训

一、安全生产教育培训的基本要求

《中华人民共和国安全生产法》对安全生产教育培训有如下基本要求:

第二十七条　生产经营单位的主要负责人和安全生产管理人员必须具备与本单位所从事的生产经营活动相应的安全生产知识和管理能力。

危险物品的生产、经营、储存、装卸单位以及矿山、金属冶炼、建筑施工、运输单位的主要负责人和安全生产管理人员,应当由主管的负有安全生产监督管理职责的部门对其安全生产知识和管理能力考核合格。考核不得收费。

危险物品的生产、储存、装卸单位以及矿山、金属冶炼单位应当有注册安全工程师从事安全生产管理工作。鼓励其他生产经营单位聘用注册安全工程师从事安全生产管理工作。注册安全工程师按专业分类管理,具体办法由国务院人力资源和社会保障部门、国务院应急管理部门会同国务院有关部门制定。

第二十八条　生产经营单位应当对从业人员进行安全生产教育和培训,保证从业人员具备必要的安全生产知识,熟悉有关的安全生产规章制度和安全操作规程,掌握本岗位的安全操作技能,了解事故应急处理措施,知悉自身在安全生产方面的权利和义务。未经安全生产教育和培训合格的从业人员,不得上岗作业。

生产经营单位使用被派遣劳动者的,应当将被派遣劳动者纳入本单位从业人员统一管理,对被派遣劳动者进行岗位安全操作规程和安全操作技能的教育和培训。劳务派遣单位应当对被派遣劳动者进行必要的安全生产教育和培训。

生产经营单位接收中等职业学校、高等学校学生实习的,应当对实习学生进行相应的安全生产教育和培训,提供必要的劳动防护用品。学校应当协助生产经营单位对实习学生进行安全生产教育和培训。

生产经营单位应当建立安全生产教育和培训档案,如实记录安全生产教育和培训的时间、内容、参加人员以及考核结果等情况。

第二十九条 生产经营单位采用新工艺、新技术、新材料或者使用新设备，必须了解、掌握其安全技术特性，采取有效的安全防护措施，并对从业人员进行专门的安全生产教育和培训。

第三十条 生产经营单位的特种作业人员必须按照国家有关规定经专门的安全作业培训，取得相应资格，方可上岗作业。

特种作业人员的范围由国务院应急管理部门会同国务院有关部门确定。

第四十四条 生产经营单位应当教育和督促从业人员严格执行本单位的安全生产规章制度和安全操作规程；并向从业人员如实告知作业场所和工作岗位存在的危险因素、防范措施以及事故应急措施。

第五十八条 从业人员应当接受安全生产教育和培训，掌握本职工作所需的安全生产知识，提高安全生产技能，增强事故预防和应急处理能力。

二、安全生产教育培训的组织

关于安全生产教育培训的组织，《安全生产培训管理办法》（国家安全生产教育管理总局令第44号）有如下规定：

第四条 安全培训工作实行统一规划、归口管理、分级实施、分类指导、教考分离的原则。

国家安全生产监督管理总局指导全国安全培训工作，依法对全国的安全培训工作实施监督管理。

国家矿山安全监察局指导全国煤矿安全培训工作，依法对全国煤矿安全培训工作实施监督管理。

国家安全生产应急救援指挥中心指导全国安全生产应急救援培训工作。

县级以上地方各级人民政府应急管理部门依法对本行政区域内的安全培训工作实施监督管理。

省、自治区、直辖市人民政府负责煤矿安全培训的部门、省级煤矿安全监察机构按照各自工作职责，依法对所辖区域煤矿安全培训工作实施监督管理。

第八条 国家安全生产监督管理总局负责省级以上应急管理部门的安全生产监管人员、各级煤矿安全监察机构的煤矿安全监察人员的培训工作。

省级应急管理部门负责市级、县级应急管理部门的安全生产监管人员的培训工作。

生产经营单位的从业人员的安全培训，由生产经营单位负责。

危险化学品登记机构的登记人员和承担安全评价、咨询、检测、检验的人员及注册安全工程师、安全生产应急救援人员的安全培训，按照有关法律、法规、规章的规定进行。

第二十条 国家安全生产监督管理总局负责省级以上应急管理部门的安全生产监管人员、各级煤矿安全监察机构的煤矿安全监察人员的考核；负责中央企业的总公司、总厂或者集团公司的主要负责人和安全生产管理人员的考核。

省级应急管理部门负责市级、县级应急管理部门的安全生产监管人员的考核；负责省属生产经营单位和中央企业分公司、子公司及其所属单位的主要负责人和安全生产管理人员的考核；负责特种作业人员的考核。

市级应急管理部门负责本行政区域内除中央企业、省属生产经营单位以外的其他生产经营单位的主要负责人和安全生产管理人员的考核。

省级煤矿安全培训监管机构负责所辖区域内煤矿企业的主要负责人、安全生产管理人员和特种作业人员的考核。

除主要负责人、安全生产管理人员、特种作业人员以外的生产经营单位的其他从业人员的考核，由生产经营单位按照省级应急管理部门公布的考核标准，自行组织考核。

《安全生产法》第九十七条规定，生产经营单位有下列行为之一的，责令限期改正，处十万元以下的罚款；逾期未改正的，责令停产停业整顿，并处十万元以上二十万元以下的罚款，对其直接负责的主管人员和其他直接责任人员处二万元以上五万元以下的罚款：

（1）危险物品的生产、经营、储存、装卸单位以及矿山、金属冶炼、建筑施工、运输单位的主要负责人和安全生产管理人员未按照规定经考核合格的。

（2）未按照规定对从业人员、被派遣劳动者、实习学生进行安全生产教育和培训，或者未按照规定如实告知有关的安全生产事项的。

（3）未如实记录安全生产教育和培训情况的。

（4）未将事故隐患排查治理情况如实记录或者未向从业人员通报的。

（5）未按照规定制定生产安全事故应急救援预案或者未定期组织演练的。

（6）特种作业人员未按照规定经专门的安全作业培训并取得相应资格，上岗作业的。

三、各类人员的培训

（一）主要负责人、安全生产管理人员的培训

1. 安全生产教育培训的组织

生产经营单位的安全培训工作由生产经营单位组织实施，其考核见表3-6。

表3-6 安全生产教育培训的考核

组织单位	考核对象
应急管理部	央企总部主要负责人、安全生产管理人员
国家矿山安全监察局	中央管理煤矿总公司主要负责人、安全生产管理人员
省级应急管理部门	省属企业，辖区内央企分公司、子公司主要负责人、安全生产管理人员、特种作业人员
省煤矿安全监察机构	辖区内煤矿企业主要负责人、安全生产管理人员、特种作业人员
市级、县级应急管理部门	本行政区域内除中央企业、省属企业外其他生产经营单位主要负责人、安全生产管理人员
生产经营单位	除主要负责人、安全生产管理人员、特种作业人员以外的其他从业人员

2. 各类人员的培训时间

（1）主要负责人及安全管理人员。

主要负责人培训及安全管理人员关于学时的总结数轴如图3-2所示。

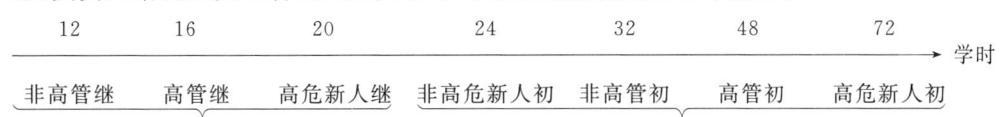

图3-2 学时的总结数轴

注：此处高危指的是煤矿、非煤矿山、危险化学品、烟花爆竹、金属冶炼等生产经营单位。

（2）特种作业人员。

①经专门培训并获得证书后方可上岗。

②离岗6个月以上重新进行实际操作考核。

③有效期6年，每3年复审一次；连续从事本工种10年以上者遵守法律法规且经原发证部门同意，6年复审一次；复审前培训8学时。

④《特种作业人员操作证》由国家统一印制,地、市级以上行政主管部门签发,全国通用。

3. 主要负责人和安全管理人员的培训内容

主要负责人和安全管理人员的培训内容见表3-7。

表 3-7 主要负责人和安全管理人员的培训内容

人员	主要负责人		安全管理人员	
	初次培训	再培训	初次培训	再培训
培训内容	安全生产方针、政策、法律、法规、标准	新知识、新技术、新法规	安全生产方针、政策、法律、法规、标准	新知识、新技术、新法规
	安全管理知识、方法与技术	安全生产管理经验	安全管理知识、技术,职业卫生	安全生产管理经验
	重大危险源管理、重大事故防范、应急救援措施及调查处理方法;重大危险源管理与应急救援预案编制原则	典型事故案例	伤亡事故统计、报告及职业危害的调查处理方法	典型事故案例
	职业危害及预防措施		应急管理、应急预案编制及应急处置的内容和要求	
	国内外先进安全生产管理经验		国内外先进安全生产管理经验	
	典型事故案例和应急救援分析		典型事故案例和应急救援分析	
	其他需要培训内容		其他需要培训内容	

(二) 特种作业人员的培训

特种作业是指容易发生事故,对操作者本人、他人的安全健康及设备、设施的安全可能造成重大危害的作业。直接从事特种作业的从业人员称为特种作业人员。

特种作业种类见表3-8。

表 3-8 特种作业种类

特种作业	种类
电工作业	高压电工作业;低压电工作业;防爆电气作业
焊接与热切割作业	熔化焊接与热切割作业;压力焊作业;钎焊作业
高处作业	登高架设作业;高处安装、维护、拆除作业
制冷与空调作业	制冷与空调设备运行操作作业;制冷与空调设备安装修理作业
煤矿安全作业	煤矿井下电气作业;煤矿井下爆破作业;煤矿安全监测监控作业;煤矿瓦斯检查作业;煤矿安全检查作业;煤矿提升机操作作业;煤矿采煤机(掘进机)操作作业;煤矿瓦斯抽采作业;煤矿防突作业;煤矿探放水作业

续表

特种作业	种类
金属非金属矿山安全作业	金属非金属矿井通风作业；尾矿作业；金属非金属矿山安全检查作业；金属非金属矿山提升机操作作业；金属非金属矿山支柱作业；金属非金属矿山井下电气作业；金属非金属矿山排水作业；金属非金属矿山爆破作业
石油天然气安全作业	司钻作业
冶金（有色）生产安全作业	煤气作业
危险化学品安全作业	光气及光气化工艺作业；氯碱电解工艺作业；氯化工艺作业；硝化工艺作业；合成氨工艺作业；裂解（裂化）工艺作业；氟化工艺作业；加氢工艺作业；重氮化工艺作业；氧化工艺作业；过氧化工艺作业；胺基化工艺作业；磺化工艺作业；聚合工艺作业；烷基化工艺作业；化工自动化控制仪表作业
烟花爆竹安全作业	烟火药制造作业；黑火药制造作业；引火线制造作业；烟花爆竹产品涉药作业；烟花爆竹储存作业
安全监管总局认定的其他作业	—

关于对特种作业人员培训，《特种作业人员安全技术培训考核管理规定》（国家安全生产监督管理总局令第 30 号公布，第 80 号第二次修正）有如下规定：

第五条　特种作业人员必须经专门的安全技术培训并考核合格，取得《中华人民共和国特种作业操作证》（以下简称特种作业操作证）后，方可上岗作业。

第九条　特种作业人员应当接受与其所从事的特种作业相应的安全技术理论培训和实际操作培训。

已经取得职业高中、技工学校及中专以上学历的毕业生从事与其所学专业相应的特种作业，持学历证明经考核发证机关同意，可以免予相关专业的培训。

跨省、自治区、直辖市从业的特种作业人员，可以在户籍所在地或者从业所在地参加培训。

第十条　对特种作业人员的安全技术培训，具备安全培训条件的生产经营单位应当以自主培训为主，也可以委托具备安全培训条件的机构进行培训。

不具备安全培训条件的生产经营单位，应当委托具备安全培训条件的机构进行培训。

生产经营单位委托其他机构进行特种作业人员安全技术培训的，保证安全技术培训的责任仍由本单位负责。

第十一条　从事特种作业人员安全技术培训的机构（以下统称培训机构），应当制定相应的培训计划、教学安排，并按照安全监管总局、煤矿安监局制定的特种作业人员培训大纲和煤矿特种作业人员培训大纲进行特种作业人员的安全技术培训。

第十二条　特种作业人员的考核包括考试和审核两部分。考试由考核发证机关或其委托的单位负责；审核由考核发证机关负责。

安全监管总局、煤矿安监局分别制定特种作业人员、煤矿特种作业人员的考核标准，并建立相应的考试题库。

考核发证机关或其委托的单位应当按照安全监管总局、煤矿安监局统一制定的考核标准进行考核。

第十三条　参加特种作业操作资格考试的人员，应当填写考试申请表，由申请人或者申请人的用人单位持学历证明或者培训机构出具的培训证明向申请人户籍所在地或者从业所在地的考核发证机关或其委托的单位提出申请。

考核发证机关或其委托的单位收到申请后，应当在60日内组织考试。

特种作业操作资格考试包括安全技术理论考试和实际操作考试两部分。考试不及格的，允许补考1次。经补考仍不及格的，重新参加相应的安全技术培训。

第十四条　考核发证机关委托承担特种作业操作资格考试的单位应当具备相应的场所、设施、设备等条件，建立相应的管理制度，并公布收费标准等信息。

第十五条　考核发证机关或其委托承担特种作业操作资格考试的单位，应当在考试结束后10个工作日内公布考试成绩。

第十六条　符合本规定第四条规定并经考试合格的特种作业人员，应当向其户籍所在地或者从业所在地的考核发证机关申请办理特种作业操作证，并提交身份证复印件、学历证书复印件、体检证明、考试合格证明等材料。

第十七条　收到申请的考核发证机关应当在5个工作日内完成对特种作业人员所提交申请材料的审查，作出受理或者不予受理的决定。能够当场作出受理决定的，应当当场作出受理决定；申请材料不齐全或者不符合要求的，应当当场或者在5个工作日内一次告知申请人需要补正的全部内容，逾期不告知的，视为自收到申请材料之日起即已被受理。

第十八条　对已经受理的申请，考核发证机关应当在20个工作日内完成审核工作。符合条件的，颁发特种作业操作证；不符合条件的，应当说明理由。

第十九条　特种作业操作证有效期为6年，在全国范围内有效。

特种作业操作证由安全监管总局统一式样、标准及编号。

第二十条　特种作业操作证遗失的，应当向原考核发证机关提出书面申请，经原考核发证机关审查同意后，予以补发。

特种作业操作证所记载的信息发生变化或者损毁的，应当向原考核发证机关提出书面申请，经原考核发证机关审查确认后，予以更换或者更新。

第二十一条　特种作业操作证每3年复审1次。

特种作业人员在特种作业操作证有效期内，连续从事本工种10年以上，严格遵守有关安全生产法律法规的，经原考核发证机关或者从业所在地考核发证机关同意，特种作业操作证的复审时间可以延长至每6年1次。

第二十二条　特种作业操作证需要复审的，应当在期满前60日内，由申请人或者申请人的用人单位向原考核发证机关或者从业所在地考核发证机关提出申请，并提交下列材料：

（1）社区或者县级以上医疗机构出具的健康证明；

（2）从事特种作业的情况；

（3）安全培训考试合格记录。

特种作业操作证有效期届满需要延期换证的，应当按照前款的规定申请延期复审。

第二十三条　特种作业操作证申请复审或者延期复审前，特种作业人员应当参加必要的安全培训并考试合格。

安全培训时间不少于8个学时，主要培训法律、法规、标准、事故案例和有关新工艺、新技术、新装备等知识。

(三)其他从业人员的教育培训

生产经营单位其他从业人员是指除主要负责人、安全生产管理人员和特种作业人员以外,该单位从事生产经营活动的所有人员,包括其他负责人、其他管理人员、技术人员和各岗位的工人以及临时聘用的人员。

关于对其他从业人员的教育培训,《生产经营单位安全培训规定》有如下规定:

第十一条 煤矿、非煤矿山、危险化学品、烟花爆竹、金属冶炼等生产经营单位必须对新上岗的临时工、合同工、劳务工、轮换工、协议工等进行强制性安全培训,保证其具备本岗位安全操作、自救互救以及应急处置所需的知识和技能后,方能安排上岗作业。

第十二条 加工、制造业等生产单位的其他从业人员,在上岗前必须经过厂(矿)、车间(工段、区、队)、班组三级安全培训教育。

生产经营单位应当根据工作性质对其他从业人员进行安全培训,保证其具备本岗位安全操作、应急处置等知识和技能。

第十三条 生产经营单位新上岗的从业人员,岗前安全培训时间不得少于24学时。

煤矿、非煤矿山、危险化学品、烟花爆竹、金属冶炼等生产经营单位新上岗的从业人员安全培训时间不得少于72学时,每年再培训的时间不得少于20学时。

第十四条 厂(矿)级岗前安全培训内容应当包括:

(1) 本单位安全生产情况及安全生产基本知识;

(2) 本单位安全生产规章制度和劳动纪律;

(3) 从业人员安全生产权利和义务;

(4) 有关事故案例等。

煤矿、非煤矿山、危险化学品、烟花爆竹、金属冶炼等生产经营单位厂(矿)级安全培训除包括上述内容外,应当增加事故应急救援、事故应急预案演练及防范措施等内容。

第十五条 车间(工段、区、队)级岗前安全培训内容应当包括:

(1) 工作环境及危险因素;

(2) 所从事工种可能遭受的职业伤害和伤亡事故;

(3) 所从事工种的安全职责、操作技能及强制性标准;

(4) 自救互救、急救方法、疏散和现场紧急情况的处理;

(5) 安全设备设施、个人防护用品的使用和维护;

(6) 本车间(工段、区、队)安全生产状况及规章制度;

(7) 预防事故和职业危害的措施及应注意的安全事项;

(8) 有关事故案例;

(9) 其他需要培训的内容。

第十六条 班组级岗前安全培训内容应当包括:

(1) 岗位安全操作规程;

(2) 岗位之间工作衔接配合的安全与职业卫生事项;

(3) 有关事故案例;

(4) 其他需要培训的内容。

第十七条 从业人员在本生产经营单位内调整工作岗位或离岗一年以上重新上岗时,应当重新接受车间(工段、区、队)和班组级的安全培训。

生产经营单位采用新工艺、新技术、新材料或者使用新设备时,应当对有关从业人员重新进行有针对性的安全培训。

第十九条 生产经营单位从业人员的安全培训工作,由生产经营单位组织实施。

第二十条 具备安全培训条件的生产经营单位,应当以自主培训为主;可以委托具备安全培训条件的机构,对从业人员进行安全培训。

不具备安全培训条件的生产经营单位,应当委托具备安全培训条件的机构,对从业人员进行安全培训。

生产经营单位委托其他机构进行安全培训的,保证安全培训的责任仍由本单位负责。

第二十四条 煤矿、非煤矿山、危险化学品、烟花爆竹、金属冶炼等生产经营单位主要负责人和安全生产管理人员,自任职之日起 6 个月内,必须经安全生产监管监察部门对其安全生产知识和管理能力考核合格。

典型例题

1. 某机械制造厂为了进一步夯实安全基础,提升企业的安全管理水平,把创建安全生产标准化作为推动安全生产工作的抓手,并紧密结合企业实际情况,狠抓安全培训教育,组织制定安全培训教育制度及培训大纲,明确了培训的内容、时间和培训的主管部门,并按照培训计划开展培训,对培训效果进行评估。下列关于企业安全培训管理的说法,正确的是( )。

A. 企业特种作业人员的教育培训主管部门不定期识别安全培训需求

B. 企业组织培训,使企业主要负责人、专职安全员具备相应的安全管理知识和管理能力

C. 企业培训主管部门制定实施安全教育培训计划,必要的培训资源由属地主管部门提供

D. 企业培训主管部门对相关方人员的安全教育培训情况可不记录

【解析】《安全生产培训管理办法》第八条规定:"国家安全监管总局负责省级以上应急管理部门的安全生产监管人员、各级煤矿安全监察机构的煤矿安全监察人员的培训工作。省级应急管理部门负责市级、县级应急管理部门的安全生产监管人员的培训工作。生产经营单位的从业人员的安全培训,由生产经营单位负责。危险化学品登记机构的登记人员和承担安全评价、咨询、检测、检验的人员及注册安全工程师、安全生产应急救援人员的安全培训,按照有关法律、法规、规章的规定进行。"

第九条规定:"对从业人员的安全培训,具备安全培训条件的生产经营单位应当以自主培训为主,也可以委托具备安全培训条件的机构进行安全培训。不具备安全培训条件的生产经营单位,应当委托具有安全培训条件的机构对从业人员进行安全培训。生产经营单位委托其他机构进行安全培训的,保证安全培训的责任仍由本单位负责。"

第十条规定:"生产经营单位应当建立安全培训管理制度,保障从业人员安全培训所需经费,对从业人员进行与其所从事岗位相应的安全教育培训……。从业人员安全培训的时间、内容、参加人员以及考核结果等情况,生产经营单位应当如实记录并建档备查。"

2. 某电力公司开展内部安全生产大检查时,发现员工的安全教育培训工作存在问题。下列关于员工安全教育培训相关要求的内容,错误的是( )。

A. 新上岗的从业人员,岗前安全培训时间不得少于 24 学时

B. 电力公司安全副总，初次岗前培训时间不得少于 24 学时

C. 岗位安全教育培训主要包括日常安全教育培训、定期安全考试和专题安全教育培训三个方面

D. 采用新工艺，应当对有关从业人员重新进行有针对性的安全教育培训

【解析】生产经营单位新上岗的从业人员，岗前安全培训时间不得少于 24 学时。生产经营单位主要负责人和安全生产管理人员，初次安全培训时间不得少于 32 学时，每年再培训时间不得少于 12 学时，选项 B 错误。煤矿、非煤矿山、危险化学品、烟花爆竹、金属冶炼等生产经营单位主要负责人和安全生产管理人员，初次安全培训时间不得少于 48 学时，每年再培训时间不得少于 16 学时。

3. 特种作业人员考核发证及其复审，是特种作业人员管理的重要环节。根据《特种作业人员安全技术培训考核管理规定》，下列关于发证及其复审的说法中，错误的是（   ）。

A. 特种作业人员必须经专门的安全技术培训并考核合格，取得操作证，方可上岗作业

B. 跨省、自治区、直辖市从业的特种作业人员，可以在户籍所在地或者从业所在地参加培训

C. 特种作业操作证一般每 3 年复审 1 次

D. 特种作业操作证的复审时间可以最多延长至每 8 年 1 次

【解析】《特种作业人员安全技术培训考核管理规定》第五条规定："特种作业人员必须经专门的安全技术培训并考核合格，取得《中华人民共和国特种作业操作证》后，方可上岗作业。"

第九条规定："特种作业人员应当接受与其所从事的特种作业相应的安全技术理论培训和实际操作培训。已经取得职业高中、技工企业及中专以上学历的毕业生从事与其所学专业相应的特种作业，持学历证明经考核发证机关同意，可以免予相关专业的培训。跨省、自治区、直辖市从业的特种作业人员，可以在户籍所在地或者从业所在地参加培训。"

第二十一条规定："特种作业操作证每 3 年复审 1 次。特种作业人员在特种作业操作证有效期内，连续从事本工种 10 年以上，严格遵守有关安全生产法律法规的，经原考核发证机关或者从业所在地考核发证机关同意，特种作业操作证的复审时间可以延长至每 6 年 1 次。"

4. 根据《特种作业人员安全技术培训考核管理规定》，下列作业中，属于特种作业的有（   ）。

A. 低压电工作业

B. 热切割作业

C. 机床车工作业

D. 矿山井下支护作业

E. 硫化工艺作业

【解析】特种作业的范围包括：电工作业、焊接与热切割作业、高处作业、制冷与空调作业、煤矿安全作业、金属非金属矿山安全作业、石油天然气安全作业、冶金（有色）生产安全作业、危险化学品安全作业、烟花爆竹安全作业、安全监管总局认定的其他作业。

答案：1.B 2.B 3.D 4.ABDE

第七节　安全文化

一、安全文化的起源

安全文化是在苏联切尔诺贝利核电站事故之后，为了解决核安全问题而提出的，所以安全文化的发展史就是事故致因理论的发展史。

20世纪初期，随着工业革命的兴起，工业机械开始大规模地推广、应用，早期的机械在设计中并不考虑操作的安全问题，所以伴随而来的是更多的工业安全事故，在这种情况下产生了事故频发倾向理论。所谓事故频发倾向是指个别容易发生事故的、稳定的、个人的内在倾向，根据这种理论，预防事故就是要找出这样的事故频发倾向者并开除即可。

其后，安全工程师海因里希调查了大量的工业事故，统计得出工业事故发生的直接原因98%可以归纳为人的不安全行为（88%）和物的不安全状态（10%），并提出事故因果连锁理论。

第二次世界大战中飞机的出现，推动了人机工程学在工业安全领域的研究，人们对事故致因理论提出了新的理论：轨迹交叉理论和事故遭遇理论，使预防事故的重点从人开始向物（设备）转移。

之后，更加复杂的设备、工艺和产品的诞生，在研制、使用和维护这些复杂系统的过程中，萌发了系统安全的基本思想；同一时期，本质安全的理念出现在工业安全领域。无论是系统安全还是本质安全，都提出了一个共同的观点：预防事故的主要责任在于产品的设计者，而非操作者或设备本身。

随后，管理失误论开始兴起，无论是博德、亚当斯还是伍兹，其理论的一个共同点在于：预防工业事故的主要责任在于管理层。

此时苏联切尔诺贝利核电站事故震惊全世界，纵然采取"纵深防护"防护策略，系统本质安全程度非常高的核电站仍然会发生事故，对此国际核安全小组（NASG）提出了以安全文化为基础的安全管理原则，随后安全文化理念的发展不再局限于核安全领域。

工业安全领域在发展安全文化过程中，意识到预防工业事故必须加强企业的安全文化建设。

二、安全文化的定义与层次

（一）安全文化的定义

安全文化有广义和狭义之别，但从其产生和发展的历程来看，安全文化的深层次内涵，仍属于"安全教养""安全修养"或"安全素质"的范畴。也就是说，安全文化主要是通过"文之教化"的作用，将人培养成具有现代社会所要求的安全情感、安全价值观和安全行为表现的人。

《企业安全文化建设导则》（AQ/T 9004—2008）给出了企业安全文化的定义：被企业组织的员工群体所共享的安全价值观、态度、道德和行为规范的统一体。

（二）安全文化的层次

安全文化的内容十分丰富，主要包括以下3个层次：

（1）处于深层的安全观念文化，包括安全观念、安全意识形态。

（2）处于中间层的安全制度文化，包括企业内部的组织结构、管理网络、部门分工和安全生产法规与制度建设。

（3）处于表层的安全行为文化和安全物质文化，包括企业的安全文明生产环境与次序。

三、企业安全文化的基本特征与主要功能

企业安全文化是"以人为本"多层次的复合体，由安全物质文化、安全行为文化、安全制度文化、安全精神文化组成。企业文化是"以人为本"，提倡对人的"爱"与"护"，以"灵性管理"为中心，以员工安全文化素质为基础所形成的，群体和企业的安全价值观和安全行为规范，表现于员工在受到激励后对安全生产的态度和敬业精神。

企业安全文化应具有如下功能。

（一）导向功能

安全文化所提出的价值观为企业的安全管理决策活动提供了为企业多数职工所认同的价值取向，它们能将价值观内化为个人的价值观，将企业目标内化为自己的行为目标，使个体的目标、价值观、理想与企业的目标、价值观、理想有了高度一致性和同一性。

（二）凝聚功能

当安全文化所提出的价值观被企业职工内化为个体的价值观和目标后，就会产生一种积极而强大的群体意识，将每个职工紧密地联系在一起，这样就形成了一种强大的凝聚力和向心力。

（三）激励功能

安全文化所提出的价值观向员工展示了工作的意义，员工在理解工作的意义后，会产生更大的工作动力，这一点已被大量的心理学研究所证实。一方面用企业的宏观理想和目标激励职工奋发向上；另一方面它也为职工个体指明了成功的标准与标志，使其有了具体的奋斗目标。还可用典型、仪式等行为方式不断强化职工追求目标的行为。

（四）辐射和同化功能

安全文化一旦在一定的群体中形成，便会对周围群体产生强大的影响作用，迅速向周边辐射。而且，安全文化还会保持一个企业稳定的、独特的风格和活力，同化一批又一批新来者，使他们接受这种文化并继续保持与传播，使安全文化的生命力得以持久。

四、安全文化建设的基本内容

（一）总体要求

企业在安全文化建设过程中，应充分考虑自身内部的和外部的文化特征，引导全体员工的安全态度和安全行为，实现在法律和政府监管要求基础上的安全自我约束，通过全员参与实现企业安全生产水平持续提高。

（二）基本要素

安全文化建设的基本要素，如图3-3所示。

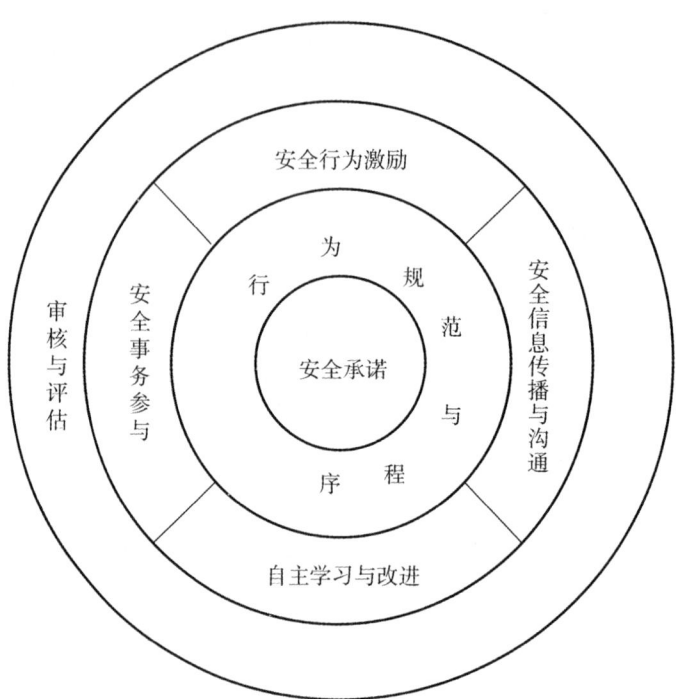

图 3-3 安全文化建设的基本要素

1. 安全承诺

企业应建立包括安全价值观、安全愿景、安全使命和安全目标等在内的安全承诺。

安全承诺应做到：切合企业特点和实际，反映共同安全志向；明确安全问题在组织内部具有最高优先权；声明所有与企业安全有关的重要活动都追求卓越；含义清晰明了，并被全体员工和相关方所知晓和理解。

领导者应做到：

(1) 提供安全工作的领导力，坚持保守决策，以有形的方式表达对安全的关注。

(2) 在安全生产上真正投入时间和资源。

(3) 制定安全发展的战略规划，以推动安全承诺的实施。

(4) 接受培训，在企业相关的安全事务上具有必要的能力。

(5) 授权组织的各级管理者和员工参与安全生产工作，积极质疑安全问题。

(6) 安排对安全实践或实施过程的定期审查。

(7) 与相关方进行沟通和合作。

各级管理者应做到：

(1) 清晰界定全体员工的岗位安全责任。

(2) 确保所有与安全相关的活动均采用了安全的工作方法。

(3) 确保全体员工充分理解并胜任所承担的工作。

(4) 鼓励和肯定在安全方面的良好态度，注重从差错中学习和获益。

(5) 在追求卓越的安全绩效、质疑安全问题方面以身作则。

(6) 接受培训，在推进和辅导员工改进安全绩效上具有必要的能力。

(7) 保持和相关方的交流合作，促进组织部门之间的沟通与协作。

每个员工应做到：

(1) 在本职工作上始终采取安全的方法。
(2) 对任何与安全相关的工作保持质疑的态度。
(3) 对任何安全异常和事件保持警觉并主动报告。
(4) 接受培训，在岗位工作中具有改进安全绩效的能力。
(5) 与管理者和其他员工进行必要的沟通。

企业应将自己的安全承诺传达到相关方。必要时应要求供应商、承包商等相关方提供相应的安全承诺。

2. 行为规范与程序

企业内部的行为规范是企业安全承诺的具体体现和安全文化建设的基础要求。

行为规范的建立和执行应做到：
(1) 体现企业的安全承诺。
(2) 明确各级各岗位人员在安全生产工作中的职责与权限。
(3) 细化有关安全生产的各项规章制度和操作程序。
(4) 行为规范的执行者参与规范系统的建立，熟知自己在组织中的安全角色和责任。
(5) 由正式文件予以发布。
(6) 引导员工理解和接受建立行为规范的必要性，知晓由于不遵守规范所引发的潜在不利后果。
(7) 通过各级管理者或被授权者观察员工行为，实施有效监控和缺陷纠正。
(8) 广泛听取员工意见，建立持续改进机制。

程序的建立和执行应做到：
(1) 识别并说明主要的风险，简单易懂，便于操作。
(2) 程序的使用者（必要时包括承包商）参与程序的制定和改进过程，并应清楚理解不遵守程序可能导致的潜在不利后果。
(3) 由正式文件予以发布。
(4) 通过强化培训，向员工阐明在程序中给出特殊要求的原因。
(5) 对程序的有效执行保持警觉，即使在生产经营压力很大时，也不能容忍走捷径和违反程序。
(6) 鼓励员工对程序的执行保持质疑的安全态度，必要时采取更加保守的行动并寻求帮助。

3. 安全行为激励

企业应建立员工安全绩效评估系统，建立将安全绩效与工作业绩相结合的奖励制度。审慎对待员工的差错，应避免过多关注错误本身，而应以吸取经验教训为目的。应仔细权衡惩罚措施，避免因处罚而导致员工隐瞒错误。企业宜在组织内部树立安全榜样或典范，发挥安全行为和安全态度的示范作用。

4. 安全信息传播与沟通

企业应建立安全信息传播系统，综合利用各种传播途径和方式，提高传播效果。企业应优化安全信息的传播内容，将组织内部有关安全的经验、实践和概念作为传播内容的组成部分。企业应就安全事项建立良好的沟通程序，确保企业与政府监管机构和相关方、各级管理者与员工、员工之间的沟通。沟通应满足：确认有关安全事项的信息已经发送，并被接受方所接收和理解；涉及安全事件的沟通信息应真实、开放；每个员工都应认识到沟通对安全的重要性，从他人处获取信息和向他人传递信息。

5. 自主学习与改进

企业应建立有效的安全学习模式。实现动态发展的安全学习过程，保证安全绩效的持续改进。企业应建立正式的岗位适应资格评估和培训系统，确保全体员工充分胜任所承担的工作。应制定人员聘任和选拔程序，保证员工具有岗位适任要求的初始条件；安排必要的培训及定期复训，评估培训效果；培训内容除有关安全知识和技能外，还应包括对严格遵守安全规范的理解，以及个人安全职责的重要意义和因理解偏差或缺乏严谨而产生失误的后果；除借助外部培训机构外，应选拔、训练和聘任内部培训教师，使其成为企业安全文化建设过程的知识和信息传播者。

企业应将与安全相关的任何事件，尤其是人员失误或组织错误事件，当作能够从中汲取经验教训的宝贵机会，从而改进行为规范和程序，获得新的知识和能力。应鼓励员工对安全问题予以关注，进行团队协作，利用既有知识和能力，辨识和分析可供改进的机会，对改进措施提出建议，并在可控条件下授权员工自主改进。经验教训、改进机会和改进过程的信息宜编写到企业内部培训课程和宣传教育活动的内容中使员工广泛知晓。

6. 安全事务参与

全体员工都应认识到自己负有对自身和同事安全做出贡献的重要责任。员工对安全事务的参与是落实这种责任的最佳途径。企业组织应根据自身的特点和需要确定员工参与的形式。员工参与的方式可包括但不局限于以下类型：建立在信任和免责备基础上的微小差错员工报告机制；成立员工安全改进小组，给予必要的授权、辅导和交流；定期召开有员工代表参加的安全会议，讨论安全绩效和改进行动；开展岗位风险预见性分析和不安全行为或不安全状态的自查自评活动。

所有承包商对企业的安全绩效改进均可做出贡献。企业应建立让承包商参与安全事务和改进过程的机制，将与承包商有关的政策纳入安全文化建设的范畴；应加强与承包商的沟通和交流，必要时给予培训，使承包商清楚企业的要求和标准；应让承包商参与工作准备、风险分析和经验反馈等活动；倾听承包商对企业生产经营过程中所存在的安全改进机会的意见。

7. 审核与评估

企业应对自身安全文化建设情况进行定期的全面审核，审核内容包括：领导者应定期组织各级管理者评审企业安全文化建设过程的有效性和安全绩效结果；领导者应根据审核结果确定并落实整改不符合、不安全实践和安全缺陷的优先次序，并识别新的改进机会；必要时，应鼓励相关方实施这些优先次序和改进机会，以确保其安全绩效与企业协调一致。在安全文化建设过程中及审核时，应采用有效的安全文化评估方法，关注安全绩效下滑的前兆，给予及时的控制和改进。

（三）推进与保障

1. 规划与计划

企业应充分认识安全文化建设的阶段性、复杂性和持续改进性，由企业最高领导人组织制定推动本企业安全文化建设的长期规划和阶段性计划。规划和计划应在实施过程中不断完善。

2. 保障条件

企业应充分提供安全文化建设的保障条件，包括：明确安全文化建设的领导职能，建立领导机制；确定负责推动安全文化建设的组织机构与人员，落实其职能；保证必需的建设资金投入；配置适用的安全文化信息传播系统。

3. 推动骨干的选拔和培养

企业宜在管理者和普通员工中选拔和培养一批能够有效推动安全文化发展的骨干。这些骨干扮演员工、团队和各级管理者指导老师的角色，承担辅导和鼓励全体员工向良好的安全态度和行动转变的职责。

五、安全文化建设的操作步骤

（一）建立机构

领导机构可以定为"安全文化建设委员会"，必须由生产经营单位主要负责人亲自担任委员会主任，同时要确定一名生产经营单位高层领导人担任委员会的常务副主任。

其下还必须建立一个安全文化办公室，负责日常工作。

（二）制定规划

（1）对本单位的安全生产观念、状态进行初始评估。

（2）对本单位的安全文化理念进行定格设计。

（3）制定出科学的时间表及推进计划。

（三）培训骨干

培训骨干是推动企业安全文化建设不断更新、发展的重要方式。训练内容可包括理论、事例、经验和本企业应该如何实施的方法等。

（四）宣传教育

宣传、教育、激励、感化是传播安全文化，促进精神文明的重要手段。刚性的规章制度固然必要，但柔软的安全文化往往能起到制度和纪律起不到的作用。

（五）努力实践

安全文化建设是安全管理中高层次的工作，是实现零事故目标的必由之路，是超越传统安全管理来解决安全生产问题的根本途径。安全文化要在生产经营单位安全工作中真正发挥作用，必须让所倡导的安全文化理念深入到员工头脑里，落实到员工的行动上。

在安全文化建设过程中，紧紧围绕"安全—健康—文明—环保"的理念，通过采取管理控制、精神激励、环境感召、心理调适、习惯培养等一系列方法，既推进安全文化建设的深入发展，又丰富安全文化的内涵。

六、安全文化建设评价

安全文化建设评价的目的是了解安全文化现状或安全文化建设效果，而采取的系统化测评行为，并得出定性或定量的分析结论。《企业安全文化建设评价准则》（AQ/T 9005—2008）给出了安全文化建设评价的要素、指标、减分指标、计算方法等。

（一）评价指标

（1）基础特征：企业状态特征、企业文化特征、企业形象特征、企业员工特征、企业技术特征、监管环境、经营环境、文化环境。

（2）安全承诺：安全承诺内容、安全承诺表述、安全承诺传播、安全承诺认同。

（3）安全管理：安全权责、管理机构、制度执行、管理效果。

(4) 安全环境：安全指引、安全防护、环境感受。

(5) 安全培训与学习：重要性体现、充分性体现、有效性体现。

(6) 安全信息传播：信息资源、信息系统、效能体现。

(7) 安全行为激励：激励机制、激励方式、激励效果。

(8) 安全事务参与：安全会议与活动、安全报告、安全建议、沟通交流。

(9) 决策层行为：公开承诺、责任履行、自我完善。

(10) 管理层行为：责任履行、指导下属、自我完善。

(11) 员工层行为：安全态度、知识技能、行为习惯、团队合作。

（二）减分指标

死亡事故、重伤事故、违章记录。

（三）评价程序

(1) 建立评价组织机构与评价实施机构。

(2) 评价实施机构制定评价工作实施方案，并应报送评价组织机构批准。

(3) 评价组织机构下达《评价通知》。

(4) 评价工作人员调研、收集与核实基础资料。

(5) 数据统计分析。

(6) 评价工作组撰写评价报告。

(7) 反馈企业征求意见。

(8) 提交评价报告：评价工作组修改完成评价报告后，经评价项目负责人签字，报送评价组织机构审核确认。

(9) 评价工作组进行评价工作总结，报送评价组织机构，同时建立好评价工作档案。

• 典型例题 •

1. 某矿山为了提高安全生产水平，打造安全生产长效机制，在企业一把手的直接领导下，积极培育企业安全文化。下列关于企业安全文化建设的说法，错误的是（　　）。

A. 企业安全文化是企业文化的重要组成部分，存在于企业生产经营的一切活动中

B. 企业安全文化是企业在长期安全生产和经营活动中逐步培育形成的，具有本企业特点

C. 企业安全文化的核心就是企业家的安全观念，体现了企业一把手对安全的态度和价值观

D. 企业安全文化由安全物质文化、安全行为文化、安全制度文化、安全精神文化组成

【解析】安全文化的内涵：一个企业的安全文化是企业在长期安全生产和经营活动中逐步培育形成的、具有本企业特点、为全体员工认可遵循并不断创新的观念、行为、环境、物态条件的总和。

企业安全文化是"以人为本"多层次的复合体，由安全物质文化、安全行为文化、安全制度文化、安全精神文化组成。

2. 企业安全文化建设，就是要不断地提升人的安全素质，优化安全管理制度和基础条件，营造良好的安全氛围。下列关于企业安全文化建设的说法，正确的有（　　）。

A. 企业应考虑自身内部和外部的文化特征，通过全员参与企业安全文化建设来实现

B. 企业的每名员工都应该知晓和理解本企业的安全承诺

C. 企业应建立员工安全绩效评估系统，并建立安全绩效与业绩相结合的奖励制度

D. 企业应将自己的安全承诺传达给相关方,并要求保持一致

E. 企业安全文化建设应保持可持续发展,实现闭环管理

【解析】安全文化建设的基本内容:

(1) 企业安全文化建设的总体要求。

企业在安全文化建设过程中,应充分考虑自身内部的和外部的文化特征,引导全体员工的安全态度和安全行为,实现在法律和政府监管要求基础上的安全自我约束,通过全员参与实现企业安全生产水平持续提高。

(2) 企业安全文化建设的基本要素。

①安全承诺。企业应建立包括安全价值观、安全愿景、安全使命和安全目标等在内的安全承诺。企业应将自己的安全承诺传达到相关方。必要时应要求供应商、承包商等相关方提供相应的安全承诺。

②行为规范与程序。

③安全行为激励。企业应建立员工安全绩效评估系统,建立将安全绩效与工作业绩相结合的奖励制度。

④安全信息传播与沟通。

⑤自主学习与改进。

⑥安全事务参与。

⑦审核与评估。

3. 某集团公司安全管理部门在年终开展 HSE 绩效评审时,发现去年在子公司 A 发生的事故,今年在子公司 B 和 C 都有发生,公司管理层认为企业安全文化在某些方面需要提升和完善。根据《企业安全文化建设导则》,该集团公司针对上述事故应重点加强的安全文化建设基本要素是( )。

A. 自主学习与改进　　　　　　B. 安全事务参与

C. 审核与评估　　　　　　　　D. 安全行为激励

【解析】自主学习与改进:企业应将与安全相关的任何事件尤其是人员失误或组织错误事件,当作能够从中汲取经验教训的宝贵机会,从而改进行为规范和程序,获得新的知识和能力。

4. 某公司拟开展企业安全文化建设规划,聘请第三方机构对公司的安全生产观念和状态进行了初始评估,评估结果为处于"依靠严格监督"的阶段,建议未来三年的安全文化发展目标定为达到"员工的自我管理"阶段。依据企业开展安全文化建设规划的工作步骤,下一步工作应为( )。

A. 编制安全文化规章制度　　　B. 开展安全文化宣传教育

C. 开展安全文化骨干培训　　　D. 定格设计安全文化理念

【解析】在制定规划步骤中,进行初始评估的下一步是定格设计安全文化理念,故选项 D 正确。

5. 某企业坚持开展"隐患速拍"活动,在网站设置"隐患曝光台"专栏,将职工在生产现场和日常生活中拍到的安全隐患照片进行集中曝光,并制定奖惩措施,鼓励职工当好"拍客",新职工进入企业后也很快成为新"拍客"。这体现了安全文化功能中的( )功能。

A. 异化　　　　　　　　　　　B. 凝聚

C. 辐射 D. 激励

【解析】安全文化一旦在一定的群体中形成，便会对周围群体产生强大的影响作用，迅速向周边辐射。而且，安全文化还会保持一个企业稳定的、独特的风格和活力，同化一批又一批新来者，使他们接受这种文化并继续保持与传播，使安全文化的生命力得以持久。

6. 在安全文化建设过程中，职工应充分理解和接受企业的安全理念，并结合岗位任务践行职工安全承诺。下列内容中，属于企业职工安全承诺的是（　　）。

A. 清晰界定职工岗位安全责任
B. 坚持与相关方进行沟通和合作
C. 对任何安全异常和事件保持警觉并主动报告
D. 评估自我安全绩效，推动安全承诺的实施

【解析】本题考查的是安全文化建设的基本内容。每个员工应做到：在本职工作上始终采取安全的方法；对任何与安全相关的工作保持质疑的态度；对任何安全异常和事件保持警觉并主动报告；接受培训，在岗位工作中具有改进安全绩效的能力；与管理者和其他员工进行必要的沟通。

7. 安全文化由安全物质文化、安全行为文化、安全制度文化、安全精神文化组成。安全文化建设是通过创造一种良好的安全人文氛围和协调的人机环境，引导员工主动遵章守纪，养成良好的安全行为习惯。安全文化建设的目标是（　　）。

A. 全员参与 B. 以人为本
C. 持续改进 D. 综合治理

【解析】企业安全文化与企业文化目标是基本一致的，即"以人为本"，以人的"灵性管理"为基础。

8. 某企业在安全文化建设中，提出"三不伤害"原则，建立相应的机制以促使"三不伤害"原则落实到每个岗位，做到"各人自扫门前雪，还管他人瓦上霜"，取得较好的效果。这主要发挥了安全文化功能中的（　　）。

A. 辐射功能 B. 凝聚功能
C. 激励功能 D. 同化功能

【解析】凝聚功能：当企业安全文化所提出的价值观被企业职工内化为个体的价值观和目标后就会产生一种积极而强大的群体意识，将每个职工紧密地联系在一起，这样就形成了一种强大的凝聚力和向心力。

9. 安全承诺是安全文化建设的基本要素之一，李某是某企业的一名基层职工，根据《企业安全文化建设导则》，下列说法中，适合李某的安全承诺是（　　）。

A. 保持与相关方的交流合作，促进部门之间的沟通与协作
B. 清晰界定职工岗位安全责任，确保所有与安全有关的活动均采用了安全的工作方法
C. 鼓励和肯定在安全方面的良好态度，在推进和辅导职工改进安全绩效上具备必要的能力
D. 始终采取安全的工作方法，对任何安全异常和事件保持警觉并主动报告

【解析】企业的每个员工应做到：在本职工作上始终采取安全的方法；对任何与安全相关的工作保持质疑的态度；对任何安全异常和事件保持警觉并主动报告；接受培训，在岗位工作中具有改进安全绩效的能力；与管理者和其他员工进行必要的沟通。

10. 某企业高度重视安全文化建设，积极开展劳动竞赛和评先评优等多种形式的安全活

动,营造良好的安全文化氛围。该企业每年度开展安全岗位标兵表彰活动,主要发挥了安全文化的（　　）功能。

A. 辐射　　　　　B. 凝聚　　　　　C. 激励　　　　　D. 同化

【解析】企业安全文化所提出的价值观向职工展示了工作的意义,职工在理解工作的意义后,会产生更大的工作动力,这一点已为大量的心理学研究所证实。一方面用企业的宏观理想和目标激励职工奋发向上；另一方面它也为职工个体指明了成功的标准与标志,使其有了具体的奋斗目标。还可用典型、仪式等行为方式不断强化职工追求目标的行为。

答案：1.C　2.ABC　3.A　4.D　5.C　6.C　7.B　8.B　9.D　10.C

第八节　设备设施安全

一、安全设施分类

安全设施可分为预防事故设施、控制事故设施、减少与消除事故影响设施3类,见表3-9。

表3-9　安全设施分类

预防事故设施		
设施种类	具体种类	图示
检测、报警设施	压力、温度、液位、流量、组份等报警设施；可燃气体、有毒有害气体、氧气等检测和报警设施；用于安全检查和安全数据分析等检验检测设备、仪器	
设备安全保护设施	防护罩、防护屏、负荷限制器、行程限制器,制动、限速、防雷、防潮、防晒、防冻、防腐、防渗漏等设施,传动设备安全锁闭设施,电器过载保护设施,静电接地设施	
防爆设施	各种电气、仪表的防爆设施,抑制助燃物品混入（如氮封）、易燃易爆气体和粉尘形成等设施,阻隔防爆器材,防爆工器具	
作业场所防护设施	作业场所的防辐射、防静电、防噪声、通风（除尘、排毒）、防护栏（网）、防滑、防灼烫等设施	

续表

预防事故设施		
设施种类	具体种类	图示
安全警示标志	包括各种指示、警示作业安全和逃生避难及风向等警示标志	

控制事故设施		
设施种类	具体种类	图示
泄压和止逆设施	用于泄压的阀门、爆破片、放空管等设施，用于止逆的阀门等设施，真空系统的密封设施	
紧急处理设施	紧急备用电源，紧急切断、分流、排放（火炬）、吸收、中和、冷却等设施，通入或者加入惰性气体、反应抑制剂等设施，紧急停车、仪表联锁等设施	

减少与消除事故影响设施		
设施种类	具体种类	图示
防止火灾蔓延设施	阻火器、安全水封、回火防止器、防油（火）堤、防爆墙、防爆门等隔爆设施，防火墙、防火门、蒸汽幕、水幕等设施，防火材料涂层	
灭火设施	水喷淋、惰性气体、蒸气、泡沫释放等灭火设施，消火栓、高压水枪（炮）、消防车、消防水管网、消防站等	
紧急个体处置设施	洗眼器、喷淋器、逃生器、逃生索、应急照明等设施	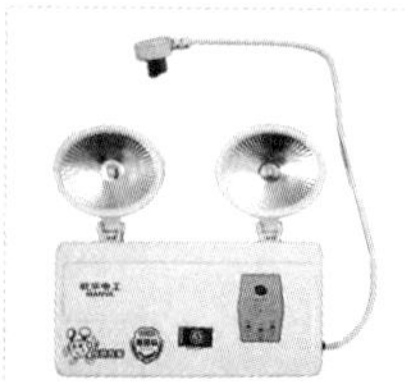
应急救援设施	堵漏、工程抢险装备和现场受伤人员医疗抢救装备	

续表

减少与消除事故影响设施		
设施种类	具体种类	图示
逃生避难设施	逃生和避难的安全通道（梯）、安全避难所（带空气呼吸系统）、避难信号等	
劳动防护用品和装备	包括头部、面部，视觉、呼吸、听觉器官，四肢、躯干的防火、防毒、防灼烫、防腐蚀、防噪声、防光射、防高处坠落、防砸击、防刺伤等免受作业场所物理、化学因素伤害的劳动防护用品和装备	

二、安全设施管理

(一) 设备安全责任制

1. 安全管理岗位职责

（1）公司分管设备的主管领导：审批公司设备购买、租赁合同，同时审查合作对象是否在公司《合格供方名录》内，主持公司设备安全检查。

（2）公司机械设备管理部门：审批设备的需用计划、组织评审设备租赁供方和设备购买供方，组织设备合同条款会签，组织设备的进场，监督检查出租方对设备维护保养和履约情况，组织对设备安全检查，对各类设备管理资料进行收集、分类、归档。

（3）项目部分管生产的副经理：是分管设备的领导，对本项目设备需用计划进行评定，执行公司有关设备管理的规定，对分包单位自带设备进行监督管理，主持本项目设备安全检查。

（4）项目机管员：贯彻实施公司设备管理规定，制定设备需用计划、保养维修计划，参与本项目的设备验收，报告设备的运行情况并留下记录，组织本项目设备安全检查。

（5）操作人员：熟悉机械设备的性能，坚守岗位，按章操作，做好机械的日常保养，持证上岗。

2. 主管领导责任

（1）组织机械设备的定期综合检查，定期向上级汇报机械管理工作情况，提出改进方案和建议。

（2）协助租赁单位对租赁机械的进场、安装、使用、维修的管理，对租赁机械设备做使用前初验认可。

3. 设备管理责任人责任

（1）认真贯彻执行上级有关部门颁发的各项机械设备管理规章制度、操作规程，负责检查本项目施工中的执行情况，发现问题及时采取措施，落实整改。

（2）严格执行公司的机械设备修理、保养、检查制度，掌握现场机械设备的使用、维护及保养计划的执行情况，并积极解决其中存在的问题。

（3）定期对现场机械设备实行安全运行检查，切实做好隐患整改工作。

（4）负责参与对现场中小型机械的入场、安装、检测、验收工作，并做翔实文字记载。

（5）监督检查机械作业人员的持证上岗工作，落实安全交底、安全检查、交接班等系列管理制度，认真做好各项原始记录。

(6) 积极协助处理现场机械事故，组织落实"三不放过"的措施。

4. 现场机操工责任

当机械设备发生故障时，必须由专业人员检测维修，严禁机械带病作业，发生事故或未遂恶性事故时，必须及时抢救，保护现场并立即向上级报告。

(二) 设备采购、租赁管理制度

1. 设备采购和租赁

(1) 必须坚持"安全高于一切"的设备选购原则，要求做到设备运行中，在能保证自身安全的同时，确保操作环境的安全。

(2) 设备管理人员应根据本单位生产特点、工艺要求广泛搜集信息，包括：国际、国内本行业的生产技术水平，设备安全可靠程度、价格、售后服务等，经过论证提出初步采购或租赁意见报总经理批准实施。

(3) 设备采购前，按安全、质量管理体系要求，对设备的生产厂商资质及生产能力进行审查及评审，选出合格的设备供应商，需采购的设备必须在合格的设备供应商中进行采购。

(4) 严禁采购和租赁国家明令淘汰产品。严禁采购和租赁不符合国家强制性标准规定的、低劣、劣质、结构简陋、没有安全保障的机械产品。

(5) 安装、调试、验收、建立档案等。

2. 设备的安装、拆除、管理制度

(1) 大型专用和特种设备的拆装，要求必须具备拆装能力、持有相关资质证书的单位，或邀请具有相关业务能力和资质的单位实施。

(2) 大型专用和特种施工设备的拆装，必须按照设备制造厂的相关说明并结合现场具体情况制定拆装作业指导书，负责拆装的工程人员必须建立健全并实行岗位责任制，必须持证上岗。

(3) 大型专用和特种施工设备的拆装必须如实做好记录，对在拆装过程中发现的一般性缺陷和问题应详尽说明。

(4) 凡危及人身、设备安全的重大缺陷和问题，要及时采取有效可行的补救措施，消除事故隐患，确保设备使用安全。

(5) 重大缺陷和问题经处理后，必须经过本单位检验部门并经安监部门同意并签字后方可进入下一道工序。

(6) 大型专用和特种施工设备在拆装后必须进行检测、验收，并确认各项技术指标达到要求和安全装置齐全有效后，方可正式运行。

3. 设备的检查、检测管理制度

(1) 机械设备按照施工平面布置图合理布置，尽可能降低对其周围环境的影响。项目部组织相关部门对进入施工现场的设备进行验收，经验收合格后，分类建立机械设备台账，并负责存留相关记录。

(2) 项目部要做好机械设备的标识工作，按要求悬挂机械设备标识牌。

(3) 设备操作人员必须按照操作规程操作设备，禁止违规操作，设备现场管理人员必须认真检查监督操作人员，以确保设备安全运行。凡特种作业人员应持证上岗，实行定机、定人、定岗位制度。

(4) 对于从事危险作业和危及人身安全的设备，应有明显标志和安全措施。

(5) 施工设备停放、检修、安装应有统一、固定的位置，场地应安全。对设备进行转移和检修保养时，必须悬挂明显警示标识；对电气设备进行检修时，检修场所必须有雨棚等防雨装置。

（6）大中型施工设备必须定人、定机，实行机长负责制的人机一体化管理。

（7）特种施工设备和大中型施工设备的操作人员，必须进行过技术培训，熟悉本机的操作、保养和技术规程，并取得国家统一发放的特种作业操作证，严禁无证上岗。

（8）按照施工设备的维护保养规程进行维护和保养，并如实填写相关记录。

（9）定期进行设备安全检查和检验，切实加强设备使用过程中的监督和检查。设备不得带病运转或超负荷作业，对存在安全隐患的施工设备，必须立即停机整改，待故障排除后，方能重新工作。

（10）实行设备出勤签证制，必须由现场调度或设备管理人员签字后，设备方可出勤或运转。对于存在明显安全隐患的场地及路段，或设备存在严重故障隐患时，现场指挥和设备管理人员有权制止使用，操作人员有权拒绝操作。

（11）实行设备现场安全管理责任制，建立设备安全风险金，并落实到作业队、班组、单机（组）及个人，做到责任分明，定期考核，并把考核结果同基层设备管理人员、操作和修理人员的个人收入挂钩。

其余内容详见《设备安全使用管理制度》《设备的维修、保养管理制度》《设备的改造和报废管理制度》及《设备管理要求》等。

（三）设备全生命周期管理

设备全生命周期管理贯穿于设备使用寿命的全过程，是指从设备的采购直到设备淘汰或报废的整个过程中，对设备实施的必要的、全面合理的管理和监控，大体经历设备的前期管理、设备的使用管理以及设备的后期管理3个阶段。

（1）设备的前期管理。指设备的规划、购置、安装试用以及验收等的管理，其主要流程为：进行总体规划和可行性研究、设备选型决策、采购审批程序设计、合同管理、安装调试验收管理、试运行后的设备初期管理（设备分类编码、建立设备卡和设备台账、设备图纸技术文件管理）。其中，设备的总体规划和可行性研究、选型决策和安装调试验收管理决定了设备的质量和水平，而设备初期管理则为后续的设备管理过程奠定了良好的基础。

（2）设备的使用管理。指设备经过试运行，达到验收标准正式投入使用后，对设备进行的管理。设备的使用管理占设备全生命周期的大部分时间，是设备全生命周期管理过程中的重要环节，主要涉及设备的维护和维修管理。正确地使用和维修设备可使设备保持良好的状态，防止和减少突发性故障和非正常停机，使设备发挥最大效能。

设备的使用管理主要包括：

①对设备的运行情况、工作精度、磨损或腐蚀程度进行测量和校验的设备点检管理。

②对设备进行维护保养并修复因各类原因造成的设备损坏和精度劣化的设备维修管理。

③对设备采用先进的科学技术改变其结构，提高其性能和效率，使之达到现代新型设备的水平，或者对设备进行新旧更新的设备改造更新管理。

（3）设备的后期管理。主要包括设备停用时进行的封存管理或者设备行将退役时对设备进行的报废及处置管理。

在正常情况下，设备都应保持长期正常运转，但特殊情况下可能会出现设备的长期闲置现象（这种情况在企业中较为常见，一些企业会因为生产形势的变化造成一定数量的设备长期闲置），因而出现了设备封存管理。为了有效保护国家财产和减轻企业压力，设备封存需采取正式且集中的封存保管措施，使设备遭受自然损耗的程度降至最低限度。设备在封存期内不考核设备指标，也不提取折旧与大修基金。

设备报废管理是设备在其功能范围内达到使用寿命或使用期限，或是设备发生意外事故导致其使用功能完全丧失，被判断为"废弃"后启动的对台账、资产卡、实物进行报废处理的管理措施。设备处置则是对报废设备或不再具有使用价值的设备进行拍卖或废弃的管理过程，它是设备管理的最后环节，通过处置使设备的经济利益获得最大化。

（四）设备全生命周期管理目标

设备全生命周期管理追求的目标是通过设备前期、使用以及后期三个连续的实物管理以及与之对应的资产管理过程，杜绝低水平引进和重复投资造成的资金浪费，提高设备的可靠性和稳定性，降低故障率，保证设备的正常运行，并在后期处置设备时最大限度地将闲置或报废资产转化为企业的经济收入，从而实现企业设备资产投入产出最大化，满足企业师生对实验及教学设备"安全、可靠、优质、高效、经济运行"的现代化要求。

为实现设备全生命周期管理目标，企业设备管理部门必须全方位提升资产运营理念，采用集约化、人性化等管理方式统筹规划整个设备管理生命周期，完善资产管理制度和评价标准，形成较为完整的设备全生命周期管理体系。宏观方面，企业应当树立集约化统一管理的理念，在思想上，提高各级管理人员对设备资产精细化管理的意识，树立对待设备资产管理的严谨态度；在行动上，以设备的资产价值为纽带，以设备和备品备件为基本管理对象，覆盖设备全生命周期上的各个环节，通过缺陷管理等标准规范的建立，完善种种维护策略，辐射采购、库存、项目、成本会计和人力资源等业务功能，实现企业设备资产管理集约化和精细化的目标。微观方面，企业必须做好设备全生命周期管理每个阶段（尤其是设备的使用管理阶段）所要求的具体管理工作，树立以设备为本的意识，实施人性化的维护维修管理。

三、特种设备设施安全

（一）特种设备的定义与分类

特种设备，是指对人身和财产安全有较大危险性的锅炉、压力容器（含气瓶）、压力管道、电梯、起重机械、客运索道、大型游乐设施、场（厂）内专用机动车辆，以及法律、行政法规规定适用《中华人民共和国特种设备安全法》的其他特种设备。常见特种设备如图3-4所示。

图3-4 常见特种设备

特种设备分为承压类特种设备、机电类特种设备两种，具体内容见表3-10。

表 3-10 特种设备分类

承压类特种设备		
设备	定义	图示
锅炉	是指利用各种燃料、电或者其他能源,将所盛装的液体加热到一定的参数,并通过对外输出介质的形式提供热能的设备。其范围规定为:设计正常水位容积≥30L,且额定蒸汽压力≥0.1MPa(表压)的承压蒸汽锅炉;出口水压≥0.1MPa(表压),且额定功率≥0.1MW 的承压热水锅炉;额定功率≥0.1MW 的有机热载体锅炉	
压力容器	是指盛装气体或者液体,承载一定压力的密闭设备。其范围规定为:最高工作压力≥0.1MPa(表压)的气体、液化气体和最高工作温度高于或者等于标准沸点的液体、容积≥30L 且内直径(非圆形截面指截面内边界最大几何尺寸)≥150mm 的固定式容器和移动式容器;盛装公称工作压力≥0.2MPa(表压),且压力与容积的乘积≥1.0MPa·L 的气体、液化气体和标准沸点≤60℃液体的气瓶;氧舱	
压力管道	是指利用一定的压力,用于输送气体或者液体的管状设备。其范围规定为最高工作压力≥0.1MPa(表压),介质为气体、液化气体、蒸汽或者可燃、易爆、有毒、有腐蚀性、最高工作温度高于或者等于标准沸点的液体,且公称直径≥50mm 的管道	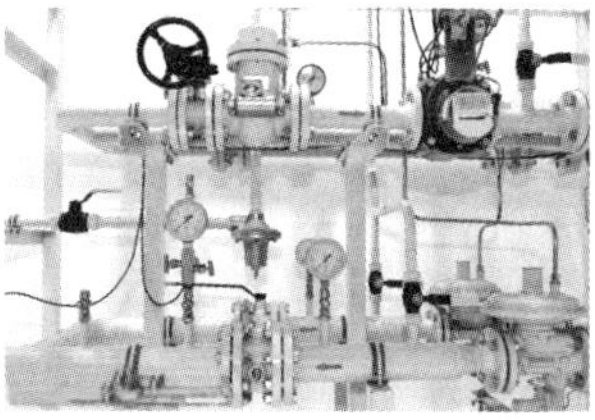
机电类特种设备		
设备	定义	图示
电梯	是指动力驱动,利用沿刚性导轨运行的箱体或者沿固定线路运行的梯级(踏步),进行升降或者平行运送人、货物的机电设备,包括载人(货)电梯、自动扶梯、自动人行道等。非公共场所安装且仅供单一家庭使用的电梯除外	

续表

机电类特种设备		
设备	定义	图示
起重机械	是指用于垂直升降或者垂直升降并水平移动重物的机电设备，其范围规定为：额定起重量≥0.5t的升降机；额定起重量≥3t（或额定起重力矩≥40t·m 的塔式起重机，或生产率≥300t/h 的装卸桥），且提升高度≥2m 的起重机；层数≥2层的机械式停车设备	
客运索道	是指动力驱动，利用柔性绳索牵引箱体等运载工具运送人员的机电设备，包括客运架空索道、客运缆车、客运拖牵索道等。非公用客运索道和专用于单位内部通勤的客运索道除外	
大型游乐设施	是指用于经营目的，承载乘客游乐的设施。其范围规定为设计最大运行线速度≥2m/s，或者运行高度距地面高于或者等于 2m 的载人大型游乐设施。用于体育运动、文艺演出和非经营活动的大型游乐设施除外	
场（厂）内专用机动车辆	是指除道路交通、农用车辆以外仅在工厂厂区、旅游景区、游乐场所等特定区域使用的专用机动车辆	

（二）特种设备采购与安装

1. 采购

（1）采购特种设备应当符合以下要求：

①选型、技术参数、安全性能、能效指标等符合国家或者地方有关强制性规定以及设计要求。

②所采购特种设备由取得相应制造资质的单位制造。

③所采购特种设备应当附有安全技术规范要求的设计文件、产品质量合格证明、安装及使用维修说明、制造监督检验证书等出厂文件。

（2）采购旧特种设备应当符合以下要求：

①具有原使用单位的注销登记证明。

②具有完整的安全技术档案。

③经定期检验合格。

（3）采购进口特种设备应当符合《中华人民共和国特种设备安全法》（以下简称《特种设备安全法》）（2014年1月1日施行）相关规定：

第三十条　进口的特种设备应当符合我国安全技术规范的要求，并经检验合格；需要取得我国特种设备生产许可的,应当取得许可。

进口特种设备应当随附安全技术规范要求的设计文件、产品质量合格证明、安装及使用维护保养说明、监督检验证明等相关技术资料和文件,其安装及使用维护保养说明、产品铭牌、安全警示标志及其说明应当采用中文。

特种设备的进出口检验,应当遵守有关进出口商品检验的法律、行政法规。

第三十一条　进口特种设备,应当向进口地负责特种设备安全监督管理的部门履行提前告知义务。

2. 安装

(1) 安装单位应具备以下条件:

①具有省级质量技术监督部门颁发的《特种设备安装(维修)安全许可证》。

②具有安装相应的安装经验。

③安装队伍的施工组织方案、安装程序、技术要求、安装过程中隐蔽工程验收记录、自检报告符合要求。

(2) 安装、改造、维修特种设备时,生产经营单位应当履行下列义务:

①委托具有相应资质的单位进行安装、改造、维修。

②督促安装、改造、维修单位办理施工告知手续、申报监督检验。

③验收特种设备,并接收安装、改造、维修单位移交的有关技术资料、出厂文件和监督检验证书,将其存入该设备的安全技术档案。

《特种设备安全法》规定:

第二十二条　电梯的安装、改造、修理,必须由电梯制造单位或者其委托的依照本法取得相应许可的单位进行。电梯制造单位委托其他单位进行电梯安装、改造、修理的,应当对其安装、改造、修理进行安全指导和监控,并按照安全技术规范的要求进行校验和调试。电梯制造单位对电梯安全性能负责。

第二十三条　特种设备安装、改造、修理的施工单位应当在施工前将拟进行的特种设备安装、改造、修理情况书面告知直辖市或者设区的市级人民政府负责特种设备安全监督管理的部门。

第二十四条　特种设备安装、改造、修理竣工后,安装、改造、修理的施工单位应当在验收后30日内将相关技术资料和文件移交特种设备使用单位。特种设备使用单位应当将其存入该特种设备的安全技术档案。

第二十五条　锅炉、压力容器、压力管道元件等特种设备的制造过程和锅炉、压力容器、压力管道、电梯、起重机械、客运索道、大型游乐设施的安装、改造、重大修理过程,应当经特种设备检验机构按照安全技术规范的要求进行监督检验;未经监督检验或者监督检验不合格的,不得出厂或者交付使用。

(三) 生产经营单位特种设备作业人员应具备的条件

生产经营单位特种设备作业人员应具备的条件为:持证上岗;按照规程进行操作;定期接受安全、节能教育和培训;在证书有效期满前60日内,由申请人或者申请人的用人单位向原考核发证机关或者从业所在地考核发证机关提出申请。

《特种设备安全法》规定:

第十三条　特种设备生产、经营、使用单位及其主要负责人对其生产、经营、使用的特种设备安全负责。

特种设备生产、经营、使用单位应当按照国家有关规定配备特种设备安全管理人员、检测人员和作业人员,并对其进行必要的安全教育和技能培训。

第十四条 特种设备安全管理人员、检测人员和作业人员应当按照国家有关规定取得相应资格，方可从事相关工作。特种设备安全管理人员、检测人员和作业人员应当严格执行安全技术规范和管理制度，保证特种设备安全。

第二十九条 特种设备在出租期间的使用管理和维护保养义务由特种设备出租单位承担，法律另有规定或者当事人另有约定的除外。

第三十六条 电梯、客运索道、大型游乐设施等为公众提供服务的特种设备的运营使用单位，应当对特种设备的使用安全负责，设置特种设备安全管理机构或者配备专职的特种设备安全管理人员；其他特种设备使用单位，应当根据情况设置特种设备安全管理机构或者配备专职、兼职的特种设备安全管理人员。

（四）特种设备使用登记证的办理

《特种设备安全法》规定："特种设备使用单位应当在特种设备投入使用前或者投入使用后30日内，向负责特种设备安全监督管理的部门办理使用登记，取得使用登记证书。登记标志应当置于该特种设备的显著位置。"特种设备进行改造、修理，按照规定需要变更使用登记的，应当办理变更登记，方可继续使用。特殊设备使用标志如图3-5所示。

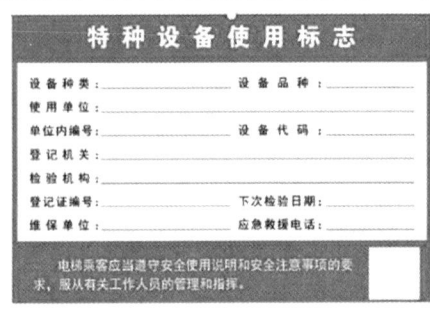

图 3-5　特殊设备使用标志

（五）安全技术档案

《特种设备安全法》对安全技术档案做出了相关规定。

第三十五条 特种设备使用单位应当建立特种设备安全技术档案。安全技术档案应当包括以下内容：

（1）特种设备的设计文件、产品质量合格证明、安装及使用维护保养说明、监督检验证明等相关技术资料和文件。

（2）特种设备的定期检验和定期自行检查记录。

（3）特种设备的日常使用状况记录。

（4）特种设备及其附属仪器仪表的维护保养记录。

（5）特种设备的运行故障和事故记录。

《特种设备安全监察条例》（国务院令第549号，2009年1月24日修订）也对安全技术档案做出了相关要求。

第二十六条 特种设备使用单位应当建立特种设备安全技术档案。安全技术档案应当包括以下内容：

（1）特种设备的设计文件、制造单位、产品质量合格证明、使用维护说明等文件以及安装技术文件和资料。

（2）特种设备的定期检验和定期自行检查的记录。

（3）特种设备的日常使用状况记录。

（4）特种设备及其安全附件、安全保护装置、测量调控装置及有关附属仪器仪表的日常维护保养记录。

(5) 特种设备运行故障和事故记录。

(6) 高耗能特种设备的能效测试报告、能耗状况记录以及节能改造技术资料。

(六) 定期检验

《特种设备安全法》规定：

第三十八条　特种设备属于共有的，共有人可以委托物业服务单位或者其他管理人管理特种设备，受托人履行本法规定的特种设备使用单位的义务，承担相应责任。共有人未委托的，由共有人或者实际管理人履行管理义务，承担相应责任。

第三十九条　特种设备使用单位应当对其使用的特种设备进行经常性维护保养和定期自行检查，并作出记录。

特种设备使用单位应当对其使用的特种设备的安全附件、安全保护装置进行定期校验、检修，并作出记录。

第四十条　特种设备使用单位应当按照安全技术规范的要求，在检验合格有效期届满前一个月向特种设备检验机构提出定期检验要求。

特种设备检验机构接到定期检验要求后，应当按照安全技术规范的要求及时进行安全性能检验。特种设备使用单位应当将定期检验标志置于该特种设备的显著位置。

未经定期检验或者检验不合格的特种设备，不得继续使用。

第四十一条　特种设备安全管理人员应当对特种设备使用状况进行经常性检查，发现问题应当立即处理；情况紧急时，可以决定停止使用特种设备并及时报告本单位有关负责人。

特种设备作业人员在作业过程中发现事故隐患或者其他不安全因素，应当立即向特种设备安全管理人员和单位有关负责人报告；特种设备运行不正常时，特种设备作业人员应当按照操作规程采取有效措施保证安全。

(七) 应急管理

《特种设备安全法》规定：

第四十二条　特种设备出现故障或者发生异常情况，特种设备使用单位应当对其进行全面检查，消除事故隐患，方可继续使用。

第四十五条　电梯的维护保养应当由电梯制造单位或者依照本法取得许可的安装、改造、修理单位进行。

电梯的维护保养单位应当在维护保养中严格执行安全技术规范的要求，保证其维护保养的电梯的安全性能，并负责落实现场安全防护措施，保证施工安全。

电梯的维护保养单位应当对其维护保养的电梯的安全性能负责；接到故障通知后，应当立即赶赴现场，并采取必要的应急救援措施。

《特种设备安全监察条例》规定：

电梯应当至少每15日进行一次清洁、润滑、调整和检查。

《特种设备安全法》还规定：

第四十六条　电梯投入使用后，电梯制造单位应当对其制造的电梯的安全运行情况进行跟踪调查和了解，对电梯的维护保养单位或者使用单位在维护保养和安全运行方面存在的问题，提出改进建议，并提供必要的技术帮助；发现电梯存在严重事故隐患时，应当及时告知电梯使用单位，并向负责特种设备安全监督管理的部门报告。电梯制造单位对调查和了解的情况，应当作出记录。

第六十九条　国务院负责特种设备安全监督管理的部门应当依法组织制定特种设备重特大事故应急预案，报国务院批准后纳入国家突发事件应急预案体系。

县级以上地方各级人民政府及其负责特种设备安全监督管理的部门应当依法组织制定本行政区域内特种设备事故应急预案，建立或者纳入相应的应急处置与救援体系。

特种设备使用单位应当制定特种设备事故应急专项预案，并定期进行应急演练。

第七十条　特种设备发生事故后，事故发生单位应当按照应急预案采取措施，组织抢救，防止事故扩大，减少人员伤亡和财产损失，保护事故现场和有关证据，并及时向事故发生地县级以上人民政府负责特种设备安全监督管理的部门和有关部门报告。

(八) 报废

《特种设备安全法》规定：

第四十八条　特种设备存在严重事故隐患，无改造、修理价值，或者达到安全技术规范规定的其他报废条件的，特种设备使用单位应当依法履行报废义务，采取必要措施消除该特种设备的使用功能，并向原登记的负责特种设备安全监督管理的部门办理使用登记证书注销手续。

报废条件以外的特种设备，达到设计使用年限可以继续使用的，应当按照安全技术规范的要求通过检验或者安全评估，并办理使用登记证书变更，方可继续使用。允许继续使用的，应当采取加强检验、检测和维护保养等措施，确保使用安全。

·典型例题·

1. 甲公司为一家小型物流公司，办公地点设在一座物流仓储大厦内，大厦产权归属乙公司，大厦内安装了5部货物专用电梯，电梯为丙公司制造，为了节约经费及提高工作效率，甲公司向乙公司租用了一部货物专用电梯。下列关于甲公司租用和管理电梯过程中，涉及甲、乙、丙三公司责权关系的说法，错误的是（　　）。

A. 丙公司对电梯的安全性能负责

B. 乙公司应当建立电梯安全技术档案

C. 乙公司应当在检验合格有效期届满前一个月向特种设备检验机构提出定期检验要求

D. 甲公司应当对电梯履行维护保养义务，法律或者当事人另有约定的除外

【解析】《特种设备安全法》第二十二条规定，电梯的安装、改造、修理，必须由电梯制造单位或者其委托的依照本法取得相应许可的单位进行。电梯制造单位委托其他单位进行电梯安装、改造、修理的，应当对其安装、改造、修理进行安全指导和监控，并按照安全技术规范的要求进行校验和调试。电梯制造单位对电梯安全性能负责。

第二十九条规定："特种设备在出租期间的使用管理和维护保养义务由特种设备出租单位承担，法律另有规定或者当事人另有约定的除外。"

第三十五条规定："特种设备使用单位应当建立特种设备安全技术档案。"

第四十条规定："特种设备使用单位应当按照安全技术规范的要求，在检验合格有效期满前一个月向特种设备检验机构提出定期检验要求。"

2. 小王负责整理单位的特种设备安全技术档案，档案包含了特种设备的设计文件、产品质量合格证明、安装及使用维护保养说明、监督检验证明等，以及定期检验和定期自行检查记录、日常使用状况记录、维护保养记录等。下列还应纳入特种设备安全技术档案存档的是（　　）。

A. 管理人员和作业人员资质证书

B. 特种设备的运行故障和事故记录

C. 特种设备安全教育培训记录

D. 特种设备事故专项应急预案

【解析】特种设备使用单位应当建立特种设备安全技术档案。特种设备安全技术档案应当

包括以下内容：①使用登记证；②"特种设备使用登记表"；③特种设备的设计文件、产品质量合格证明、安装及使用维护保养说明、监督检验证明等相关技术资料和文件；④特种设备的定期检验和定期自行检查记录；⑤特种设备的日常使用状况记录；⑥特种设备及其附属仪器仪表的维护保养记录；⑦特种设备安全附件和安全保护装置校验检修、更换记录和有关报告；⑧特种设备的运行故障和事故记录。

3. 某新建商贸大厦，安装一台从国外进口的观光电梯，大厦物业公司在日常使用该设备时，制定了相关的安全管理规定。根据《特种设备安全法》，下列观光电梯管理规定中，正确的有（　　）。

A. 使用前应当向进口地安监部门履行提前告知义务
B. 投入使用后30日内，须取得使用登记证书
C. 物业公司应当定期维护保养观光电梯
D. 出现异常情况，使用单位应立即停止运行，消除隐患后，方可继续使用
E. 必须配备专职的特种设备安全管理人员

【解析】《特种设备安全法》第三十一条规定，进口特种设备，应当向进口地负责特种设备安全监督管理的部门履行提前告知义务。

第三十三条规定，特种设备使用单位应当在特种设备投入使用前或者投入使用后30日内，向负责特种设备安全监督管理的部门办理使用登记，取得使用登记证书。登记标志应当置于该特种设备的显著位置。

第三十六条规定，电梯、客运索道、大型游乐设施等为公众提供服务的特种设备的运营使用单位，应当对特种设备的使用安全负责，设置特种设备安全管理机构或者配备专职的特种设备安全管理人员；其他特种设备使用单位，应当根据情况设置特种设备安全管理机构或者配备专职、兼职的特种设备安全管理人员。

第三十九条规定，特种设备使用单位应当对其使用的特种设备进行经常性维护保养和定期自行检查，并作出记录。特种设备使用单位应当对其使用的特种设备的安全附件、安全保护装置进行定期校验、检修，并作出记录。

第四十二条规定，特种设备出现故障或者发生异常情况，特种设备使用单位应当对其进行全面检查，消除事故隐患，方可继续使用。

4. 甲公司是一家五星级酒店，为解决蒸汽不足的问题，从乙公司购进一台蒸发量为4t/h的燃气锅炉。根据《特种设备安全监察条例》，下列关于该锅炉安全管理要求的说法中，正确的是（　　）。

A. 甲公司应当在该锅炉投入使用前或者投入使用后60日内，向省级特种设备安全监督管理部门登记
B. 甲公司应当按照安全技术规范的要求进行锅炉水（介）质处理，并接受特种设备检验检测机构实施的水（介）质处理定期检验
C. 甲公司应当按照安全技术规范的定期检验要求，在该锅炉安全检验合格有效期届满后30日内，向特种设备检验检测机构提出定期检验要求
D. 在该锅炉出现故障时，乙公司应当及时全面检查及处理，经甲公司确认消除事故隐患后，方可重新投入使用

【解析】本题考查的是特种设备设施安全。选项A错误，甲公司应当在该锅炉投入使用前或者投入使用后30日内，向直辖市或者设区的市的特种设备安全监督管理部门登记。选项B

正确,《特种设备安全监察条例》第二十七条规定,锅炉使用单位应当按照安全技术规范的要求进行锅炉水(介)质处理,并接受特种设备检验检测机构实施的水(介)质处理定期检验。选项 C 错误,《特种设备安全监察条例》第二十八条规定,特种设备使用单位应当按照安全技术规范的定期检验要求,在安全检验合格有效期届满前 1 个月向特种设备检验检测机构提出定期检验要求。检验检测机构接到定期检验要求后,应当按照安全技术规范的要求及时进行安全性能检验和能效测试。选项 D 错误,《特种设备安全监察条例》第二十九条规定,特种设备出现故障或者发生异常情况,使用单位应当对其进行全面检查。消除事故隐患后,方可重新投入使用。

5. 某公司是一家食品生产企业,因扩大生产规模需要,准备在厂房的三楼加装一条生产线,临时安装了一部施工外用电梯,用于运送生产线及附属设备,并安装了限速器、制动器及行程限位开关等安全装置。根据《特种设备安全监察条例》,下列关于该施工外用电梯运行管理的说法中,正确的是( )。

A. 施工外用电梯安装后,限速器需要经试验、检测合格后方可操作使用,可由施工人员操作

B. 施工外用电梯运行至三层和一层时,可用行程限位开关自动碰撞的方法停车

C. 限速器、制动器等安全装置必须由专人管理,按规定进行调试检查,保持其灵敏可靠

D. 作业完成后,操作人员应将施工外用电梯升至三层,各控制开关扳至零位,切断电源,锁好闸箱门和电梯门

【解析】选项 A 错误,电梯的安装、改造、维修都需要特种设备作业人员持证操作,施工单位人员不可操作。选项 B 错误,不可用碰撞的方法停车。选项 C 正确,特种设备及其附件都需要专人管理。选项 D 错误,作业完成后,将井架、施工电梯降到底层,各控制开关扳至零位,切断电源,锁好闸箱门和安全防护门。

6. 某大厦内甲、乙、丙三个公司对大厦的一部电梯拥有共同产权,其中甲公司占 50%,乙公司占 30%,丙公司占 20%,三个公司共同委托大厦物业管理方丁公司负责管理电梯,电梯主要由丙公司日常使用。根据《特种设备安全法》,应向特种设备检验机构提出定期检验申请的单位是( )。

A. 甲公司　　　　　　　　B. 乙公司
C. 丙公司　　　　　　　　D. 丁公司

【解析】生产经营单位应当在检验有效期满 1 个月前向特种设备检验检测机构申报定期检验。丁公司应当履行该项义务。

7. 甲公司是一家一级建筑施工企业,委托乙公司进行塔吊等特种设备的安装与施工,并与其签订了安全协议,明确各自的安全管理责任。下列关于甲、乙公司特种设备使用管理的说法中,正确的是( )

A. 乙公司应负责塔吊等特种设备检测检验

B. 乙公司应对塔吊运行过程中的事故负责

C. 甲公司应逐台建立塔吊等特种设备的安全技术档案

D. 甲公司应在塔吊使用前 30 日内向所在地省安监局登记

【解析】特种设备使用单位应当建立符合安全技术规范要求的特种设备安全技术档案。

8. 根据国家有关特种设备安全管理的规定,特种设备使用单位应对其使用的特种设备安

全负责。下列关于特种设备使用管理的说法中，正确的是（　　）。

A. 电梯的日常维护保养由电梯使用单位负责，维保周期为半个月
B. 特种设备属于共有的，不得委托物业服务单位管理
C. 情况紧急时，特种设备安全管理人员可以决定停止使用特种设备
D. 使用单位发现特种设备安全隐患时，应及时向所在地特种设备监督管理部门报告

【解析】发现特种设备事故隐患，立即进行处理；情况紧急时，可以决定停止使用特种设备并及时报告本单位有关负责人。

答案：1.D　2.B　3.BCD　4.B　5.C　6.D　7.C　8.C

第九节　安全技术措施计划

一、安全技术措施计划的编制

（一）安全技术措施计划与安全技术措施

1. 安全技术措施计划

安全技术措施计划是生产经营单位生产财务计划的一个组成部分，是改善生产经营单位生产条件，有效防止事故和职业病的重要保证制度。生产经营单位为了保证安全生产资金的有效投入，应编制安全技术措施计划。

2. 安全技术措施

安全技术措施计划的核心是安全技术措施。

安全技术措施分类见表3-11。

表3-11　安全技术措施分类

类别	内容	
按照行业分	煤矿安全技术措施、非煤矿山安全技术措施、石油化工安全技术措施、冶金安全技术措施、建筑安全技术措施、水利水电安全技术措施、旅游安全技术措施等	
按照危险和有害因素的类别分	防火防爆安全技术措施、锅炉与压力容器安全技术措施、起重与机械安全技术措施、电气安全技术措施等	
按照导致事故的原因分	防止事故发生的安全技术措施	消除危险源；限制能量或危险物质；隔离；故障—安全设计；减少故障和失误
	减少事故损失的安全技术措施	隔离、设置薄弱环节、个体防护、避难与救援

（1）防止事故发生的安全技术措施。

防止事故发生的安全技术指为了防止事故的发生，采取的约束、限制能量或危险物质，防止其意外释放的安全技术措施。常用的防止事故发生的安全技术措施有：

①消除危险源。消除系统中的危险源，可以从根本上防止事故的发生。但是，按照现代安全工程的观点，彻底消除所有危险源是不可能的。因此，人们往往首先选择危险性较大、在现有技

术条件下可以消除的危险源，作为优先考虑的对象。可以通过选择合适的工艺、技术、设备、设施，合理的结构形式，选择无害、无毒或不能致人伤害的物料来彻底消除某种危险源。

②限制能量或危险物质。限制能量或危险物质可以防止事故的发生，如减少能量或危险物质的量，防止能量蓄积，安全地释放能量等。

③隔离。隔离是一种常用的控制能量或危险物质的安全技术措施。采取隔离技术，既可以防止事故的发生，也可以防止事故的扩大，减少事故的损失。

④故障—安全设计。在系统、设备、设施的一部分发生故障或破坏的情况下，在一定时间内也能保证安全的技术措施称为故障—安全设计。通过设计，使得系统、设备、设施发生故障或事故时处于低能状态，防止能量的意外释放。

⑤减少故障和失误。通过增加安全系数、增加可靠性或设置安全监控系统等来减轻物的不安全状态，减少物的故障或事故的发生。

（2）减少事故损失的安全技术措施。

防止意外释放的能量引起人的伤害或物的损坏，或减轻其对人的伤害或对物的破坏的技术称为减少事故损失的安全技术措施。常用的减少事故损失的安全技术措施有：

①隔离。把被保护对象与意外释放的能量或危险物质等隔开。隔离措施按照被保护对象与可能致害对象的关系可分为隔开、封闭和缓冲等。

②设置薄弱环节。利用事先设计好的薄弱环节，使事故能量按照人们的意图释放，防止能量作用于被保护的人或物，如锅炉上的易熔塞、电路中的熔断器等。

③个体防护。把人体与意外释放能量或危险物质隔离开，是一种不得已的隔离措施，却是保护人身安全的最后一道防线。

④避难与救援。设置避难场所，事先选择撤退路线。事故发生后，组织有效的应急救援力量，实施迅速的救护，是减少事故人员伤亡和财产损失的有效措施。

此外，安全监控系统作为防止事故发生和减少事故损失的安全技术措施，是发现系统故障和异常的重要手段，安装安全监控系统，可以及早发现事故，获得事故发生、发展的数据，避免事故的发生或减少事故的损失。

（二）编制安全技术措施计划的原则

1. 必要性和可行性原则

编制计划时，一方面要考虑安全生产的实际需要。另一方面，还要考虑技术可行性与经济承受能力。

2. 自力更生与勤俭节约的原则

编制计划时，要注意充分利用现有的设备和设施，挖掘潜力，讲求实效。

3. 轻重缓急与统筹安排的原则

对影响最大、危险性最大的项目应优先考虑，逐步有计划地解决。

4. 领导和群众相结合的原则

加强领导，依靠群众，使计划切实可行，以便顺利实施。

二、安全技术措施计划的基本内容

（一）安全技术措施计划的项目范围

安全技术措施计划的项目范围，包括以改善劳动条件、防止事故、预防职业病、提高职工安全素质为目的的一切技术措施，主要有以下4类，具体见表3-12。

表 3-12 安全技术措施

类别	定义	示例
安全技术措施	以防止工伤事故和减少事故损失为目的的一切技术措施	如安全防护装置、保险装置、信号装置、防火防爆装置等
卫生技术措施	改善对职工身体健康有害的生产环境条件、防止职业中毒与职业病的技术措施	如防尘、防毒、防噪声与振动、通风、降温、防寒、防辐射等装置或设施
辅助措施	保证工业卫生方面所必需的房屋及一切卫生性保障措施	如尘毒作业人员的淋浴室、更衣室或存衣箱、消毒室、妇女卫生室、急救室等
安全宣传教育措施	提高作业人员安全素质的有关宣传教育设备、仪器、教材和场所等	如劳动保护教育室、安全卫生教材、挂图、宣传画、培训室、安全卫生展览等

（二）安全技术措施计划的编制内容

安全技术措施计划应包括：

（1）措施应用的单位和工作场所。

（2）措施名称。

（3）措施目的和内容。

（4）经费预算及来源。

（5）实施部门和负责人。

（6）开工日期和竣工日期。

（7）措施预期效果及检查方法。

三、安全技术措施计划的编制方法

（1）确定措施计划编制时间。

（2）布置措施计划编制工作。

（3）确定措施计划项目和内容。

（4）编制措施计划。

安全技术措施计划项目经审批后，由安全管理部门和下属单位组织相关人员编制具体的措施计划和方案，经讨论后，送上级安全管理部门和有关部门审查。

（5）审批措施计划。

上级安全、技术、计划部门对上报安全技术措施计划进行联合会审后，报单位有关领导审批。安全技术措施计划一般由总工程师审批。

（6）下达措施计划。

单位主要负责人根据总工程师的审批意见，召集有关部门和下属单位负责人审查、核定措施计划。审查、核定通过后，与生产计划同时下达到有关部门贯彻执行。

（7）实施。

安全技术措施计划落实到各执行部门后，安全管理部门应定期对计划的完成情况进行监督检查。

（8）监督检查。

计划部门定期检查，协助安全管理部门解决实施问题。

> 典型例题

1. 某煤矿瓦斯抽放安全技术措施计划内容简介如下：①名称：矿井钻孔抽放瓦斯技术。②试验地点：32031工作面进风巷。③措施目的和内容：提高企业煤炭产量，在32031工作面布置瓦斯抽放钻孔。④经营预算：70万元。⑤实施部门和负责人：安全科李科长。⑥开工日期和竣工日期：2016.10—2017.3。⑦措施预期效果：降低巷道瓦斯超限率80%。基于以上资料，下列关于安全技术措施计划内容和编制格式的说法，正确的是（　　）。

  A. 安全技术措施计划编制包括两个方面：瓦斯抽放技术措施和管理措施
  B. 上述安全技术措施计划的目的是防止事故发生，编制内容包括7个方面
  C. 该措施计划中的"措施目的和内容"应修改为"改善职工生产环境，防止中毒窒息事故"
  D. 该计划应增加具有资质的煤矿设计研究院参加编写

【解析】安全技术措施计划的项目范围，包括以改善劳动条件、防止事故、预防职业病、提高职工安全素质为目的的一切技术措施，主要有安全技术措施、卫生技术措施、辅助措施、安全宣传教育措施。

安全技术措施计划的编制内容：①措施应用的单位和工作场所；②措施名称；③措施目的和内容；④经费预算及来源；⑤实施部门和负责人；⑥开工日期和竣工日期；⑦措施预期效果及检查方法。

2. 某乳品生产企业，因生产工艺要求需要对半成品进行冷却，建有以液氨作为制冷剂的制冷车间，内设一台容积为$10m^3$的储氨罐。为防止液氨泄漏事故发生，该企业对制冷工艺和设备进行改进，更换了一种无毒的新型制冷剂，完全能够满足生产工艺的要求。该项举措属于防止事故发生的安全技术措施中的（　　）。

  A. 消除危险源   B. 限制能量
  C. 故障—安全设计   D. 隔离

【解析】本题考查的是编制安全技术措施计划的基本原则。防止事故发生的安全技术措施是指为了防止事故发生，采取的约束、限制能量或危险物质，防止其意外释放的技术措施。常用的防止事故发生的安全技术措施有消除危险源、限制能量或危险物质、隔离等。

3. 甲建筑施工企业承建乙公司办公楼项目，按照相关要求组织编制了安全技术措施计划。经讨论后，由安全、技术、计划部门进行联合会审后，负责审批的人员是（　　）。

  A. 乙公司安全总监   B. 乙公司技术总监
  C. 甲企业安全总监   D. 甲企业总工程师

【解析】安全技术措施计划负责审批的人员是企业总工程师。

4. 某企业使用氯气作为循环冷却水的杀菌剂。为防止氯气泄漏事故，该企业改进了生产工艺，采用对人无害的物质作为杀菌剂。该企业采用的防止事故发生的安全技术措施属于（　　）。

  A. 消除危险源   B. 限制能量或危险物质
  C. 隔离   D. 故障—安全设计

【解析】通过选择合适的工艺、技术、设备、设施，合理的结构形式，选择无害、无毒或不能致人伤害的物料来彻底消除某种危险源属于防止事故发生的安全技术措施中的消除危险源。

5. 某机械加工厂有机加工车间、涂装车间和锅炉房、配电房等辅助设施。为防止事故发生，该厂采取了以下措施：在机加工车间机床旋转部位加装防护罩；给涂装车间的职工配备过滤式防护面罩；在锅炉上安装防爆膜；在配电箱内安装漏电保护器。下列关于该厂采取的安全

技术措施的说法中，正确的是（　　）。

A. 在机加工车间机床旋转部位加装防护罩，属于隔离的安全技术措施

B. 给涂装车间的职工配备过滤式防护面罩，属于消除的安全技术措施

C. 在锅炉上安装防爆膜，属于故障—安全设计的安全技术措施

D. 在配电箱内安装漏电保护器，属于减少故障和失误的安全技术措施

【解析】隔离是一种常用的控制能量或危险物质的安全技术措施。采用隔离技术，既可以防止事故的发生，也可以防止事故的扩大，减少事故的损失。机床旋转部位加装防护罩属于隔离，把危险部位和人隔开；职工佩戴防护面罩属于个体防护措施；锅炉上安装防爆膜属于设置薄弱环节；配电箱内安装漏电保护器属于故障安全设计，使系统设备发生故障时处于低能状态。

6. 为预防蒸汽加热装置过热造成超压爆炸，在设备本体上装设了易熔塞。采取这种安全技术措施的做法属于（　　）。

A. 故障—安全设计　　　　　　B. 隔离

C. 设置薄弱环节　　　　　　　D. 限制能量

【解析】常用的减少事故损失的安全技术措施有隔离、设置薄弱环节、个体防护、避难与救援等。设置薄弱环节：利用事先设计好的薄弱环节，使事故能量按照人们的意图释放，防止能量作用于被保护的人或物，如锅炉上的易熔塞、电路中的熔断器等。

7. 在现代工业设计和生产工艺领域，通过采取隔离、设置薄弱环节、个体防护等安全技术措施，旨在防止或减少事故造成的能量意外释放对人的伤害和物的破坏。下列关于安全技术措施的说法中，正确的有（　　）。

A. 汽车设计安全气囊属于隔离技术

B. 施工现场布设高清监控摄像头属于安全监控技术

C. 矿山设置避难舱属于隔离技术

D. 金属加工车间设置通风除尘系统属于设置薄弱环节技术

E. 作业现场操作人员佩戴安全帽属于个体防护技术

【解析】矿山设置避难舱属于避难与救援；加工车间设置通风除尘系统属于消除危险源。

8. 职业危害控制的主要安全技术措施包括防止和减少危害工程技术措施。下列防止苯中毒的措施中，属于隔离措施的有（　　）。

A. 采取通风措施降低作业场所苯浓度

B. 有苯作业时密闭生产

C. 合理组织苯作业场所劳动过程

D. 进入有苯作业现场佩戴防毒面具

E. 建立健全职业危害预防控制制度

【解析】本题考查的是编制安全技术措施计划的基本原则。隔离是把被保护对象与意外释放的能量或危险物质等隔开。隔离措施按照被保护对象与可能致害对象的关系可分为隔开、封闭和缓冲等。

答案：1.B　2.A　3.D　4.A　5.A　6.C　7.ABE　8.BD

第十节　危险作业管理

根据《企业安全生产标准化基本规范》的规定，企业应对临近高压输电线路作业、危险场所动火作业、有（受）限空间作业、临时用电作业、爆破作业、封道作业等危险性较大的作业活动，实施作业许可管理，严格履行作业许可审批手续。

作业许可应包含安全风险分析、安全及职业病危害防护措施、应急处置等内容。作业许可实行闭环管理。

《危险化学品企业特殊作业安全规范》（GB 30871—2022）规定了如下作业要求。

一、作业许可基本要求

（1）作业前，作业单位和生产单位应对作业现场和作业过程中可能存在的危险、有害因素进行辨识，制定相应的安全措施。

（2）作业前，应对参加作业的人员进行安全教育，主要内容如下：

①有关作业的安全规章制度。

②作业现场和作业过程中可能存在的危险、有害因素及应采取的具体安全措施。

③作业过程中所使用的个体防护器具的使用方法及使用注意事项。

④事故的预防、避险、逃生、自救、互救等知识。

⑤相关事故案例和经验、教训。

（3）作业前，生产单位应进行如下工作：

①对设备、管线进行隔绝、清洗、置换，并确认满足动火、进入受限空间等作业安全要求。

②对放射源采取相应的安全处置措施。

③对作业现场的地下隐蔽工程进行交底。

④腐蚀性介质的作业场所配备人员应急冲洗水源。

⑤夜间作业的场所设置满足要求的照明装置。

⑥会同作业单位组织作业人员到作业现场，了解和熟悉现场环境，进一步核实安全措施的可靠性，熟悉应急救援器材的位置及分布。

（4）作业前，作业单位对作业现场及作业涉及的设备、设施、工器具等进行检查，并使之符合如下要求：

①作业现场消防通道、行车通道应保持畅通；影响作业安全的杂物应清理干净。

②作业现场的梯子、栏杆、平台、箅子板、盖板等设施应完整、牢固，采用的临时设施应确保安全。

③作业现场可能危及安全的坑、井、沟、孔洞等应采取有效防护措施，并设警示标志，夜间应设警示红灯；需要检修的设备上的电器电源应可靠断电，在电源开关处加锁并加挂安全警示牌。

④作业使用的个体防护器具、消防器材、通信设备、照明设备等应完好。

⑤作业使用的脚手架、起重机械、电气焊用具、手持电动工具等各种工器具应符合作业安全要求；超过安全电压的手持式、移动式电动工器具应逐个配置漏电保护器和电源开关。

(5) 进入作业现场的人员应正确佩戴符合《安全帽》（GB 2811—2016）要求的安全帽，作业时，作业人员应遵守本工种安全技术操作规程，并按规定着装及正确佩戴相应的个体防护用品，多工种、多层次交叉作业应统一协调。

特种作业和特种设备作业人员应持证上岗。患有职业禁忌证者不应参与相应作业。

注：职业禁忌证根据《职业病诊断名词术语》（GBZ/T 157—2009）。

(6) 作业前，作业单位应办理作业审批手续，并有相关责任人签名确认。

同一作业涉及动火、进入受限空间、盲板抽堵、高处作业、吊装、临时用电、动土、断路中的两种或两种以上时，除应同时执行相应的作业要求外，还应同时办理相应的作业审批手续。

作业时审批手续应齐全，安全措施应全部落实，作业环境应符合安全要求。作业审批手续的相关内容参见《危险化学品企业特殊作业安全规范》（GB 30871—2022）的内容。

(7) 当生产装置出现异常，可能危及作业人员安全时，作业人员应停止作业，迅速撤离，作业单位应立即通知生产单位。

(8) 作业完毕，应恢复作业时拆移的盖板、箅子板、扶手、栏杆、防护罩等安全设施的安全使用功能；将作业用的工器具、脚手架、临时电源、临时照明设备等及时撤离现场；将废料、杂物、垃圾、油污等清理干净。

二、动火作业

(一) 动火作业分级

固定动火区外的动火作业一般分为二级动火、一级动火、特级动火三个级别，遇节日、假日、周六日、夜间或其他特殊情况，动火作业应升级管理。

注：企业应划定固定动火区及禁火区。

(1) 二级动火作业：除特级动火作业和一级动火作业以外的动火作业。凡生产装置或系统全部停车，装置经清洗、置换、分析合格并采取安全隔离措施后，可根据其火灾、爆炸危险性大小，经所在单位安全管理部门批准，动火作业可按二级动火作业管理。

(2) 一级动火作业：在易燃易爆场所进行的除特级动火作业以外的动火作业。厂区管廊上的动火作业按一级动火作业管理。

(3) 特级动火作业：在生产运行状态下的易燃易爆生产装置、输送管道、储罐、容器等部位上及其他特殊危险场所进行的动火作业，带压不置换动火作业按特级动火作业管理。

(二) 动火作业基本要求

(1) 动火作业应有专人监护，作业前应清除动火现场及周围的易燃物品，或采取其他有效的安全防火措施，并配备消防器材，满足作业现场应急需求。

(2) 动火点周围或其下方的地面如有可燃物、空洞、窨井、地沟、水封等，应检查分析并采取清理或封盖等措施；对于动火点周围有可能泄漏易燃、可燃物料的设备，应采取隔离措施。

(3) 凡在盛有或盛装过危险化学品的设备、管道等生产、储存设施及处于《建筑设计防火规范》（GB 50016—2014）、《石油化工企业设计防火规范》（GB 50160—2018）、《石油库设计规范》（GB 50074—2014）规定的甲、乙类区域的生产设备上动火作业，应将其与生产系统彻底隔离，并进行清洗、置换、分析合格后方可作业；因条件限制无法进行清洗、置换而确需动火作业时，按《危险化学品企业特殊作业安全规范》（GB 30871—2022）中 5.3 的规定执行。

（4）拆除管线进行动火作业时，应先查明其内部介质及其走向，并根据所要拆除管线的情况制订安全防火措施。

（5）在有可燃物构件和使用可燃物做防腐内衬的设备内部进行动火作业时，应采取防火隔绝措施。

（6）在生产、使用、储存氧气的设备上进行动火作业时，设备内氧含量不应超过 23.5%。

（7）动火期间距动火点 30m 内不应排放可燃气体；距动火点 15m 内不应排放可燃液体；在动火点 10m 范围内及用火点下方不应同时进行可燃溶剂清洗或喷漆等作业；动火点 10m 范围内不应有可燃粉尘的清扫。

（8）铁路沿线 25m 以内的动火作业，如遇有装有危险化学品的火车通过或停留时，应立即停止。

（9）使用气焊、气割动火作业时，乙炔瓶应直立放置，氧气瓶与之间距不应小于 5m，二者与作业地点间距不应小于 10m，并应设置防晒设施。

（10）作业完毕应清理现场，确认无残留火种后方可离开。

（11）五级以上（含五级）天气，原则上禁止露天动火作业，因生产确需动火，动火作业应升级管理。

（三）特级动火作业要求

特级动火作业在符合《危险化学品企业特殊作业安全规范》（GB 30871—2022）的同时，还应符合以下规定：

（1）在生产不稳定的情况下不应进行带压不置换动火作业。

（2）应预先制定作业方案，落实安全防火措施，必要时可请专职消防队到现场监护。

（3）动火点所在生产车间（分厂）应预先通知工厂生产调度部门及有关单位，使之在异常情况下能及时采取相应的应急措施。

（4）应在微正压条件下进行作业。

（5）应保持作业现场通排风良好。

（四）动火分析及合格标准

1. 作业前进行动火分析的要求

（1）动火分析的监测点要有代表性，在较大的设备内动火，应对上、中、下各部位进行监测分析；在较长的物料管线上动火，应在彻底隔绝区域内分段分析。

（2）在设备外部动火，应在动火点 10m 范围内进行动火分析。

（3）动火分析与动火作业间隔一般不超过 30min。

（4）特级、一级动火作业中断超 30min，每日动火前均应进行动火分析；特级动火作业期间应随时进行检测。

（5）二级动火作业中断超 60min，应重新分析。

2. 动火分析合格标准

（1）当被测气体或蒸汽的爆炸下限大于或等于 4% 时，其被测浓度应不大于 0.5%（体积分数）。

（2）当被测气体或蒸汽的爆炸下限小于 4% 时，其被测浓度应不大于 0.2%（体积分数）。

三、受限空间作业

（1）作业前，应对受限空间进行安全隔绝，要求如下：

①与受限空间连通的可能危及安全作业的管道应采用插入盲板或拆除一段管道进行隔绝。

②与受限空间连通的可能危及安全作业的孔、洞应进行严密封堵。

③受限空间内用电设备应停止运行并有效切断电源，在电源开关处上锁并加挂警示牌。

（2）作业前，应根据受限空间盛装（过）的物料特性，对受限空间进行清洗或置换，并达到如下要求：

①氧含量为19.5%~21%，富氧环境下不应大于23.5%。

②有毒气体（物质）浓度应符合《有害因素职业接触允许限值》（GBZ 2.1—2002）的规定。

③可燃气体浓度要求同《危险化学品企业特殊作业安全规范》（GB 30871—2022）中的规定。

（3）应保持受限空间空气流通良好，可采取如下措施：

①打开人孔、手孔、料孔、风门、烟门等与大气相通的设施进行自然通风。

②必要时，应采用风机强制通风或管道送风，管道送风前应对管道内介质和风源进行分析确认。

（4）应对受限空间内的气体浓度进行严格监测，监测要求如下：

①作业前30min内，应对受限空间进行气体采样分析，分析合格后方可进入。

②监测点应有代表性，容积较大的受限空间，应对上、中、下各部位进行监测分析。

③分析仪器应在校验有效期内，使用前应保证其处于正常工作状态。

④监测人员深入或探入受限空间采样时，应采取《危险化学品企业特殊作业安全规范》中规定的个体防护措施。

⑤作业中应连续监测，每2h记录一次，如监测分析结果有明显变化，应立即停止作业，撤离人员，对现场进行处理，分析合格后方可恢复作业。

⑥对可能释放有害物质的受限空间，应连续监测，情况异常时应立即停止作业，撤离人员，对现场处理，分析合格后方可恢复作业。

⑦涂刷具有挥发性溶剂的涂料时，应采取强制通风措施。

⑧作业中断时间超过60min时，应重新进行取样分析。

（5）进入下列受限空间作业应采取如下防护措施：

①缺氧或有毒的受限空间经清洗或置换仍达不到要求的，应佩戴隔离式呼吸器，必要时应拴带救生绳。

②易燃易爆的受限空间经清洗或置换仍达不到《危险化学品企业特殊作业安全规范》（GB 30871—2022）要求的，应穿防静电工作服及防静电工作鞋，使用防爆型低压灯具及防爆工具。

③酸碱等腐蚀性介质的受限空间，应穿戴防酸碱防护服、防护鞋、防护手套等防腐蚀护品。

④有噪声产生的受限空间，应佩戴耳塞或耳罩等防噪声护具。

⑤有粉尘产生的受限空间，应佩戴防尘口罩、眼罩等防尘护具。

⑥高温的受限空间，进入时应穿戴高温防护用品，必要时采取通风、隔热、佩戴通信设备

等防护措施。

⑦低温的受限空间，进入时应穿戴低温防护用品，必要时采取供暖、佩戴通信设备等措施。

（6）照明及用电安全要求如下：

①受限空间照明电压应小于或等于36V，在潮湿容器、狭小容器内作业电压应小于或等于12V。

②在潮湿容器中，作业人员应站在绝缘板上，同时保证金属容器接地可靠。

（7）作业监护要求如下：

①在受限空间外应设有专人监护，作业期间监护人员不应离开。

②在风险较大的受限空间作业时，应增设监护人员，并随时与受限空间内作业人员保持联络。

（8）应满足的其他要求如下：

①受限空间外应设置安全警示标志，备有空气呼吸器（氧气呼吸器）、消防器材和清水等相应的应急用品。

②受限空间出入口应保持畅通。

③作业前后应清点作业人员和作业工器具。

④作业人员不应携带与作业无关的物品进入受限空间；作业中不应抛掷材料、工器具等物品；在有毒、缺氧环境下不应摘下防护面具；不应向受限空间充氧气或富氧空气；离开受限空间时应将气割（焊）工器具带出。

⑤难度大、劳动强度大、时间长的受限空间作业应采取轮换作业方式。

⑥作业结束后，受限空间所在单位和作业单位共同检查受限空间内外，确认无问题后方可封闭受限空间。

⑦最长作业时限不应超过24h。

四、盲板抽堵作业

（1）生产车间（分厂）应预先绘制盲板位置图，对盲板进行统一编号，并设专人统一指挥作业。

（2）应根据管道内介质的性质、温度、压力和管道法兰密封面的口径等选择相应材料、强度、口径和符合设计、制造要求的盲板及垫片。高压盲板使用前应经超声波探伤，并符合《锻造角式高压阀门技术条件》（JB/T 450—2008）的要求。

（3）作业单位应按图进行盲板抽堵作业，并对每个盲板设标牌进行标识，标牌编号应与盲板位置图上的盲板编号一致。生产车间（分厂）应逐一确认并做好记录。

（4）作业时，作业点压力应降为常压，并设专人监护。

（5）在有毒介质的管道、设备上进行盲板抽堵作业时，作业人员应按《个人防护装备选用规范》（GB/T 11651—2022）的要求选用防护用具。

（6）在易燃易爆场所进行盲板抽堵作业时，作业人员应穿防静电工作服、工作鞋，并应使用防爆灯具和防爆工具；距盲板抽堵作业地点30m内不应有动火作业。

（7）在强腐蚀性介质的管道、设备上进行盲板抽堵作业时，作业人员应采取防止酸碱灼伤的措施。

(8) 介质温度较高、可能造成烫伤的情况下，作业人员应采取防烫措施。

(9) 不应在同一管道上同时进行两处及两处以上的盲板抽堵作业。

(10) 盲板抽堵作业结束，由作业单位和生产车间（分厂）专人共同确认。

(11) 盲板抽堵作业应分别办理抽、堵作业安全票。

五、高处作业

（一）作业分级

(1) 作业高度 h 分为四个区段：$2m \leqslant h \leqslant 5m$；$5m < h \leqslant 15m$；$15m < h \leqslant 30m$；$h > 30m$。

(2) 直接引起坠落的客观危险因素分为 11 种：

①阵风风力五级（风速 8.0m/s）以上。

②Ⅱ级或Ⅱ级以上的高温作业。

③平均气温等于或低于 5℃ 的作业环境。

④接触冷水温度等于或低于 12℃ 的作业。

⑤作业场地有冰、雪、霜、水、油等易滑物。

⑥作业场所光线不足或能见度差。

⑦作业活动范围与危险电压带电体的距离小于表 3-13 的规定。

表 3-13　作业活动范围与危险电压带电体的距离

危险电压带电体的电压等级/kV	≤10	35	63～110	220	330	500
距离/m	1.7	2.0	2.5	4.0	5.0	6.0

⑧摆动，立足处不是平面或只有很小的平面，即任一边小于 500mm 的矩形平面、直径小于 500mm 的圆形平面或具有类似尺寸的其他形状的平面，致使作业者无法维持正常姿势。

⑨Ⅲ级或Ⅲ级以上的体力劳动强度。

⑩存在有毒气体或空气中含氧量低于 19.5% 的作业环境。

⑪可能会引起各种灾害事故的作业环境和抢救突然发生的各种灾害事故。

(3) 不存在《危险化学品企业特殊作业安全规范》（GB 30871—2022）列出的任一种客观危险因素的高处作业按表 3-14 规定的 A 类法分级，存在本规范列出的一种或一种以上客观危险因素的高处作业按表 3-14 规定的 B 类法分级。

表 3-14　高处作业分级

分类法	$2 \leqslant h \leqslant 5$	$5 < h \leqslant 15$	$15 < h \leqslant 30$	$h > 30$
A	Ⅰ	Ⅱ	Ⅲ	Ⅳ
B	Ⅱ	Ⅲ	Ⅳ	Ⅳ

（二）作业要求

(1) 作业人员应佩戴符合《安全带》（GB 6095—2021）要求的安全带。

带电高处作业应使用绝缘工具或穿均压服。Ⅳ级高处作业（30m 以上）宜配备通信联络工具。

(2) 高处作业应设专人监护，作业人员不应在作业处休息。

(3) 应根据实际需要配备符合《吊笼有垂直导向的人货两用施工升降机》（GB 26557—2021）

等标准安全要求的吊笼、梯子、挡脚板、跳板等，脚手架的搭设应符合国家有关标准。

（4）在彩钢板屋顶、石棉瓦、瓦棱板等轻型材料上作业，应铺设牢固的脚手板并加以固定，脚手板上要有防滑措施。

（5）在临近排放有毒、有害气体、粉尘的放空管线或烟囱等场所进行作业时，应预先与作业所在地有关人员取得联系、确定联络方式，并为作业人员配备必要的且符合相关国家标准的防护器材（如空气呼吸器、过滤式防毒面具或口罩等）。

（6）雨天和雪天作业时，应采取可靠的防滑、防寒措施；遇有五级以上强风、浓雾等恶劣气候，不应进行高处作业、露天攀登与悬空高处作业；暴风雪、台风、暴雨后，应对作业安全设施进行检查，发现问题立即处理。

（7）作业使用的工具、材料、零件等应装入工具袋，上下时手中不应持物，不应投掷工具、材料及其他物品。易滑动、易滚动的工具、材料堆放在脚手架上时，应采取防坠落措施。

（8）与其他作业交叉进行时，应按指定的路线上下，不应上下垂直作业，如果确需垂直作业，应采取可靠的隔离措施。

（9）因作业必需，临时拆除或变动安全防护设施时，应经作业审批人员同意，并采取相应的防护措施，作业后应立即恢复。

（10）作业人员在作业中如果发现异常情况，应及时发出信号，并迅速撤离现场。

（11）拆除脚手架、防护棚时，应设警戒区并派专人监护，不应上部和下部同时施工。

六、吊装作业

（一）作业分级

吊装作业按照吊装重物质量（m）不同分为：

（1）一级吊装作业：$m > 100t$。

（2）二级吊装作业：$40t \leqslant m \leqslant 100t$。

（3）三级吊装作业：$m < 40t$。

（二）作业要求

（1）三级以上的吊装作业，应编制吊装作业方案。吊装物体质量虽不足40t，但形状复杂、刚度小、长径比大、精密贵重，以及在作业条件特殊的情况下，也应编制吊装作业方案，吊装作业方案应经审批。

（2）吊装现场应设置安全警戒标志，并设专人监护，非作业人员禁止入内，安全警戒标志应符合《安全标志及其使用导则》（GB 2894—2016）的规定。

（3）不应靠近输电线路进行吊装作业。确需在输电线路附近作业时，起重机械的安全距离应大于起重机械的倒塌半径并符合《电业安全工作规程》（DL 409—2005）的要求；不能满足时，应停电后再进行作业。吊装场所如有含危险物料的设备、管道等时，应制定详细吊装方案，并对设备、管道采取有效防护措施，必要时停车，放空物料，置换后进行吊装作业。

（4）大雪、暴雨、大雾及六级以上风时，不应露天作业。

（5）作业前，作业单位应对起重机械、吊具、索具、安全装置等进行检查，确保其处于完好状态。

（6）应按规定负荷进行吊装，吊具、索具经计算选择使用，不应超负荷吊装。

（7）不应利用管道、管架、电杆、机电设备等作吊装锚点。未经土建专业审查核算，不应将建筑物、构筑物作为锚点。

（8）起吊前应进行试吊，试吊中检查全部机具、地锚受力情况，发现问题应将吊物放回地面，排除故障后重新试吊，确认正常后方可正式吊装。

（9）指挥人员应佩戴明显的标志，并按《起重吊运指挥信号》（GB 5082—2019）规定的联络信号进行指挥。

（10）起重机械操作人员应遵守如下规定：

①按指挥人员发出的指挥信号进行操作；任何人发出的紧急停车信号均应立即执行；吊装过程中出现故障，应立即向指挥人员报告。

②重物接近或达到额定起重吊装能力时，应检查制动器，用低高度、短行程试吊后，再吊起。

③利用两台或多台起重机械吊运同一重物时应保持同步，各台起重机械所承受的载荷不应超过各自额定起重能力的80%。

④下放吊物时，不应自由下落（溜）；不应利用极限位置限制器停车。

⑤不应在起重机械工作时对其进行检修；不应在有载荷的情况下调整起升变幅机构的制动器。

⑥停工和休息时，不应将吊物、吊笼、吊具和吊索悬在空中。

⑦以下情况不应起吊：

a. 无法看清场地、吊物，指挥信号不明。

b. 起重臂吊钩或吊物下面有人、吊物上有人或浮置物。

c. 重物捆绑、紧固、吊挂不牢，吊挂不平衡，绳打结，绳不齐，斜拉重物，棱角吊物与钢丝绳之间没有衬垫。

d. 重物质量不明、与其他重物相连、埋在地下、与其他物体冻结在一起。

（11）司索人员应遵守如下规定：

①听从指挥人员的指挥，并及时报告险情。

②不应用吊钩直接缠绕重物及将不同种类或不同规格的索具混在一起使用。

③吊物捆绑应牢靠，吊点和吊物的重心应在同一垂直线上；起升吊物时应检查其连接点是否牢固、可靠；吊运零散件时，应使用专门的吊篮、吊斗等器具，吊篮、吊斗等不应装满。

④起吊重物就位时，应与吊物保持一定的安全距离，用拉伸或撑杆、钩子辅助其就位。

⑤起吊重物就位前，不应解开吊装索具。

⑥《危险化学品企业特殊作业安全规范》（GB 30871—2022）中与司索工有关的不应起吊的情况，司索工应做相应处理。

（12）用定型起重机械（例如履带吊车、轮胎吊车、桥式吊车等）进行吊装作业时，除遵守本标准外，还应遵守该定型起重机械的操作规程。

（13）作业完毕应做如下工作：

①将起重臂和吊钩收放到规定位置，所有控制手柄均应放到零位，电气控制的起重机械的电源开关应断开。

②对在轨道上作业的吊车，应将吊车停放在指定位置有效锚定。

③吊索、吊具应收回，放置到规定位置，并对其进行例行检查。

七、临时用电作业

（1）在运行的生产装置、罐区和具有火灾爆炸危险场所内不应接临时电源，确需时应对周围环境进行可燃气体检测分析，分析结果应符合要求。

（2）各类移动电源及外部自备电源，不应接入电网。

（3）动力和照明线路应分路设置。

（4）在开关上接引、拆除临时用电线路时，其上级开关应断电上锁并加挂安全警示标牌。

（5）临时用电应设置保护开关，使用前应检查电气装置和保护设施的可靠性。所有的临时用电均应设置接地保护。

（6）临时用电设备和线路应按供电电压等级和容量正确使用，所用的电器元件应符合国家相关产品标准及作业现场环境要求，临时用电电源施工、安装应符合《施工现场临时用电安全技术规范》（JGJ 46—2005）的有关要求，并有良好的接地，临时用电还应满足如下要求：

①火灾爆炸危险场所应使用相应防爆等级的电源及电气元件，并采取相应的防爆安全措施。

②临时用电线路及设备应有良好的绝缘，所有的临时用电线路应采用耐压等级不低于500V的绝缘导线。

③临时用电线路经过有高温、振动、腐蚀、积水及产生机械损伤等区域，不应有接头，并应采取相应的保护措施。

④临时用电架空线应采用绝缘铜芯线，并应架设在专用电杆或支架上。其最大弧垂与地面距离，在作业现场不低于2.5m，穿越机动车道不低于5m。

⑤对需埋地敷设的电缆线路应设有走向标志和安全标志。电缆埋地深度不应小于0.7m，穿越公路时应加设防护套管及标志。

⑥现场临时用电配电盘、箱应有电压标识和危险标识，应有防雨措施，盘、箱、门应能牢靠关闭并能上锁。

⑦行灯电压不应超过36V，在特别潮湿的场所或塔、釜、槽、罐等金属设备内作业，临时照明行灯电压不应超过12V。

⑧临时用电设施应安装符合规范要求的漏电保护器，移动工具、手持式电动工具应逐个配置漏电保护器和电源开关。

（7）临时用电单位不应擅自向其他单位转供电或增加用电负荷，以及变更用电地点和用途。

（8）临时用电时间一般不超过15天，特殊情况不应超过30天。用电结束后，用电单位应及时通知供电单位拆除临时用电线路。

八、动土作业

（1）作业前，应检查工具、现场支撑是否牢固、完好，发现问题应及时处理。

（2）作业现场应根据需要设置护栏、盖板和警告标志，夜间应悬挂警示灯。

（3）在破土开挖前，应先做好地面和地下排水，防止地面水渗入作业层面造成塌方。

（4）作业前应首先了解地下隐蔽设施的分布情况，动土临近地下隐蔽设施时，应使用适当工具挖掘，避免损坏地下隐蔽设施。如暴露出电缆、管线以及不能辨认的物品时，应立即停止作业，妥善加以保护，报告动土审批单位处理，经采取措施后方可继续动土作业。

（5）挖掘坑、槽、井、沟等作业，应遵守下列规定：

①挖掘土方应自上而下逐层挖掘，不应采用挖底脚的办法挖掘；使用的材料、挖出的泥土应堆放在距坑、槽、井、沟边沿至少 1.0m 处，高度不超过 1.5m，挖出的泥土不应堵塞下水道和窨井。

②不应在土壁上挖洞攀登。

③不应在坑、槽、井、沟上端边沿站立、行走。

④应视土壤性质、湿度和挖掘深度设置安全边坡或固壁支撑。作业过程中应对坑、槽、井、沟边坡或固壁支撑架随时检查，特别是雨雪后和解冻时期，如发现边坡有裂缝、疏松或支撑有折断、走位等异常情况，应立即停止工作，并采取相应措施。

⑤在坑、槽、井、沟的边缘安放机械、铺设轨道及通行车辆时，应保持适当距离，采取有效的固壁措施，确保安全。

⑥在拆除固壁支撑时，应自下而上进行；更换支撑时，应先装新的，后拆旧的。

⑦不应在坑、槽、井、沟内休息。

（6）作业人员在沟（槽、坑）下作业应按规定坡度顺序进行，使用机械挖掘时不应进入机械旋转半径内；深度大于 2m 时应设置人员上下的梯子，保证人员快速进出设施；两人以上作业人员同时挖土时应相距 2m 以上，防止工具伤人。

（7）作业人员发现异常时，应立即撤离作业现场。

（8）在化工危险场所动土时，应与有关操作人员建立联系，当化工装置突然排放有害物质时，化工操作人员应立即通知动土作业人员停止作业，迅速撤离现场。

（9）施工结束后应及时回填土石，并恢复地面设施。

九、断路作业

（1）作业前，作业申请单位应会同本单位相关主管部门制定交通组织方案，方案应能保证消防车和其他重要车辆的通行，并满足应急救援要求。

（2）作业单位应根据需要在断路的路口和相关道路上设置交通警示标志，在作业区附近设置路栏、道路作业警示灯、导向标等交通警示设施。

（3）在道路上进行定点作业，白天不超过 2h、夜间不超过 1h 即可完工的，在有现场交通指挥人员指挥交通的情况下，只要作业区域设置了相应的交通警示设施，即白天设置了锥形交通路标或路栏，夜间设置了锥形交通路标或路栏及道路作业警示灯，可不设标志牌。

（4）在夜间或雨、雪、雾天进行作业应设置道路作业警示灯，警示灯设置要求如下：

①设置高度应离地面 1.5m，不低于 1.0m。

②其设置应能反映作业区的轮廓。

③应能发出至少自 150m 以外清晰可见的连续、闪烁或旋转的红光。

（5）断路作业结束后，作业单位应清理现场，撤除作业区、路口设置的路栏、道路作业警示灯、导向标等交通警示设施。申请断路单位应检查核实，并报告有关部门恢复交通。

典型例题

1. 使用三台额定起重能力为 50t 的起重机共同吊运一重物时，每台起重机所承受的最大载荷是（　　）。

A. 15t　　　　B. 25t　　　　C. 50t　　　　D. 40t

【解析】 利用两台或多台起重机械吊运同一重物时应保持同步，各台起重机械所承受的载荷不应超过各自额定起重能力的80%。

2. 某炼油厂拟在硫黄回收车间原料水罐罐顶切割排气管线。根据《危险化学品企业特殊作业安全规范》，下列关于该动火作业管理的说法，错误的是（　　）。

　　A. 该动火安全作业票有效期不超过8h
　　B. 作业现场应使用防爆型摄录设备全程摄录
　　C. 该动火作业应办理一级动火安全作业票
　　D. 该动火作业期间应连续进行气体监测

【解析】特级动火作业是指在火灾爆炸危险场所处于运行状态下的生产装置设备、管道、储罐、容器等部位上进行的动火作业（包括带压不置换动火作业）；存有易燃易爆介质的重大危险源罐区防火堤内的动火作业。本次动火作业为特级动火作业，应办理特级动火作业安全票，选项C错误。

3. 某化工企业在维修过程中，需要在靠近合成车间的公共管廊上进行电焊作业，作业前维修人员清理了作业现场，在动火作业前进行了气体分析。在履行动火许可手续时，负责动火作业审批的是（　　）。

　　A. 合成车间安全员　　　　　　B. 维修部门负责人
　　C. 安全部门负责人　　　　　　D. 总工程师

【解析】在管廊上进行电焊作业属于一级动火作业，作业票由安全生产管理部门审批，选项C正确。

4. 根据《危险化学品企业特殊作业规定》，下列对受限空间内气体浓度进行监测的说法，正确的是（　　）。

　　A. 作业前90min内，应对受限空间进行气体分析
　　B. 作业中应连续监测，每2h记录一次
　　C. 监测分析结果有明显变化的，应增大监测频率
　　D. 涂刷具有挥发性溶剂的涂料时，应作连续分析，并采取自然通风措施

【解析】作业前30min内，应对受限空间进行气体分析，分析合格后方可入内，选项A错误。作业中应连续监测，每2h小时记录一次，如监测分析结果有明显变化，应立即停止作业，撤离人员，对现场进行处理，分析合格后方可恢复作业，选项B正确，选项C错误。涂刷具有挥发性溶剂的涂料时，采取强制通风措施，选项D错误。

5. 根据《危险化学品企业特殊作业规定》，下列对受限空间内照明及安全用电的说法，正确的是（　　）。

　　A. 受限空间照明电压应小于等于220V
　　B. 受限空间照明电压应小于等于48V
　　C. 潮湿、狭小容器内作业电压应小于等于24V
　　D. 潮湿、狭小容器内作业电压应小于等于12V

【解析】受限空间照明电压应小于等于36V，在潮湿、狭小容器内作业电压应小于等于12V。

6. 盲板抽堵作业是指在设备或管道上安装或拆卸盲板的作业，进行盲板抽堵作业时，作业点压力状态应为（　　）。

　　A. 2.5个大气压　　　　　　　B. 常压
　　C. 负压　　　　　　　　　　D. 0.5倍工作压力

【解析】进行盲板抽堵作业时，作业点压力应降为常压，并设专人监护。

7. 下列关于高处作业分级的说法，正确的是（　　）。

A. 作业高度在 2m 时，属于Ⅰ级高处作业

B. 作业高度在 5m 时，属于Ⅱ级高处作业

C. 作业高度在 15m 时，属于Ⅲ级高处作业

D. 作业高度在 30m 时，属于Ⅳ级高处作业

【解析】作业高度在 $2m \leqslant h \leqslant 5m$ 时，称为Ⅰ级高处作业。

作业高度在 $5m < h \leqslant 15m$ 时，称为Ⅱ级高处作业。

作业高度在 $15m < h \leqslant 30m$ 时，称为Ⅲ级高处作业。

作业高度在 $h > 30m$ 时，称为Ⅳ级高处作业。

8. 下列关于吊装作业分级的说法，正确的是（　　）。

A. 吊装重物质量 $m=120t$ 的作业，属于三级吊装作业

B. 吊装重物质量 $m=100t$ 的作业，属于三级吊装作业

C. 吊装重物质量 $m=40t$ 的作业，属于二级吊装作业

D. 吊装重物质量 $m=30t$ 的作业，属于一级吊装作业

【解析】一级吊装作业：$m>100t$。二级吊装作业：$40t \leqslant m \leqslant 100t$。三级吊装作业：$m<40t$。

9. 下列关于临时用电安全要求的说法中，正确的是（　　）。

A. 动力和照明线路应设置成一路

B. 接引临时用电线路时，其上级开关应合闸上锁并加挂安全警示标牌

C. 所有临时用电均应设置接地保护

D. 临时用电时间一般不超过 5 天，特殊情况不应超过 15 天

【解析】动力和照明线路应分路设置，选项 A 错误。在开关上接引、拆除临时用电线路时，其上级开关应断电上锁并加挂安全警示标牌，选项 B 错误。临时用电时间一般不超过 15 天，特殊情况不应超过 30 天，选项 D 错误。

10. 下列作业不属于动土作业的是（　　）。

A. 地锚入土深度 1m　　　　　　　　B. 打入测量用控制桩

C. 坑探　　　　　　　　　　　　　　D. 地埋电缆上方使用压路机平整场地

【解析】动土作业是指挖土、打桩、钻探、坑探、地锚入土深度在 0.5m 以上，使用推土机、压路机等施工机械进行填土或平整场地等可能对地下隐蔽设施产生影响的作业。

答案：1.D　2.C　3.C　4.B　5.D　6.B　7.A　8.C　9.C　10.B

第十一节　相关方安全管理

协作化生产是现代企业的显著特征，相关方是企业生产活动的重要环节，发包方安全生产管理活动与相关方紧密相关。相关方的安全管理中存在的环境不明、管理不顺、职责不清、衔接困难、措施缺位等，成为发包方安全盲区和薄弱环节。发包方全过程对相关方安全生产进行评估、管控、整改、评价，以提升相关方安全管理水平，可有效减少安全事故的发生，对合作

双方均是有益的。

一、相关方的定义

相关方是指与企业的安全绩效有关的或受企业安全绩效影响的个人或团体。狭义地说，相关方包含以下两类。

（一）个人

包括企业的员工、员工的亲属、企业的股东、顾客、访问者、临时工作人员、合同方人员等。

（二）团体

主要包括有借贷关系的银行、合同方、有关的政府部门等。

对一般企业来说，主要指外来承包施工单位，租赁单位，外来实习、参观、代培、临时作业的派遣单位；进厂送货、取货的物流公司，材料、零部件供应商；外来设备的安装维修公司/单位。

二、当前相关方管理中常见的风险

（一）对相关方的识别、认定不全

很多单位和企业对重点相关方识别不全，要么缺少这个，要么缺少那个。其实，生产工作中，相关方不仅包括设备设施管理，也包括业务服务等，客观地讲，相关方应包括影响企业安全绩效或受企业安全绩效影响的团体和个人。当然，我们这里讨论的范围主要为承包和租赁的相关方。

（二）未签订安全协议、安全协议千篇一律

这个问题普遍存在，很多单位以为安全协议不重要，要么不签订，要么签订流于形式，设备设施维护和提供业务性服务的安全协议同质化严重。《安全生产法》第一百零三条第二款明确规定："生产经营单位未与承包单位、承租单位签订专门的安全生产管理协议或者未在承包合同、租赁合同中明确各自的安全生产管理职责，或者未对承包单位、承租单位的安全生产统一协调、管理的，责令限期改正，处5万元以下的罚款，对其直接负责的主管人员和其他直接责任人员处1万元以下的罚款……"这意味着，不签就是违法，违法就要被问责。

（三）以包代管、只包不管、监管失衡

这里面通常有两个层面的问题：第一种情况，对于公司整体而言，觉得相关方管理就是合同管理，签了合同，包了业务，出了事情就是相关方的事情，和甲方无关，整个公司的认识水平和档次就仅仅局限于此；第二种情况，各相关方主要责任部门和安全监管部门认识层面不一致，很多单位的相关方的主管部门认为相关方安全管理就是安全环保部门的事情，他们仅仅只需签订相关协议或合同即可，以至于安全协议和安全告知书也均在安全环保部门的督促下完成甚至安全管理部门亲自和各个相关方签订，导致相关方主管部门以包代管、只包不管，安全主体责任缺失，当然最后安全管理部门也不可能面面俱到，不能替主管部门行使安全主体责任，最终自然导致对相关方的安全管理监管失衡。

（四）相关方自身人员交叉、流动性大、人员素质差

（1）相关方人员多为临时工、季节工，流动性较大，尤其是一些低端技术、基层业务的相关方，人员流动性较大。

（2）因为存在一些逐级分包现象，可能也会造成作业现场或者施工现场多家相关方队伍交叉作业的现象，管理难度逐渐增大。

（3）大部分相关方人员文化水平不高，对安全规章制度熟视无睹，认识不到违章的危险

性，造成违章现象屡禁不止。

（五）忽视相关方安全风险和过程管理

（1）对相关方的风险分析、重要设施和影响因素缺少管控，以罚代管等。

（2）在实际工作中，重视项目进度，忽略相关方安全生产，尤其在生产较为繁忙时期，为赶工期或任务，个别人员或部门心存侥幸，先期擅自进行作业，后期再盲目增补相关管理资料，造成相关方安全管理工作虚假。

（3）相关方综合协调管理力度不足，往往使安全部门力不从心，缺乏项目建设、动力、设备装备、供应、办公室、人力资源、生产销售等部门的协调配合，安全监管责任和安全主体责任流于形式。

（六）缺少对相关方评价、奖惩的闭环机制

（1）随着招投标"应招尽招、真招实招""规范要求"开始盛行后，很多企业委托第三方进行招投标，又没有有效的黑名单机制等优选剔除制度，无形中导致企业在相关方选择、续用时的参与权和话语权降低，大部分只能被动签署合同和安全协议。

（2）在相关方管理过程中，安全管理部门对进驻公司作业的相关方缺少直接有效的奖惩措施，很多公司的安全管理部门无法对相关方进行有效的奖惩，导致相关方负责人心存侥幸，违章指挥、违章作业等现象多有发生，助长了相关方敷衍了事、得过且过的无所谓心态。

三、相关方安全法律法规要求

《安全生产法》第四十八条　两个以上生产经营单位在同一作业区域内进行生产经营活动，可能危及对方生产安全的，应当签订安全生产管理协议，明确各自的安全生产管理职责和应当采取的安全措施，并指定专职安全生产管理人员进行安全检查与协调。

《安全生产法》第四十九条　生产经营单位不得将生产经营项目、场所、设备发包或者出租给不具备安全生产条件或者相应资质的单位或者个人。

生产经营项目、场所发包或者出租给其他单位的，生产经营单位应当与承包单位、承租单位签订专门的安全生产管理协议，或者在承包合同、租赁合同中约定各自的安全生产管理职责；生产经营单位对承包单位、承租单位的安全生产工作统一协调、管理，定期进行安全检查，发现安全问题的，应当及时督促整改。

《安全生产法》第一百零三条　生产经营单位将生产经营项目、场所、设备发包或者出租给不具备安全生产条件或者相应资质的单位或者个人的，责令限期改正，没收违法所得；违法所得10万元以上的，并处违法所得二倍以上五倍以下的罚款；没有违法所得或者违法所得不足10万元的，单处或者并处10万元以上20万元以下的罚款；对其直接负责的主管人员和其他直接责任人员处1万元以上2万元以下的罚款；导致发生生产安全事故给他人造成损害的，与承包方、承租方承担连带赔偿责任。

生产经营单位未与承包单位、承租单位签订专门的安全生产管理协议或者未在承包合同、租赁合同中明确各自的安全生产管理职责，或者未对承包单位、承租单位的安全生产统一协调、管理的，责令限期改正，处5万元以下的罚款，对其直接负责的主管人员和其他直接责任人员处1万元以下的罚款；逾期未改正的，责令停产停业整顿。

《安全生产法》第一百零四条　两个以上生产经营单位在同一作业区域内进行可能危及对方安全生产的生产经营活动，未签订安全生产管理协议或者未指定专职安全生产管理人员进行安全检查与协调的，责令限期改正，处5万元以下的罚款，对其直接负责的主管人员和其他直接责任人员处1万元以下的罚款；逾期未改正的，责令停产停业。

四、相关方管理程序

（一）建章立制，明确相关方安全主体责任和监管责任

（1）结合企业实际，制定相关方安全生产责任制、相关方安全告知和培训制度、相关方安全检查标准、相关方安全绩效评价表等。

（2）遵循谁管理其业务，谁对其监督管理的原则，确定各重点相关方的归口管理部门；遵循现场属地监督的原则，确定重点相关方的属地管理部门；安全管理部门履行安全监管责任。其中，归口管理部门和属地管理部门建立重点相关方清单，并在清单内明确监管责任人。

（3）督促相关方健全安全操作规程、作业指导书等安全规章。

（二）全面识别和辨识相关方清单和资质

识别范围应包括为企业提供服务和产品，其产品或活动涉及职业健康安全的重点相关方，至少包括：工程项目施工方、建筑施工、建筑和设备设施拆除、设备设施安装、装修装潢、设备维修保养、房屋修缮、食堂运行、动力设备运行、污水处理运行、绿化保洁、外墙清洗、业务经常性的危险作业、危险物品供应和运输、生产性业务外包、房屋承租等相关方。只有对重点相关方识别全面，辨识清晰了，知晓家底了，才好对症管理。

（三）做好资格准入的审查工作

对待不同的业务相关方，按照相应的法律法规要求，翔实地进行资格准入工作。对重点相关方单位的营业执照、行政许可证、人员资质等进行审查，符合国家和地方性法规要求，并具备相应安全生产条件的方可选择；收集并保存资质资料。比如消防维保相关方，要有相应等级的消防技术服务机构资质；基建施工方要有建筑业企业资质证书，外地建筑企业应持有所在省（市）级建委核发的企业施工许可证、安全生产许可状况、人员资质、作业人员与企业的劳动关系证明等；还有，相关方的营业执照是否在有效期内，作业内容是否超出经营范围；相关方的特种作业人员、特种设备作业人员是否持证上岗；相关方自有的特种设备是否有特种设备使用登记证、年检合格证等有效证件等，都要依法依规进行。

（四）有针对性签订安全协议或在合同中专门制定安全管理条款

（1）对于到企业现场工作的相关方，与其签订的服务协议中应规定职业健康安全要求，或同时签订安全协议，明确双方的安全职责，包括现场管理、消防器材配置、设备安全装置管理、人员安全教育与培训、安全检查与监督等各种职责和管理要求，并符合国家和地方相关法规要求。

（2）应要求重点相关方在协议签订前进行危险源及其风险辨识和风险评价，制定风险控制措施，形成危险源及其风险控制清单报本单位备案，作为安全协议的附件。

（3）与重点相关方签订安全协议，或在与其签订的服务协议中规定安全协议内容；单项项目的安全协议有效期为一个施工或服务周期，长期在企业从事零星项目施工或服务的承包方，安全协议签订的有效期可与合同期一致，但不得超过3年，宜一年一签；合同期内相关方设备设施、作业活动、人员发生较大变化时，应随时重新签订安全协议。

（4）安全协议内，应依据其设备设施、作业活动的风险特点和风险程度，具体明确双方的安全职责、安全作业要求、人员变更和出入管理、违章处罚和其他个性化内容。

（5）对于房屋租赁方，应在租赁协议中或单独签订的安全协议中明确房屋日常消防管理、房屋结构、用途变更等事项的各自职责和要求。

（五）做好安全告知、交底、培训工作

（1）相关方在一个服务期内首次进场作业前，应对相关方的项目负责人和安全员进行作业安全要求的交底并保存记录，然后由其对作业人员进行安全培训。

（2）交底的内容应包括相关作业过程的主要危险源及其风险，相关方需执行的本单位相关安全管理制度，相关方需执行的本单位相关应急预案及其应急措施，相关方作业过程的风险管控和对隐患排查治理要求及其他需要告知的内容。

（3）相关方人员进行危险作业时，应办理危险作业审批手续，并按规定进行作业交底、检查和监护。

（六）做好相关方日常监督管理（三部门依责监管）

（1）重点相关方的归口管理部门应定期对其作业场所及其设备设施、作业活动的风险控制情况进行监督检查，每月至少一次。

（2）重点相关方的属地管理部门应在作业期间指定部门安全员或区域班组长等对相关方作业的安全状况进行现场监督，发现事故隐患立即制止，并要求其整改，无法解决的立即报告相关方的归口管理部门和安全管理部门解决。

（3）安全管理部门应对重点相关方管理状况进行监督检查，并保存记录。

（4）除三大部门检查监督外，也要同时关注相关方自己的安全检查，目的是要及时发现、纠正相关方作业过程中出现的风险和隐患，确保相关方作业全过程处于安全状态。

（七）有效的绩效考核评价机制

HSE管理体系指的是健康（health）、安全（safety）和环境（environment）三位一体的管理体系。责任制是HSE管理体系的核心。结合公司实际，制定适合公司自身的绩效考核和评价机制，真正将相关方的HSE管理纳入公司的HSE目标，让相关方HSE管理由"软任务"成为"硬指标"，做到安全、进度"并驾齐驱"，相关方资料管理、施工现场监督"软硬兼施"，使甲方和相关方成为"命运共同体"。

（1）对重点相关方，至少每年进行一次安全绩效考核；考核应依据日常监督检查的数据和信息进行，对其日常设备设施、作业活动的风险控制措施有效性、本单位相关制度和要求的执行情况、隐患排查治理情况、未遂事件和事故发生情况等进行评价，并保存记录。

（2）重点相关方年度安全绩效考核的结果，应作为下一年度或下一服务期选择相关方的依据；考核不合格的相关方应要求其限期整改，整改后仍然不合格的应根据风险程度采取处罚、停止其作业、取消其合格供方资质等措施。

五、相关方的自我管理

自我管理的宗旨和思路：通过建立健全自身的安全生产责任制，制定符合实际的安全管理制度和操作规程，排查治理安全隐患，规范自我生产行为，使各生产环节符合有关安全生产法律法规和标准规范的要求，人、机、物、法、环处于良好的生产状态。

具体需注意几个方面：一是确认资格准入条件，自己是否确实有资质；二是给自己的作业人员依法缴纳保险；三是按时进行三级培训和日常教育培训（包括班前会和班后会等）；四是开展安全检查和隐患治理工作；五是执行安全技术交底；六是保障必要的安全投入；七是安全考核。

当然还有一个重要层面，要和甲方合理合规地签订安全协议，划分各自的安全权利和义务，既防止所有责任在相关方，也要让甲方承担应有的安全责任和义务。

六、承包商管理

（一）生产经营单位安全管理责任

生产经营单位发包工程项目，应以生产经营单位名义进行，严禁以某一部门的名义进行发包。生产经营单位应明确发包工程归口管理部门，统一对发包工程进行管理。

（二）承包商安全管理责任

同一工程项目或同一施工场所有多个承包商施工时，生产经营单位应与承包商签订专门的安全管理协议或者在承包合同中约定各自的安全生产管理职责。发包单位对各承包商的安全生产工作统一协调、管理。

（三）承包商的准入管理

1. 承包商资质审查

承包商资质审查一般包括业务资质审查和安全资质审查两部分。生产经营单位承包商主管部门审查承包商业务资质，生产经营单位安全管理部门审查安全资质，审查合格后报主管领导审批。

2. 承包商的资质要求

对于国家有相关资质规定的承包商类别，承包商应取得国家规定相应的从业安全资质证书，建立安全管理机构，并配备不少于一定比例的专职安全管理人员。工程技术人员要达到其资质规定的数量要求。

业务资质审查需要提交的资料有：

（1）承包商准入审查表。

（2）有效的企业资信证明，如有效的营业执照、法定代表人证明书、税务登记证、组织机构代码证、银行开户许可证、开立单位银行结算账户申请书等。

（3）企业资质证明，如施工资质证书、特种作业证书、安全生产许可证等。

（4）其他应提供的资料，如近期业绩和表现等有关资料。

安全资质审查需要提交的资料有：

（1）承包商安全资质审查表。

（2）安全资质证书，如安全生产许可证、职业安全健康管理体系认证证书等。

（3）主要负责人、项目负责人、安全生产管理人员经政府有关部门安全生产考核合格名单及证书。

（4）企业近两年的安全业绩，包括施工经历、重大安全事故情况档案、事故发生率及原始记录、安全隐患治理情况档案等。

（四）现场安全管理要求

1. 门禁管理

生产经营单位应针对承包商等外来人员实行门禁管理。

2. 安全交底与危害告知

承包商作业人员进行施工作业前，生产经营单位应将与施工作业有关的安全技术要求向承包商作业人员作出详细说明，双方签字确认，未经安全技术交底，切勿进行作业。

3. 安全教育培训

在承包商队伍进入作业现场前，发包单位要对其进行消防安全、设备设施保护及社会治安方面的教育。所有教育培训和考试完成后，办理准入手续，凭证件出入现场。证件上应有本人近期免冠照片和姓名、承包商名称、准入的现场区域等信息。

（五）承包商作业过程控制

1. 现场危害确认

生产经营单位应与承包商就作业相关的泄漏、火灾、爆炸、中毒、窒息、触电、坠落、物体打击和机械伤害等危害进行确认,并明确作业许可的相关要求。

2. 作业过程监督

作业过程中,生产经营单位应派具备监督管理职能的人员对承包商作业现场进行监督检查,建立监督检查记录,及时协调作业过程中的事项,通报相关安全信息,督促作业过程中隐患的整改。

典型例题

1. 甲方为一大型商业综合体企业,新建项目委托乙方进行深基坑作业。下列现场安全管理要求中,正确的是(   )。

A. 甲方应针对外来施工方实行门禁管理,并予以登记
B. 进入施工现场人员应由乙方进行安全技术交底,并签字确认
C. 乙方作业人员参加安全教育培训后方可办理准入手续
D. 涉及定期检测的安全用具,应经甲方检验合格后方可使用

【解析】选项A正确,生产经营单位(甲)应针对承包商等外来人员实行门禁管理,对进出工作场所的人员进行身份确认和安全条件确认,并予以登记,防止无关人员进出作业现场。选项B错误,承包商作业人员进行施工作业前,生产经营单位(甲)应将与施工作业有关的安全技术要求向承包商作业人员作出详细说明,双方签字确认,未经安全技术交底,切勿进行作业。选项C错误,在承包商队伍进入作业现场前,发包单位(甲)要对其进行消防安全、设备设施保护及社会治安方面的教育。所有教育培训和考试完成后办理准入手续,凭证件出入现场。选项D错误,涉及定期试验的工器具、绝缘用具、施工机具、安全防护用品,应具有检验、试验资质部门出具的合格的检验报告。应明确对设备和工具的定期检查、标识、修理和退出现场的要求。

2. 甲公司是一家生产消毒剂的民营企业。针对疫情防控市场需求,甲公司决定扩大生产规模,新建一条生产线,并成立了项目部。项目部将新建项目发包给乙公司,同时聘请丙公司进行监理。下列关于项目及相关方安全管理的做法,正确的是(   )。

A. 甲公司明确项目部为发包工程归口管理部门
B. 项目部以部门名义将该工程项目发包给乙公司
C. 项目建设期间,乙公司造成的生产安全事故由乙公司负责
D. 甲公司要求丙公司承担施工现场的安全管理责任

【解析】生产经营单位发包工程项目,应以生产经营单位名义进行,严禁以某一部门的名义进行发包。生产经营单位应明确发包工程归口管理部门,统一对发包工程进行管理。

3. 甲公司将1号设备系统检修工作发包给乙公司,将配套的环保设施改造工程发包给丙公司。甲公司与乙公司、丙公司分别签订了项目合同和安全生产管理协议。施工期间,乙公司使用的平臂吊与丙公司使用的汽车吊吊臂发生碰撞,汽车吊吊臂断裂,将项目一名工作人员砸伤。甲公司在该起事故中承担(   )。

A. 受伤人员的医疗费用　　　　　B. 起重作业指挥不到位的责任
C. 设备的经济损失　　　　　　　D. 乙、丙协调不到位的责任

【解析】同一工程项目或同一施工场所有多个承包商施工时,生产经营单位应与承包商签订专门的安全管理协议或者在承包合同中约定各自的安全生产管理职责。发包单位对各承包商的安全生产工作统一协调、管理。

4. 甲企业是乙炔生产企业，委托有资质的建筑施工企业乙在厂区内实施扩建，扩建期间，甲企业正常生产，施工区用电由甲企业提供。为了确保施工安全，甲企业采取了一系列的过程控制措施。下列甲企业采取的措施中，错误的是（　　）。

A. 派出安全管理人员全面负责乙企业现场施工的安全管理工作

B. 对乙企业的施工现场临时用电进行审批

C. 告知乙企业现场作业相关的火灾、爆炸等危害并进行确认

D. 督促乙企业整改施工现场的事故隐患

【解析】发包单位对各承包商的安全生产工作统一协调、管理。

答案：1. A　2. A　3. D　4. A

第十二节　建设项目安全设施"三同时"

一、建设项目安全设施"三同时"概念

《安全生产法》第三十一条规定："生产经营单位新建、改建、扩建工程项目的安全设施，必须与主体工程同时设计、同时施工、同时投入生产和使用。安全设施投资应当纳入建设项目概算。"

《建设项目安全设施"三同时"监督管理办法》（2015年4月2日国家安全监管总局令第77号修正）明确提出，建设项目安全设施是指生产经营单位在生产经营活动中用于预防生产安全事故的设备、设施、装置、构（建）筑物和其他技术措施的总称。

生产经营单位是建设项目安全设施建设的责任主体。

（一）落实"三同时"要求的五个环节

（1）安全评价规定。矿山、金属冶炼建设项目和用于生产、储存、装卸危险物品的建设项目，应当按照国家有关规定进行安全评价。

（2）设计及审查责任。建设项目安全设施的设计人、设计单位应当对安全设施设计负责。矿山、金属冶炼建设项目和用于生产、储存、装卸危险物品的建设项目的安全设施设计应当按照国家有关规定报经有关部门审查，审查部门及其负责审查的人员对审查结果负责。

（3）工程建设质量责任。矿山、金属冶炼建设项目和用于生产、储存、装卸危险物品的建设项目的施工单位必须按照批准的安全设施设计施工，并对安全设施的工程质量负责。

（4）验收及监督。矿山、金属冶炼建设项目和用于生产、储存、装卸危险物品的建设项目竣工投入生产或者使用前，应当由建设单位负责组织对安全设施进行验收；验收合格后，方可投入生产和使用。负有安全生产监督管理职责的部门应当加强对建设单位验收活动和验收结果的监督核查。

（5）安全警示标志。生产经营单位应当在有较大危险因素的生产经营场所和有关设施、设备上，设置明显的安全警示标志。

（二）安全设备"三同时"管理

安全设备的设计、制造、安装、使用、检测、维修、改造和报废，应当符合国家标准或者行业标准。生产经营单位必须对安全设备进行经常性维护、保养，并定期检测，保证正常运

转。维护、保养、检测应当做好记录，并由有关人员签字。

生产经营单位不得关闭、破坏直接关系生产安全的监控、报警、防护、救生设备、设施，或者篡改、隐瞒、销毁其相关数据、信息。餐饮等行业的生产经营单位使用燃气的，应当安装可燃气体报警装置，并保障其正常使用。

（三）特种设备的安全标志及检测检验

生产经营单位使用的危险物品的容器、运输工具，以及涉及人身安全、危险性较大的海洋石油开采特种设备和矿山井下特种设备，必须按照国家有关规定，由专业生产单位生产，并经具有专业资质的检测、检验机构检测、检验合格，取得安全使用证或者安全标志，方可投入使用。检测、检验机构对检测、检验结果负责。

二、建设项目安全设施"三同时"监管责任

根据《国家安全监管总局办公厅关于切实做好国家取消和下放投资审批有关建设项目安全监管工作的通知》（安监总厅政法〔2013〕120号）的规定，有关建设项目所涉安全生产监管监察部门的行政许可和备案等事项，按照以下规定实施：

（1）海洋石油天然气建设项目、企业投资年产100万吨及以上的陆上新油田开发项目、企业投资年产20亿立方米及以上的陆上新气田开发项目；设计生产能力300万吨/年以上或者设计最大开采深度1000米以上的金属非金属地下矿山建设项目、设计生产能力1000万吨/年以上或者设计边坡200米以上的金属非金属露天矿山建设项目、设计总库容1亿立方米或者设计总坝高200米以上的尾矿库建设项目，其安全设施设计审查和竣工验收，继续由国家安全监管总局负责实施。

（2）对于企业投资国家规划矿区内新增年生产能力低于120万吨的煤矿开发项目，省级投资主管部门征求安全核准意见的，由省级煤矿安全监察局负责进行安全核准；其安全设施的设计审查和竣工验收，由省级煤矿安全监察局负责。

《危险化学品建设项目安全监督管理办法》（国家安全生产监督管理总局令第45号）规定：

第三条 本办法所称建设项目安全审查，是指建设项目安全条件审查、安全设施的设计审查和竣工验收。

建设项目的安全审查由建设单位申请，应急管理部门根据本办法分级负责实施。建设项目未经安全审查的，不得开工建设或者投入生产（使用）。

第四条 国家安全生产监督管理总局指导、监督全国建设项目安全审查的实施工作，并负责实施下列建设项目的安全审查：

（1）国务院审批（核准、备案）的。

（2）跨省、自治区、直辖市的。

省、自治区、直辖市人民政府应急管理部门（以下简称省级应急管理部门）指导、监督本行政区域内建设项目安全审查的监督管理工作，确定并公布本部门和本行政区域内由设区的市级人民政府应急管理部门（以下简称市级应急管理部门）实施的前款规定以外的建设项目范围，并报国家安全生产监督管理总局备案。

第五条 建设项目有下列情形之一的，应当由省级应急管理部门负责安全审查：

（1）国务院投资主管部门审批（核准、备案）的。

（2）生产剧毒化学品的。

（3）省级应急管理部门确定的本办法第四条第一款规定以外的其他建设项目。

第六条　负责实施建设项目安全审查的应急管理部门根据工作需要，可以将其负责实施的建设项目安全审查工作委托下一级应急管理部门实施。委托实施安全审查的，审查结果由委托的应急管理部门负责。跨省、自治区、直辖市的建设项目和生产剧毒化学品的建设项目，不得委托实施安全审查。

建设项目有下列情形之一的，不得委托县级人民政府应急管理部门实施安全审查：

（1）涉及国家安全生产监督管理总局公布的重点监管危险化工工艺的。

（2）涉及国家安全生产监督管理总局公布的重点监管危险化学品中的有毒气体、液化气体、易燃液体、爆炸品，且构成重大危险源的。

接受委托的应急管理部门不得将其受托的建设项目安全审查工作再委托其他单位实施。

第七条　建设项目的设计、施工、监理单位和安全评价机构应当具备相应的资质，并对其工作成果负责。

涉及重点监管危险化工工艺、重点监管危险化学品或者危险化学品重大危险源的建设项目，应当由具有石油化工医药行业相应资质的设计单位设计。

《建设项目安全设施"三同时"监督管理办法》有以下规定：

第五条　国家安全生产监督管理总局对全国建设项目安全设施"三同时"实施综合监督管理，并在国务院规定的职责范围内承担有关建设项目安全设施"三同时"的监督管理。

县级以上地方各级应急管理部门对本行政区域内的建设项目安全设施"三同时"实施综合监督管理，并在本级人民政府规定的职责范围内承担本级人民政府及其有关主管部门审批、核准或者备案的建设项目安全设施"三同时"的监督管理。

跨两个及两个以上行政区域的建设项目安全设施"三同时"由其共同的上一级人民政府应急管理部门实施监督管理。

上一级人民政府应急管理部门根据工作需要，可以将其负责监督管理的建设项目安全设施"三同时"工作委托下一级人民政府应急管理部门实施监督管理。

三、建设项目简要流程

（一）建设项目安全预评价

根据《建设项目安全设施"三同时"监督管理办法》第七条，下列建设项目在进行可行性研究时，生产经营单位应当按照国家规定，进行安全预评价：

（1）非煤矿矿山建设项目。

（2）生产、储存危险化学品（包括使用长输管道输送危险化学品）的建设项目。

（3）生产、储存烟花爆竹的建设项目。

（4）金属冶炼建设项目。

（5）使用危险化学品从事生产并且使用量达到规定数量的化工建设项目（属于危险化学品生产的除外，以下简称化工建设项目）。

（6）法律、行政法规和国务院规定的其他建设项目。

（二）建设项目安全设施设计审查

《建设项目安全设施"三同时"监督管理办法》关于建设项目安全设施设计审查有如下规定：

第十二条　建设项目安全设施设计完成后，生产经营单位应当按照本办法第五条的规定向应急管理部门提出审查申请，并提交下列文件资料：

（1）建设项目审批、核准或者备案的文件。
（2）建设项目安全设施设计审查申请。
（3）设计单位的设计资质证明文件。
（4）建设项目安全设施设计。
（5）建设项目安全预评价报告及相关文件资料。
（6）法律、行政法规、规章规定的其他文件资料。

应急管理部门收到申请后，对属于本部门职责范围内的，应当及时进行审查，并在收到申请后5个工作日内作出受理或者不予受理的决定，书面告知申请人；对不属于本部门职责范围内的，应当将有关文件资料转送有审查权的应急管理部门，并书面告知申请人。

第十三条　对已经受理的建设项目安全设施设计审查申请，应急管理部门应当自受理之日起20个工作日内作出是否批准的决定，并书面告知申请人。20个工作日内不能作出决定的，经本部门负责人批准，可以延长10个工作日，并应当将延长期限的理由书面告知申请人。

第十四条　建设项目安全设施设计有下列情形之一的，不予批准，并不得开工建设：
（1）无建设项目审批、核准或者备案文件的。
（2）未委托具有相应资质的设计单位进行设计的。
（3）安全预评价报告由未取得相应资质的安全评价机构编制的。
（4）设计内容不符合有关安全生产的法律、法规、规章和国家标准或者行业标准、技术规范的规定的。
（5）未采纳安全预评价报告中的安全对策和建议，且未做充分论证说明的。
（6）不符合法律、行政法规规定的其他条件的。

建设项目安全设施设计审查未予批准的，生产经营单位经过整改后可以向原审查部门申请再审。

第十五条　已经批准的建设项目及其安全设施设计有下列情形之一的，生产经营单位应当报原批准部门审查同意；未经审查同意的，不得开工建设：
（1）建设项目的规模、生产工艺、原料、设备发生重大变更的。
（2）改变安全设施设计且可能降低安全性能的。
（3）在施工期间重新设计的。

（三）建设项目安全设施施工和竣工验收

《建设项目安全设施"三同时"监督管理办法》中对建设项目安全设施施工和竣工验收有明确规定：

第十七条　建设项目安全设施的施工应当由取得相应资质的施工单位进行，并与建设项目主体工程同时施工。

施工单位应当在施工组织设计中编制安全技术措施和施工现场临时用电方案，同时对危险性较大的分部分项工程依法编制专项施工方案，并附具安全验算结果，经施工单位技术负责人、总监理工程师签字后实施。

施工单位应当严格按照安全设施设计和相关施工技术标准、规范施工，并对安全设施的工程质量负责。

第十八条　施工单位发现安全设施设计文件有错漏的，应当及时向生产经营单位、设计单位提出。生产经营单位、设计单位应当及时处理。

施工单位发现安全设施存在重大事故隐患时，应当立即停止施工并报告生产经营单位进行

整改。整改合格后，方可恢复施工。

第十九条 工程监理单位应当审查施工组织设计中的安全技术措施或者专项施工方案是否符合工程建设强制性标准。

工程监理单位在实施监理过程中，发现存在事故隐患的，应当要求施工单位整改；情况严重的，应当要求施工单位暂时停止施工，并及时报告生产经营单位。施工单位拒不整改或者不停止施工的，工程监理单位应当及时向有关主管部门报告。

工程监理单位、监理人员应当按照法律、法规和工程建设强制性标准实施监理，并对安全设施工程的工程质量承担监理责任。

第二十条 建设项目安全设施建成后，生产经营单位应当对安全设施进行检查，对发现的问题及时整改。

第二十一条 本办法第七条规定的建设项目竣工后，根据规定建设项目需要试运行（包括生产、使用）的，应当在正式投入生产或者使用前进行试运行。

试运行时间应当不少于30日，最长不得超过180日，国家有关部门有规定或者特殊要求的行业除外。

生产、储存危险化学品的建设项目和化工建设项目，应当在建设项目试运行前将试运行方案报负责建设项目安全许可的应急管理部门备案。

第二十二条 本办法第七条规定的建设项目安全设施竣工或者试运行完成后，生产经营单位应当委托具有相应资质的安全评价机构对安全设施进行验收评价，并编制建设项目安全验收评价报告。

建设项目安全验收评价报告应当符合国家标准或者行业标准的规定。

生产、储存危险化学品的建设项目和化工建设项目安全验收评价报告除符合本条第二款的规定外，还应当符合有关危险化学品建设项目的规定。

第二十三条 建设项目竣工投入生产或者使用前，生产经营单位应当组织对安全设施进行竣工验收，并形成书面报告备查。安全设施竣工验收合格后，方可投入生产和使用。

安全监管部门应当按照下列方式之一对本办法第七条第（1）项、第（2）项、第（3）项和第（4）项规定的建设项目的竣工验收活动和验收结果监督核查：

（1）对安全设施竣工验收报告按照不少于总数10%的比例进行随机抽查。

（2）在实施有关安全许可时，对建设项目安全设施竣工验收报告进行审查。

抽查和审查以书面方式为主。对竣工验收报告的实质内容存在疑问，需要到现场核查的，安全监管部门应当指派两名以上工作人员对有关内容进行现场核查。工作人员应当提出现场核查意见，并如实记录在案。

第二十五条 生产经营单位应当按照档案管理的规定，建立建设项目安全设施"三同时"文件资料档案，并妥善保存。

· 典型例题 ·

1. 甲公司欲收购1栋商贸大厦，在收购前，甲公司委托乙专业机构对该商贸大厦的消防系统、电气系统、特种设备、建筑结构等进行安全评价。收购成功后，甲公司对大厦进行重新改造，又委托丙专业机构对该改造项目进行安全评价。下列关于安全评价管理的说法，正确的有（　　）。

A. 乙专业机构所做的评价，属于安全验收评价

B. 甲公司可以组织本单位有关人员完成收购前的安全评价

C. 甲公司可以组织本单位有关人员完成收购后的安全评价
D. 丙专业机构所做的评价属于安全预评价
E. 甲公司可以委托丙专业机构对大厦改造项目完成前和完成后进行安全评价

【解析】乙专业机构对大厦的消防系统、电气系统、特种设备和建筑结构进行的安全评价属于现状评价。安全评价要求要有相应的评价资质，甲公司如果有评价资质可以进行评价。丙专业机构所做的评价属于安全验收评价。根据《安全评价机构管理规定》第二十一条，建设项目的安全预评价和安全验收评价不得委托同一个安全评价机构。

2. 生产经营单位在建设项目初步设计时，应当委托有相应资质的设计单位对建设项目安全设施同时进行设计。根据《建设项目安全设施"三同时"监督管理办法》，下列关于建设项目安全设施设计完成后审查的说法中，正确的是（　　）。

A. 设计单位应当向安全监督管理部门提出审查申请
B. 生产经营单位应当向安全生产监督管理部门备案
C. 改变安全设施设计性能，需报原批准部门审查同意
D. 已受理的安全设施设计审查申请，监管部门应当在 30 日内作出是否批准的决定

【解析】本题考查的是建设项目安全设施设计审查。选项 A 错误，建设项目安全设施设计完成后，生产经营单位应当向应急管理部门提出审查申请。选项 C 错误，改变安全设施设计且可能降低安全性能的，生产经营单位应当报原批准部门审查同意。选项 D 错误，对已经受理的建设项目安全设施设计审查申请，应急管理部门应当自受理之日起 20 个工作日内作出是否批准的决定，并书面告知申请人。

3. 甲公司大型肉禽加工建设项目，由乙设计公司负责设计、丙建设总公司负责施工、丁监理公司负责监理。根据《建设项目安全设施"三同时"监督管理办法》，下列企业的做法中，正确的是（　　）。

A. 丙公司发现安全设施设计文件有错漏的，及时向丁、乙公司提出，丁、乙公司及时处理
B. 丙公司发现安全设施存在重大事故隐患时，立即停止施工，并报告乙公司进行设计更改
C. 丁公司在实施监理工作过程中，发现存在重大事故隐患的，及时报告丙公司
D. 建设项目安全设施建成后，甲公司对安全设施进行检查，对发现的问题及时整改

【解析】本题考查的是施工和竣工验收。选项 A 错误，施工单位发现安全设施设计文件有错漏的，应当及时向生产经营单位、设计单位（甲、乙公司）提出。生产经营单位、设计单位（甲、乙公司）应当及时处理。选项 B 错误，施工单位发现安全设施存在重大事故隐患时，应当立即停止施工并报告生产经营单位（甲公司）进行整改。整改合格后，方可恢复施工。选项 C 错误，工程监理单位在实施监理过程中，发现存在事故隐患的，应当要求施工单位整改；情况严重的，应当要求施工单位暂时停止施工，并及时报告生产经营单位（甲公司）。

4. 某建设项目的建设单位为甲公司，施工单位为乙公司，监理单位为丙公司，依照《建设项目安全设施"三同时"监督管理办法》，下列关于该建设项目安全设施和竣工验收的表述中，正确的是（　　）。

A. 乙公司发现安全设施设计文件有错漏的，应当及时向丙公司提出，并要求丙公司修改设计文件
B. 丙公司应当审查施工组织设计中的安全技术措施或专项施工方案是否符合工程建设强制性标准
C. 乙公司应当在该设计项目安全设施建设后，组织对安全设施进行检查，并对发现的问

题及时进行整改

D. 甲公司应当在该建设项目安全设施竣工或试运行完成后，委托丙公司对安全设施进行验收评价

【解析】 丙公司为监理公司，选项B是监理公司的职责。这部分每年都有考题，基本原则就是设计的更改由设计单位负责；施工单位对工程质量负责，发现设计问题，对监理、设计和甲方提出，修改一定由设计单位修改；监理对现场方案和措施进行审核；甲方组织施工验收；委托评价公司进行评价。

答案：1.BC 2.B 3.D 4.B

第十三节 劳动防护用品管理

一、劳动防护用品的分类

根据《用人单位劳动防护用品管理规范》（2018年1月15日）第十条规定，劳动防护用品分为以下十大类：

(1) 防御物理、化学和生物危险、有害因素对头部伤害的头部防护用品。
(2) 防御缺氧空气和空气污染物进入呼吸道的呼吸防护用品。
(3) 防御物理和化学危险、有害因素对眼面部伤害的眼面部防护用品。
(4) 防噪声危害及防水、防寒等的听力防护用品。
(5) 防御物理、化学和生物危险、有害因素对手部伤害的手部防护用品。
(6) 防御物理和化学危险、有害因素对足部伤害的足部防护用品。
(7) 防御物理、化学和生物危险、有害因素对躯干伤害的躯干防护用品。
(8) 防御物理、化学和生物危险、有害因素损伤皮肤或引起皮肤疾病的护肤用品。
(9) 防止高处作业劳动者坠落或者高处落物伤害的坠落防护用品。
(10) 其他防御危险、有害因素的劳动防护用品。

二、劳动防护用品的选择

《用人单位劳动防护用品管理规范》（2018年1月15日）对劳动防护用品的选择作出如下规定：

第十一条 用人单位应按照识别、评价、选择的程序，结合劳动者作业方式和工作条件，并考虑其个人特点及劳动强度，选择防护功能和效果适用的劳动防护用品。

(1) 接触粉尘、有毒、有害物质的劳动者应当根据不同粉尘种类、粉尘浓度及游离二氧化硅含量和毒物的种类及浓度配备相应的呼吸器、防护服、防护手套和防护鞋等。具体可参照《呼吸防护 自吸过滤式防颗粒物呼吸器》（GB 2626—2019）、《呼吸防护用品的选择、使用与维护》（GB/T 18664—2002）、《防护服装 化学防护服的选择、使用和维护》（GB/T 24536—2009）、《手部防护 防护手套的选择、使用和维护指南》（GB/T 29512—2013）和《个体防护装备、足部防护鞋（靴）的选择、使用和维护指南》（GB/T 28409—2012）等标准。

(2) 接触噪声的劳动者，当暴露于 $80dB \leqslant L_{EX,8h} < 85dB$ 的工作场所时，用人单位应当根据劳动者需求为其配备适用的护听器；当暴露于 $L_{EX,8h} \geqslant 85dB$ 的工作场所时，用人单位必须为

劳动者配备适用的护听器,并指导劳动者正确佩戴和使用。具体可参照《护听器的选择指南》(GB/T 23466—2009)。

(3) 工作场所中存在电离辐射危害的,经危害评价确认劳动者需佩戴劳动防护用品的,用人单位可参照电离辐射等相关标准为劳动者配备劳动防护用品,并指导劳动者正确佩戴和使用。

(4) 从事存在物体坠落、碎屑飞溅、转动机械和锋利器具等作业的劳动者,用人单位还可参照《个人防护装备选用规范》(GB/T 11651—2022)、《头部防护 安全帽选用规范》(GB/T 30041—2013)和《坠落防护装备安全使用规范》(GB/T 23468—2009)等标准,为劳动者配备适用的劳动防护用品。

第十二条 同一工作地点存在不同种类的危险、有害因素的,应当为劳动者同时提供防御各类危害的劳动防护用品。需要同时配备的劳动防护用品,还应考虑其兼容性。

劳动者在不同地点工作,并接触不同的危险、有害因素,或接触不同的危害程度的有害因素的,为其选配的劳动防护用品应满足不同工作地点的防护需求。

第十三条 劳动防护用品的选择还应当考虑其佩戴的合适性和基本舒适性,根据个人特点和需求选择适合型号、式样。

第十四条 用人单位应当在可能发生急性职业损伤的有毒、有害工作场所配备应急劳动防护用品,放置于现场临近位置并有醒目标识。

用人单位应当为巡检等流动性作业的劳动者配备随身携带的个人应急防护用品。

三、劳动防护用品的使用管理

(一) 劳动防护用品采购、发放、培训及使用

《用人单位劳动防护用品管理规范》(2018 年 1 月 15 日颁布、实施)相关规定:

第十六条 用人单位应当根据劳动防护用品配备标准制定采购计划,购买符合标准的合格产品。

第十七条 用人单位应当查验并保存劳动防护用品检验报告等质量证明文件的原件或复印件。

第十八条 用人单位应当按照本单位制定的配备标准发放劳动防护用品,并做好登记。

第十九条 用人单位应当对劳动者进行劳动防护用品的使用、维护等专业知识的培训。

第二十条 用人单位应当督促劳动者在使用劳动防护用品前,对劳动防护用品进行检查,确保外观完好、部件齐全、功能正常。

第二十一条 用人单位应当定期对劳动防护用品的使用情况进行检查,确保劳动者正确使用。

(二) 劳动防护用品维护、更换及报废

第二十二条 劳动防护用品应当按照要求妥善保存,及时更换,保证其在有效期内。

公用的劳动防护用品应当由车间或班组统一保管,定期维护。

第二十三条 用人单位应当对应急劳动防护用品进行经常性的维护、检修,定期检测劳动防护用品的性能和效果,保证其完好有效。

第二十四条 用人单位应当按照劳动防护用品发放周期定期发放,对工作过程中损坏的,用人单位应及时更换。

第二十五条 安全帽、呼吸器、绝缘手套等安全性能要求高、易损耗的劳动防护用品,应

当按照有效防护功能最低指标和有效使用期，到期强制报废。

四、个体防护装备配备程序

个体防护装备的配备应按照相关流程执行，其中危害因素的辨识和评估、个体防护装备的选择是整个配备流程的关键环节。

（一）危害因素的辨识原则

（1）应依据国家法律、法规、标准及专业知识，针对不同作业场所、生产工艺、作业环境的特点，辨识可能的危害因素。

（2）应对生产经营活动中各因素，包括人员、设备设施、使用物料、工艺方法、环境条件、管理制度等进行系统分析，不仅应分析正常生产操作中存在的危害因素，还应分析技术、材料、工艺等发生变化、设备故障或失效、人员操作失误等情况下可能产生的危害因素。

（二）危害因素的辨识方法

（1）应采用现场调查、测量、查阅相关记录、询问与交流等方式对作业环境中的危害因素进行分析。

（2）在识别危害因素时，应主要从以下方面进行分析：①正常工作状态；②异常工作状态；③人员作业活动；④设备采购、贮存和输送，以及设备设施的运行、维修和保养；⑤原辅材料、中间产品和最终产品；⑥生产、施工工艺；⑦环境条件；⑧管理制度；⑨其他辅助活动和意外情况。

（三）危害因素的评估

应依据国家法规、标准等由专业人员对所识别的危害因素进行评估，判断是否超过职业接触限值和实际的危害水平，结合危害因素存在的位置、危害方式、危害发生的时间、途径及后果，确定需要防护的人群范围，以及各类人员需要防护的部位和需要的防护水平。

（四）个体防护装备的选择

应根据辨识的作业场所危害因素和危害评估结果，结合个体防护装备的防护部位、防护功能、适用范围和防护装备对作业环境和使用者的适合性，选择合适的个体防护装备。

五、个体防护装备的使用

（1）用人单位应制定培训计划和考核办法，并建立和保留培训和考核记录。

（2）用人单位应按计划定期对作业人员进行培训，培训内容至少应包括工作中存在的危害种类和法律法规、标准等规定的防护要求，本单位采取的控制措施，以及个体防护装备的选择、防护效果、使用方法及维护、保养方法、检查方法等。

（3）当有新员工入职、员工转岗、个体防护装备配备发生变化、法律法规及标准发生变化等情况，需要培训时用人单位应及时进行培训。

（4）未按规定佩戴和使用个体防护装备的作业人员，不得上岗作业。

（5）作业人员应熟练掌握个体防护装备正确佩戴和使用方法，用人单位应监督作业人员个体防护装备的使用情况。

（6）在使用个体防护装备前，作业人员应对个体防护装备进行检查（如外观检查、适合性检查等），确保个体防护装备能够正常使用。

（7）用人单位应按照产品使用说明书的有关内容和要求，指导并监督个体防护装备使用人员对在用的个体防护装备进行正确的日常维护和使用前的检查，对必须由专人负责的，应指定受过培训的合格人员负责日常检查和维护。

用人单位应购置在最小贴码包装及运输包装上具有追踪溯源标识的个体防护装备，该标识应能通过全国性追踪溯源系统实现追踪溯源。制造商在每一批产品售出前应在全国性追踪溯源系统录入制造商信息、产品信息及该产品款号的由具有检验资质的检验检测机构出具的检验检测报告信息，每一批产品应对应一个由全国性追踪溯源系统生成的产品追踪溯源标识。

典型例题

1．根据《用人单位劳动防护用品管理规范》，下列关于劳动防护用品分类的说法，错误的是（　　）。

A．防御物理、化学和生物危险、有害因素对头部伤害的头部防护用品

B．防御缺氧空气和空气污染物进入呼吸道的呼吸防护用品

C．防御物理和化学危险、有害因素对全身伤害的全身防护用品

D．防噪声危害及防水、防寒等的听力防护用品

【解析】根据《用人单位劳动防护用品管理规范》第十条规定，劳动防护用品分为以下十大类：

①防御物理、化学和生物危险、有害因素对头部伤害的头部防护用品。

②防御缺氧空气和空气污染物进入呼吸道的呼吸防护用品。

③防御物理和化学危险、有害因素对眼面部伤害的眼面部防护用品。

④防噪声危害及防水、防寒等的听力防护用品。

⑤防御物理、化学和生物危险、有害因素对手部伤害的手部防护用品。

⑥防御物理和化学危险、有害因素对足部伤害的足部防护用品。

⑦防御物理、化学和生物危险、有害因素对躯干伤害的躯干防护用品。

⑧防御物理、化学和生物危险、有害因素损伤皮肤或引起皮肤疾病的护肤用品。

⑨防止高处作业劳动者坠落或者高处落物伤害的坠落防护用品。

⑩其他防御危险、有害因素的劳动防护用品。

2．某机械加工企业根据生产过程中危险、有害因素特点，为员工购买了防尘面具、焊接护目镜、防静电手套和防静电鞋等劳动防护用品。下列关于劳动防护用品按防护部位分类的说法，正确的是（　　）。

A．防尘面具属于眼面部防护用品　　B．耳罩属于听觉器官防护用品

C．焊接防护面罩属于头部防护用品　　D．防静电手套属于躯干防护用品

【解析】选项A属于呼吸器官防护用品；选项C是眼面部防护用品；选项D是手部防护用品。

3．《安全生产法》第四十五条规定，生产经营单位必须为从业人员提供符合国家标准或者行业标准的劳动防护用品，并监督、教育从业人员按照使用规则佩戴、使用。下列关于劳动防护用品配置的说法，错误的是（　　）。

A．生产经营单位应当安排专项经费用于配备劳动防护用品，不得以货币或者其他物品替代

B．使用进口的劳动防护用品，其防护性能不得低于进口国相关标准

C．同一工作地点存在不同种类的危险、有害因素的，应当为劳动者同时提供防御各类危害的劳动防护用品

D．公用的劳动防护用品应当由车间或班组统一保管，定期维护

【解析】使用进口的劳动防护用品，其防护性能不得低于我国相关标准。

4. 某企业根据《用人单位劳动防护用品管理规范》，对可能产生的危险、有害因素进行了识别和评价，配备了相应的劳动防护用品。下列关于该企业劳动防护用品的维护、更换与报废的说法，正确的是（　　）。

　　A. 公用的劳动防护用品应当由个人保管
　　B. 企业应当对劳动防护用品进行经常性维护，保证其完好有效
　　C. 员工对于到期损坏的劳动防护用品可自行进行购买
　　D. 安全帽经过检查没有破损可以延长使用期限

【解析】选项 A 错误，公用的劳动防护用品应当由车间或班组统一保管，定期维护。选项 B 正确，用人单位应当对应急劳动防护用品进行经常性的维护、检修，定期检测劳动防护用品的性能和效果，保证其完好有效。选项 C 错误，用人单位应当按照劳动防护用品发放周期定期发放，对工作过程中损坏的，用人单位应及时更换。选项 D 错误，安全帽、呼吸器、绝缘手套等安全性能要求高、易损耗的劳动防护用品，应当按照有效防护功能最低指标和有效使用期，到期强制报废。

5. 某化工企业的反应车间属于易燃易爆危险场所，根据国家关于在易燃易爆危险场所防静电服使用管理的要求，该化工企业的下列做法中，正确的是（　　）。

　　A. 在易燃易爆场所穿阻燃防护服
　　B. 防静电服与运动鞋配套使用
　　C. 在易燃易爆场所穿附加金属个人信息标志的防静电服
　　D. 防静电服与防静电鞋配套使用

【解析】在易燃易爆场所应穿防静电防护服，选项 A 错误。防静电服应与防静电鞋配套使用，选项 B 错误，选项 D 正确。在易燃易爆场所不能使用金属个人信息标志，容易产生火花引起爆炸，选项 C 错误。

答案：1.C　2.B　3.B　4.B　5.D

第十四节　作业环境的安全管理

一、作业环境的概念

劳动者的工作环境称为作业环境。不论是室内作业还是室外作业、地面作业还是井下作业，劳动者都面临不同的环境条件，如冶炼作业的高温，井下作业的高湿，露天作业的严寒，铆接作业和凿岩作业的噪声和振动，破碎作业的粉尘，化学作业的有毒有害气体，某些作业的电磁辐射以及作业空间的照明、色彩等。这些环境条件直接或间接对劳动者作业产生不同程度的影响，轻则降低工作效率，重则影响整个系统的运行和危害人体安全和健康。作业环境的主要影响因素有：照明、色彩、噪声、振动、温度、湿度、空气成分、电磁辐射等。只有改善这些环境因素才能保证人的安全与健康，保证系统的正常、高效运行。

二、作业环境的危险和有害因素识别

参照《生产过程危险和有害因素分类与代码》(GB/T 13861—2022)的具体要求,生产作业现场环境的危险和有害因素包括4类。

(一)室内作业场所环境不良

室内作业涉及的作业环境不良的因素包括:室内地面湿滑;室内作业场所狭窄;室内作业场所杂乱;室内地面不平;室内梯架缺陷;地面、墙和天花板上的开口缺陷;房屋地基下沉;室内安全通道缺陷;房屋安全出口缺陷;采光照明不良;作业场所空气不良;室内温度、湿度、气压不适;室内给、排水不良;室内涌水;其他室内作业场所环境不良。

(二)室外作业场地环境不良

室外作业涉及的作业环境不良的因素包括:恶劣气候与环境;作业场地和交通设施湿滑;作业场地狭窄;作业场地杂乱;作业场地不平;航道狭窄、有暗礁或险滩;脚手架、阶梯和活动梯架缺陷;地面开口缺陷;建筑物和其他结构缺陷;门和围栏缺陷;作业场地基础下沉;作业场地安全通道缺陷;作业场地安全出口缺陷;作业场地光照不良;作业场地空气不良;作业场地温度、湿度、气压不适;作业场地涌水;其他室外作业场地环境不良。

(三)地下(含水下)作业环境不良

地下(水下)涉及的作业环境不良的因素包括:隧道矿井顶面缺陷;隧道矿井正面或侧壁缺陷;隧道矿井地面缺陷;地下作业面空气不良;地下火;冲击地压;地下水;水下作业供氧不当;其他地下(含水下)作业环境不良。

(四)其他作业环境不良

其他作业环境不良包括:强迫体位;综合性作业环境不良;以上未包括的其他作业环境不良。

作业环境中的危险和有害因素主要有危险物品、工业噪声与振动、温度与湿度和辐射等。

1. 危险物品的危险和有害因素识别

生产中的原料、材料、半成品、中间产品、副产品以及贮运中的物质分别以气、液、固态存在,它们在不同的状态下分别具有相对应的物理、化学性质及危险、危害特性,因此,了解并掌握这些物质固有的危险特性是进行危险识别、分析、评价的基础。

危险物品的识别应从其理化性质、稳定性、化学反应活性、燃烧及爆炸特性、毒性及健康危害等方面进行分析与识别。

危险物品分为以下9类:

(1)易燃易爆物质:引燃、引爆后在短时间内释放出大量能量的物质,由于具有迅速释放能量的能力而产生危害,或者是因其爆炸或燃烧而产生的物质造成危害(如有机溶剂)。

(2)有害物质:人体通过皮肤接触或通过口腔吸入、咽下后,对健康产生危害的物质。

(3)刺激性物质:对皮肤及呼吸道有不良影响(如丙烯酸酯)的物质。有些人对刺激性物质反应强烈,且可引起过敏反应。

(4)腐蚀性物质:用化学的方式伤害人身及材料的物质(如强酸、碱)。

(5)有毒物质:以不同形式干扰、妨碍人体正常功能的物质,它们可能加重器官(如肝脏、肾)的负担(如氯化物溶剂及重金属铅)。

（6）致癌、致突变及致畸物质：阻碍人体细胞的正常发育生长，致癌物造成或促使不良细胞（如癌细胞）的发育，造成非正常胎儿的生长，产生死婴或先天缺陷；致突物干扰细胞发育，造成后代的变化。

（7）造成缺氧的物质：蒸汽或其他气体，造成空气中氧气成分的减少或者阻碍人体有效地吸收氧气（如二氧化碳、一氧化碳及氰化氢）。

（8）麻醉物质：麻醉作用使脑功能下降（如有机溶剂等）。

（9）氧化剂：在与其他物质，尤其是易燃物接触时导致放热反应的物质。

2. 工业噪声与振动的危险和有害因素识别

噪声能引起职业性噪声聋或引起神经衰弱、心血管疾病及消化系统等疾病的高发，会使操作人员的失误率上升，严重的会导致事故发生。

工业噪声可以分为空气动力噪声、机械噪声和电磁噪声 3 类：

（1）空气动力噪声，是由气体压力变化引起气体扰动，气体与其他物体相互作用所致。例如，各种风机、空气压缩机、风动工具、喷气发动机和汽轮机等由于压力脉冲和气体排放发出的噪声。

（2）机械噪声，是由机械撞击、摩擦或质量不平衡旋转等机械力作用下引起固体部件振动所产生的噪声。例如，各种车床、电锯、电刨、球磨机、砂轮机和织布机等发出的噪声。

（3）电磁噪声，是由磁场脉冲、磁致伸缩引起电气部件振动所致。例如，电磁式振动台和振荡器、大型电动机、发电机和变压器等产生的噪声。

噪声危害的识别主要根据已掌握的机械设备或作业场所的噪声确定噪声源、声级和频率。

振动危害有全身振动和局部振动，可导致中枢神经、自主神经功能紊乱、血压升高，也会导致设备、部件的损坏。

振动危害的识别应先找出产生振动的设备，然后根据国家标准，参照类比资料确定振动的危害程度。

3. 温度与湿度的危险和有害因素识别

（1）温度、湿度的危险和有害因素主要表现为：

高温除能造成灼伤外，高温、高湿环境影响劳动者的体温调节、水盐代谢及循环系统、消化系统、泌尿系统等。当热调节发生障碍时，轻者影响劳动能力，重者可引起别的病变，如中暑。水盐代谢的失衡可导致血液浓缩、尿液浓缩、尿量减少，这样就增加了心脏和肾脏的负担，严重时引起循环衰竭和热痉挛。在比较分析中发现，高温作业工人的高血压发病率较高，而且随着工龄的增加而增加。高温还可以抑制中枢神经系统，使工人在操作过程中注意力分散，肌肉工作能力降低，有导致工伤事故的危险。

低温可引起冻伤。

温度急剧变化时，因热胀冷缩，造成材料变形或热应力过大，会导致材料破坏，在低温下金属会发生晶型转变，甚至引起破裂而引发事故。

高温、高湿环境会加速材料的腐蚀。

高温环境可使火灾危险性增大。

（2）生产性热源主要有：

①工业炉窑，如冶炼炉、焦炉、加热炉、锅炉等。

②电热设备，如电阻炉、工频炉等。

③高温工件，如铸锻件；高温液体，如导热油、热水等。

④高温气体，如蒸汽、热风、热烟气等。

（3）温度与湿度危险和有害因素的识别主要从以下几方面进行：

①了解生产过程的热源、发热量、表面绝热层的有无，表面温度，与操作者的接触距离等情况。

②是否采取了防灼伤、防暑、防冻措施，是否采取了空调措施。

③是否采取了通风（包括全面通风和局部通风）换气措施，是否有作业环境温度、湿度的自动调节、控制。

4．辐射的危险和有害因素识别

随着科学技术的进步，在化学反应、金属加工、医疗设备、测量与控制等领域，接触和使用各种辐射能的场合越来越多，存在着一定的辐射危害。辐射主要分为电离辐射（如α粒子、β粒子、x粒子、γ粒子和中子）和非电离辐射（如紫外线、射频电磁波、微波等）两类。

电离辐射伤害则由α、β、x、γ粒子和中子极高剂量的放射性作用所造成。

射频辐射危害主要表现为射频致热效应和非致热效应两个方面。

三、作业环境安全管理办法

（一）5S 现场管理法

1．定义

"5S"就是整理（seiri）、整顿（seiton）、清扫（seiso）、清洁（seiketsu）、素养（shitsuke）五个项目，因日语的罗马拼音均以"S"开头，简称为"5S"。

2．内容

（1）整理。

定义：区分要与不要的物品，现场只保留必需的物品。

目的：①改善和增加作业面积；②现场无杂物，行道通畅，提高工作效率；③减少磕碰的机会，保障安全，提高质量；④消除管理上的混放、混料等差错事故；⑤有利于减少库存量，节约资金；⑥改变作风，提高工作情绪。

意义：把要与不要的人、事、物分开，再将不需要的人、事、物加以处理，对生产现场的现实摆放和停滞的各种物品进行分类，区分什么是现场需要的，什么是现场不需要的；对于车间里各个工位或设备的前后、通道左右、厂房上下、工具箱内外，以及车间的各个死角，都要彻底搜寻和清理，达到现场无不用之物。

（2）整顿。

定义：必需品依规定定位、定方法摆放整齐有序，明确标示。

目的：不浪费时间寻找物品，提高工作效率和产品质量，保障生产安全。

意义：把需要的人、事、物加以定量、定位。通过前一步整理后，对生产现场需要留下的物品进行科学合理的布置和摆放，以便用最快的速度取得所需之物，在最有效的规章、制度和最简洁的流程下完成作业。

要点：①物品摆放要有固定的地点和区域，以便于寻找，消除因混放而造成的差错；②物品摆放地点要科学合理。例如，根据物品使用的频率，经常使用的东西应放得近些（如放在作业区内），偶尔使用或不常使用的东西则应放得远些（如集中放在车间某处）；③物品摆放目视化，使定量装载的物品做到过目知数，摆放不同物品的区域采用不同的色彩和标记加以区别。

（3）清扫。

定义：清除现场内的脏污、清除作业区域的物料垃圾。

目的：清除"脏污"，保持现场干净、明亮。

意义：将工作场所之污垢去除，使异常之发生源易于发现，是实施自主保养的第一步，主要是提高设备移动率。

要点：①自己使用的物品，如设备、工具等，要自己清扫，而不要依赖他人，不增加专门的清扫工；②对设备的清扫，着眼于对设备的维护保养。清扫设备要同设备的点检结合起来，清扫即点检；清扫设备要同时做设备的润滑工作，清扫也是保养；③清扫也是为了改善，当清扫地面发现有飞屑和油水泄漏时，要查明原因，并采取措施加以改进。

（4）清洁。

定义：将整理、整顿、清扫实施的做法制度化、规范化，维持其成果。

目的：认真维护并坚持整理、整顿、清扫的效果，使其保持最佳状态。

意义：通过对整理、整顿、清扫活动的坚持与深入，从而消除发生安全事故的根源。创造一个良好的工作环境，使职工能愉快地工作。

要点：①车间环境不仅要整齐，而且要做到清洁卫生，保证工人身体健康，提高工人劳动热情；②不仅物品要清洁，而且工人本身也要做到清洁，如工作服要清洁，仪表要整洁，及时理发、刮须、修指甲、洗澡等；③工人不仅要做到形体上的清洁，而且要做到精神上的"清洁"，待人要讲礼貌、要尊重别人；④要使环境不受污染，进一步消除浑浊的空气、粉尘、噪音和污染源，消灭职业病。

（5）素养。

定义：人人按章操作、依规行事，养成良好的习惯，使每个人都成为有教养的人。

目的：提升"人的品质"，培养对任何工作都讲究、认真的人。

意义：努力提高员工的自身修养，使员工养成良好的工作、生活习惯和作风，让员工能通过实践 5S 获得人生境界的提升，与企业共同进步，是 5S 活动的核心。

（二）环境管理体系的 PDCA

PDCA 循环是美国质量管理专家休哈特博士首先提出的，由戴明采纳、宣传，获得普及，所以又称戴明环。全面质量管理的思想基础和方法依据就是 PDCA 循环。PDCA 循环的含义是将质量管理分为四个阶段，即计划（plan）、执行（do）、检查（check）、处理（action）。

企业实施环境管理体系的 PDCA 顺序概括如下：

（1）制定环境方针。

（2）识别企业活动、产品和服务中存在的和可能出现的环境因素，并通过评价确定其中对环境具有或能够产生重大影响的重要环境因素。

（3）识别和确认与环境因素特别是重要环境因素相关的环境法规标准。

（4）建立环境目标和环境指标。

（5）通过组织活动、产品或服务的运行控制、环境方案建立实施以及应急准备和响应建立实施来有效管理重要环境因素。

（6）实施包括监视测量、合规性评价、纠正措施和预防措施以及内部审核在内的检查机制，对重要环境因素的管理效果进行确认。

（7）通过管理评审从宏观上评价环境管理体系运行的适宜性、充分性和有效性，并通过实施对环境方针与方针目标以及环境管理体系要素完善的决定，持续改进环境管理体系及其运行的环境绩效。

四、作业环境安全管理措施

（一）设备设施布局

（1）加工设备间距（以活动机件达到最大范围计算）：小型设备不小于0.7m；中型设备不小于0.8m；大型设备不小于2m。

（2）加工设备与墙、柱间距（以活动机件达到最大范围计算）：小型设备不小于0.7m；中型设备不小于0.8m；大型设备不小于0.9m。

（3）操作空间（设备间距在外）：小型设备不小于0.6m；中型设备不小于0.8m；大型设备（运输线视同）不小于1.1m。

（4）高于2m的运输线应有牢固护罩（网）。

（二）工位器具、工件、材料摆放

（1）工作场所原材料、半成品、成品及工具柜等应摆放整齐，平衡可靠。

（2）各种工位器具、专用工模、夹具等应牢固可靠，符合安全技术要求。

（3）产品、坯料等应限量存放，不得妨碍操作。

（4）工件、材料等应堆放整齐，高度不得超过2m，高比宽不大于2:1。

（三）生产区域地面状态

（1）车间安全通道应以醒目的划线界定。

（2）车间人行通道宽度不小于1m，车行通道宽度不小于1.8m。

（3）保证通道畅通，不得堵塞或侵占。

（4）为生产设置的坑、壕、池等应有牢固的防护栏或盖板，夜间应有照明。

（5）作业场所的工业垃圾、污油、污水及污物应及时清理干净。

（6）人行通道及空地应平坦，无绊脚物。如有绊脚物，应设置醒目标志或防护措施。

（四）防尘、防毒（含物理因素）设备设施

（1）防尘、防毒设备应完好，能正常运转，排尘排毒效果好。

（2）主管道和支管道应无破裂、泄漏。

（3）集尘（毒）风罩应完好、有效。

（4）闸板应灵活可靠，无破损。

（5）滤料（或元件）及时清洗更换，保证完好有效。

（6）不产生严重的二次扬尘（毒）。

(7) 防尘、防毒设备设施的合格率指标应按设备维护保养完好率考核。

(8) 电离辐射、微波和高温等物理因素作业点的防护设施及操作者防护用品应完好，符合标准。

（五）工业噪声

(1) 生产区域和作业场所的噪声要符合标准规定，超过标准要限期整改。

(2) 对产生噪声的生产过程和设备，工艺部门设计时要采用新技术、新工艺、新设备、新材料以及机械化、自动化、密闭化措施，用低噪声的设备和工艺代替强声的设备和工艺，从声源上根治噪声。

(3) 新建、改建、扩建、引进工程项目及采用新技术、新工艺、新设备、新材料的噪声控制，必须严格执行"三同时"评审。没有评审或评审不合格的一律不准施工和投产。现有场所噪声超过标准规定的生产车间和生产场所，必须采取行之有效的控制措施，限期达到标准要求。在未达标前，可发放个人防护用品，以保障职工健康。

（六）安全标志

安全标志分为禁止标志、警告标志、指令标志、提示标志 4 类，见表 3-15。

表 3-15 安全标志分类

类型	颜色	图形	示例
禁止标志	安全色为红色，对比色为白色、黑色，白色衬底，红色边框和斜杠	圆形	禁止烟火
警告标志	安全色为黄色，对比色为黑色，黄色衬底，黑色边框	三角形	当心高温表面
指令标志	安全色为蓝色，对比色为白色，蓝色衬底	圆形	必须戴安全帽
提示标志	安全色为绿色，对比色为白色，白色图形，绿色衬底	正方形边框	可动火区 FLARE UP REGION

（七）使用有毒物品作业场所警示标识的设置

在使用有毒物品作业场所入口或作业场所的显著位置，根据需要设置"当心中毒"或者"当心有毒气体"警告标识，"戴防毒面具""穿防护服""注意通风"等指令标识和"紧急出口""救援电话"等提示标识。

（1）根据《高毒物品目录》，在使用高毒物品作业岗位醒目位置设置《告知卡》。

在高毒物品作业场所，设置红色警示线。在一般有毒物品作业场所，设置黄色警示线。警示线设在使用有毒作业场所外缘不少于30cm处。

在高毒物品作业场所应急撤离通道设置紧急出口提示标识。在泄险区启用时，设置"禁止入内""禁止停留"禁止标识，并加注必要的警示语句。

可能产生职业病危害的设备发生故障时，或者维修、检修存在有毒物品的生产装置时，根据现场实际情况设置"禁止启动"或"禁止入内"禁止标识，可加注必要的警示语句。

（2）其他职业病危害工作场所警示标识的设置。

在产生粉尘的作业场所，设置"注意防尘"警告标识和"戴防尘口罩"指令标识。

在可能产生职业性灼伤和腐蚀的作业场所，设置"当心腐蚀"警告标识和"穿防护服""戴防护手套""穿防护鞋"等指令标识。

在产生噪声的作业场所，设置"噪声有害"警告标识和"戴护耳器"指令标识。

在高温作业场所，设置"注意高温"警告标识。

在可引起电光性眼炎的作业场所，设置"当心弧光"警告标识和"戴防护镜"指令标识。

在生物性职业病危害因素的作业场所，设置"当心感染"警告标识和相应的指令标识。

在放射性同位素和使用放射性装置的作业场所，设置"当心电离辐射"警告标识和相应的指令标识。

（3）《告知卡》。

《告知卡》是设置在使用高毒物品作业岗位醒目位置上的一种警示，它以简洁的图形和文字，将作业岗位上所接触到的有毒物品的危害性告知劳动者，并提醒劳动者采取相应的预防和处理措施。

《告知卡》包括有毒物品的通用提示栏、有毒物品名称、健康危害、警告标识、指令标识、应急处理和理化特性等内容。

> ·典型例题·

1. 根据《生产过程危险和有害因素分类与代码》，将生产作业环境的危险和有害因素分为4大类，下列属于室内作业场所环境不良的是（   ）。

    A. 作业场地湿度不适

    B. 采光照明不良

    C. 门和围栏缺陷

    D. 强迫体位

【解析】作业场地湿度不适、门和围栏缺陷属于室外作业场所环境不良，强迫体位属于其他作业环境不良。

2.《生产过程危险和有害因素分类与代码》将室外作业场所环境不良、室内作业场所环境不良、地下（含水下）作业环境不良、其他作业环境不良进行了分类。根据该标准，下列危险和有害因素中，不属于室外作业场所环境不良的是（　　）。

A. 作业场地基础下沉　　　　　　　　B. 建筑物结构缺陷
C. 作业场地涌水　　　　　　　　　　D. 冲击地压

【解析】冲击地压属于地下（含水下）作业环境不良。

3. 下列关于危险作业固有特点的说法，错误的是（　　）。
A. 危险作业时发生事故有较高的可能性
B. 危险作业造成的后果有较大的危害性
C. 危险作业的事故风险具有一定的不可控性
D. 危险作业的危害范围具有一定的不确定性

【解析】危险作业的固有特点：①危险作业造成的后果有较大的危害性；②危险作业的事故风险具有一定的不可控性；③危险作业的危害范围具有一定的不确定性。

4. 根据《安全标示及其使用导则》，工作场所传递安全信息的 4 类安全标志可分为（　　）。
A. 禁止标识、警告标识、指令标识、警示线
B. 禁止标识、警告标识、指令标识、提示标识
C. 限制标识、警示标识、提示标识、导向标识
D. 限制标识、警告标识、指令标识、警示线

【解析】根据《安全标示及其使用导则》，工作场所传递安全信息的安全标志可分为禁止标识、警告标识、指令标识、提示标识 4 类。

5. 为了提醒人们注意周围环境，以避免可能发生的事故，某冶金企业在煤气管道的排水器周边设置了"当心中毒"的标识，根据《工作场所职业病危害警示标识》，该标识属于（　　）标识。
A. 限制　　　　　　　　　　　　　　B. 警告
C. 提示　　　　　　　　　　　　　　D. 指令

【解析】警告标识：提醒对周围环境需要注意，以避免可能发生危险的图形，如"当心中毒"标识。

6. 在开关上接引、拆除临时用电线路时，其上级开关应断电上锁并加挂安全警示标牌，该安全警示标牌应为（　　）。
A. 禁止合闸　　　　　　　　　　　　B. 当心触电
C. 注意安全　　　　　　　　　　　　D. 必须戴绝缘手套

【解析】接引、拆除临时用电线路，上级电路应保持在断电状态，误合开关极易造成触电，因此应在断电开关处加挂"禁止合闸"警告标识。本题中其他选项均属于易发生触电场所常挂标识。

答案：1.B　2.D　3.A　4.B　5.B　6.A

第十五节 危险化学品重大危险源

一、辨识重大危险源

根据我国国家标准《危险化学品重大危险源辨识》(GB 18218—2021),危险化学品重大危险源的辨识依据是危险化学品的危险特性及其数量。

单元涉及危险化学品的生产、储存装置、设施或场所,分为生产单元和储存单元。

(1) 生产单元:危险化学品的生产、加工及使用等的装置及设施,当装置及设施之间有切断阀时,以切断阀作为分隔界限划分为独立的单元。

(2) 储存单元:用于储存危险化学品的储罐或仓库组成的相对独立的区域。储罐区以罐区防火堤为界限划分为独立的单元,仓库以独立库房(独立建筑物)为界限划分为独立的单元。

单元内存在的危险化学品的数量根据危险化学品种类的多少区分为以下两种情况:

(1) 生产单元、储存单元内存在的危险化学品为单一品种时,该危险化学品的数量即为单元内危险化学品的总量,若等于或超过相应的临界量,则定为重大危险源。

(2) 生产单元、储存单元内存在的危险化学品为多品种时,按下式计算,若满足该式,则定为重大危险源:

$$S = \frac{q_1}{Q_1} + \frac{q_2}{Q_2} + \cdots + \frac{q_n}{Q_n} \geqslant 1$$

式中,q_1,q_2,…,q_n——每种危险化学品的实际存在量,单位为吨(t);

Q_1,Q_2,…,Q_n——与每种危险化学品相对应的临界量,单位为吨(t)。

二、重大危险源的分级计算方式

采用单元内各种危险化学品实际存在量与其相对应的临界量比值,经校正系数校正后的比值之和 R 作为分级指标。

重大危险源的分级指标按下式计算:

$$R = \alpha \left(\beta_1 \frac{q_1}{Q_1} + \beta_2 \frac{q_2}{Q_2} + \cdots + \beta_n \frac{q_n}{Q_n} \right)$$

式中,R——重大危险源分级指标;

α——该危险化学品重大危险源厂区外暴露人员的校正系数;

β_1,β_2,…,β_n——与每种危险化学品相对应的校正系数;

q_1,q_2,…,q_n——每种危险化学品的实际存在量,单位为吨(t);

Q_1,Q_2,…,Q_n——与每种危险化学品相对应的临界量,单位为吨(t)。

根据单元内危险化学品的类别不同,设定校正系数 β 值。

三、重大危险源分级标准

根据计算出来的 R 值,按表 3-16 确定危险化学品重大危险源的级别。

表 3-16　重大危险源级别和 R 值的对应关系

重大危险源级别	R 值
一级	$R \geqslant 100$
二级	$100 > R \geqslant 50$
三级	$50 > R \geqslant 10$
四级	$R < 10$

四、我国关于重大危险源管理的法律法规要求

《危险化学品安全管理条例》第二十五条规定，对剧毒化学品以及储存数量构成重大危险源的其他危险化学品，储存单位应当将其储存数量、储存地点以及管理人员的情况，报所在地县级人民政府安全生产监督管理部门（在港区内储存的，报港口行政管理部门）和公安机关备案。

《危险化学品安全管理条例》第六十七条规定，危险化学品生产企业、进口企业，应当向国务院安全生产监督管理部门负责危险化学品登记的机构（以下简称危险化学品登记机构）办理危险化学品登记。

对同一企业生产、进口的同一品种的危险化学品，不进行重复登记。危险化学品生产企业、进口企业发现其生产、进口的危险化学品有新的危险特性的，应当及时向危险化学品登记机构办理登记内容变更手续。

危险化学品登记的具体办法由国务院安全生产监督管理部门制定。

《危险化学品安全管理条例》第十九条规定，危险化学品生产装置或者储存数量构成重大危险源的危险化学品储存设施（运输工具加油站、加气站除外），与下列场所、设施、区域的距离应当符合国家有关规定：

（1）居住区以及商业中心、公园等人员密集场所。

（2）学校、医院、影剧院、体育场（馆）等公共设施。

（3）饮用水源、水厂以及水源保护区。

（4）车站、码头（依法经许可从事危险化学品装卸作业的除外）、机场以及通信干线、通信枢纽、铁路线路、道路交通干线、水路交通干线、地铁风亭以及地铁站出入口。

（5）基本农田保护区、基本草原、畜禽遗传资源保护区、畜禽规模化养殖场（养殖小区）、渔业水域以及种子、种畜禽、水产苗种生产基地。

（6）河流、湖泊、风景名胜区、自然保护区。

（7）军事禁区、军事管理区。

（8）法律、行政法规规定的其他场所、设施、区域。

已建的危险化学品生产装置或者储存数量构成重大危险源的危险化学品储存设施不符合前款规定的，由所在地设区的市级人民政府安全生产监督管理部门会同有关部门监督其所属单位在规定期限内进行整改；需要转产、停产、搬迁、关闭的，由本级人民政府决定并组织实施。

储存数量构成重大危险源的危险化学品储存设施的选址，应当避开地震活动断层和容易发生洪灾、地质灾害的区域。

该条例所称重大危险源，是指生产、储存、使用或者搬运危险化学品，且危险化学品的数量等于或者超过临界量的单元（包括场所和设施）。

《中华人民共和国安全生产法》第四十条规定，生产经营单位对重大危险源应当登记建档，进行定期检测、评估、监控，并制定应急预案，告知从业人员和相关人员在紧急情况下应当采

取的应急措施。

生产经营单位应当按照国家有关规定将本单位重大危险源及有关安全措施、应急措施报有关地方人民政府应急管理部门和有关部门备案。有关地方人民政府应急管理部门和有关部门应当通过相关信息系统实现信息共享。

《国务院关于进一步加强安全生产工作的决定》（国发〔2004〕2号）要求，搞好重大危险源的普查登记，加强国家、省（区、市）、市（地）、县（市）四级重大危险源监控工作，建立应急救援预案和生产安全预警机制。

《危险化学品重大危险源监督管理暂行规定》第四条规定，危险化学品单位是本单位重大危险源安全管理的责任主体，其主要负责人对本单位的重大危险源安全管理工作负责，并保证重大危险源安全生产所必需的安全投入。

第五条规定，重大危险源的安全监督管理实行属地监管与分级管理相结合的原则。

县级以上地方人民政府应急管理部门按照有关法律、法规、标准和本规定，对本辖区内的重大危险源实施安全监督管理。

第八条规定，危险化学品单位应当对重大危险源进行安全评估并确定重大危险源等级。危险化学品单位可以组织本单位的注册安全工程师、技术人员或者聘请有关专家进行安全评估，也可以委托具有相应资质的安全评价机构进行安全评估。

依照法律、行政法规的规定，危险化学品单位需要进行安全评价的，重大危险源安全评估可以与本单位的安全评价一起进行，以安全评价报告代替安全评估报告，也可以单独进行重大危险源安全评估。

重大危险源根据其危险程度，分为一级、二级、三级和四级，一级为最高级别。

第十一条规定，有下列情形之一的，危险化学品单位应当对重大危险源重新进行辨识、安全评估及分级：

(1) 重大危险源安全评估已满三年的。

(2) 构成重大危险源的装置、设施或者场所进行新建、改建、扩建的。

(3) 危险化学品种类、数量、生产、使用工艺或者储存方式及重要设备、设施等发生变化，影响重大危险源级别或者风险程度的。

(4) 外界生产安全环境因素发生变化，影响重大危险源级别和风险程度的。

(5) 发生危险化学品事故造成人员死亡，或者10人以上受伤，或者影响到公共安全的。

(6) 有关重大危险源辨识和安全评估的国家标准、行业标准发生变化的。

第二十一条规定，危险化学品单位应当制定重大危险源事故应急预案演练计划，并按照下列要求进行事故应急预案演练：

(1) 对重大危险源专项应急预案，每年至少进行一次。

(2) 对重大危险源现场处置方案，每半年至少进行一次。

应急预案演练结束后，危险化学品单位应当对应急预案演练效果进行评估，撰写应急预案演练评估报告，分析存在的问题，对应急预案提出修订意见，并及时修订完善。

《危险化学品企业重大危险源安全包保责任制办法（试行）》（以下简称《办法》）规定，危险化学品企业应当明确本企业每一处重大危险源的主要负责人、技术负责人和操作负责人，从总体管理、技术管理、操作管理三个层面对重大危险源实行安全包保。并规定了实施全面、透明、公开的管理措施。危险化学品企业应当在重大危险源安全警示标志位置设立公示牌，写明重大危险源的主要负责人、技术负责人、操作负责人姓名、对应的安全包保职责及联系方式，接受员工监督。重大危险源安全包保责任人、联系方式应当录入全国危险化学品登记信息管理系统，并向所在地应急管理部门报备，相关信息变更的，应当于变更后5日内在全国危险化学品登记信息管理系统中更新。并按照有关要求，向社会承诺公告重大危险源安全风险管控情况，在安全承诺公告牌企业承诺内容中增加落实重大危险源安全包保责任的相关内容。建立包保责任人安全包保履职记录，企业的安全管理机构应当对包保责任人履职情况进行评估，纳入企业安全生产责任制考核与绩效管理。

《办法》规定，地方各级应急管理部门应当完善危险化学品安全生产风险监测预警机制，保证重大危险源预警信息能够及时推送给对应的安全包保责任人。地方各级应急管理部门应当运用危险化学品安全生产风险监测预警系统，加强对重大危险源安全运行情况的在线巡查抽查，将重大危险源安全包保责任制落实情况纳入监督检查范畴。危险化学品企业未按照相关要求对重大危险源安全进行监测监控的，未明确重大危险源中关键装置、重点部位的责任人的，未对重大危险源的安全生产状况进行定期检查、采取措施消除事故隐患的，以及存在其他违法违规行为的，由县级以上应急管理部门依法依规查处；有关责任人员构成犯罪的，依法追究刑事责任。

五、重特大事故预防控制技术支撑体系框架

（一）重大危险源的辨识登记、申报或普查

在开展重大危险源辨识登记的同时，要进行隐患排查工作，即查找和确认是否存在人的不安全行为、物的不安全状态和管理上的缺陷。如果重大危险源已产生隐患，则必须立即整改或治理，并按法规标准进行评审和验收。对受技术或其他条件限制，不能立即整改治理的重大事故隐患，必须在安全评价基础上，强化安全管理、监控和应急措施等风险控制措施。

（二）重大危险源安全（风险）评价

应尽可能采用定量风险评价方法对重大危险源和重大事故隐患的危险程度、可能发生的重特大事故的影响范围进行分级。

企业应在规定的期限内对已辨识和评价的重大危险源向政府主管部门提交安全评价报告。如属新建的重大危险设施，则应在其初步设计审查之前提交安全预评价报告。

（三）企业对重大危险源的监控和管理

有条件的企业应建立实时监控预警系统，对危险源的安全状况进行实时监控，严密监视可能使危险源的安全状态向隐患和事故状态转化的各种参数的变化趋势，及时发出预警信息，将事故消灭在萌芽状态。

（四）应急救援系统

应急救援系统是重特大事故预防控制技术支撑体系的重要组成部分。企业应负责建立现场应急救援系统，定期检验和评估现场应急救援系统预案和程序的有效程度，并在必要时进行修订。场外应急救援系统由政府安全监管部门根据企业上报的安全评价报告和预案等有关材料建立。应急救援预案应提出详尽、实用、清楚和有效的技术与组织措施。应确保职工和相关居民充分了解发生重特大事故时需要采取的应急措施，每隔适当的时间应修订和重新发放应急救援预案及宣传材料。

（五）土地使用与厂矿选址安全规划

政府主管部门应制定综合性的土地使用安全规划政策，确保重大危险源与居民区、其他工作场所、机场、水库及其他危险源和公共设施安全隔离。我国的工业化、城市化不能因为缺乏安全规划，走入"盲目建设—搬迁＋再盲目建设—再搬迁"的恶性循环。企业应在厂矿选址、

项目规划和设计、工厂布局设计等规划源头落实事故预防措施。

（六）重大危险源和重大事故隐患的监督监察

根据重大危险源和重大事故隐患申报和普查、评价结果，按危险严重程度级别，建立基于GIS、GPS的国家、省、市、县四级重大危险源和重大事故隐患安全监管信息系统。突出重点，分级分类对重大危险源和重大事故隐患进行安全监督监察。

六、重大危险源评价

对广大生产企业而言，及时识别及正确对待危险源，运用科学及现代化的手段，加强安全生产管理，建立一个内容全面的安全评价体系对高风险危险源进行专项管理，可以有效地预防和减少因对高危因素忽视或防护不当引起的安全事故，实现"隐患早发现，事故早预防，违章早纠正"的目的，为企业实现安全预警，建立风险评价体系提供指导。

（一）评价单元的划分

重大危险源评价以危险单元作为评价对象。

一般把装置的一个独立部分称为单元，并以此来划分单元。每个单元都有一定的功能特点，如原料供应区、反应区、产品蒸馏区、吸收或洗涤区、成品或半成品储存区、运输装卸区、催化剂处理区、副产品处理区、废液处理区、配管桥区等。

在一个共同厂房内的装置可以划分为一个单元；在一个共同堤坝内的全部储罐也可划分为一个单元；铺设地上的管道不作为独立的单元处理，但配管桥区例外。

（二）评价模型的层次结构

根据安全工程学的一般原理，危险性定义为事故频率与事故后果严重程度的乘积，即危险性评价一方面取决于事故的易发性，另一方面取决于一旦发生事故，其后果的严重性。现实危险性不仅取决于由生产物质的特定物质危险性和生产工艺的特定工艺过程危险性所决定的生产单元的固有危险性，而且还同各种人为管理因素及防灾措施综合效果有密切关系。

（三）数学模型

现实危险性评价数学模型如下：

$$A = \left\{ \sum_{i=1}^{n} \sum_{j=1}^{m} (B_{111})_i W_{ij} (B_{112})_j \right\} \times B_{12} \times \prod_{k=1}^{3} (1 - B_{2k})$$

式中，A——现实危险性；

$(B_{111})_i$——第 i 种物质危险性的评价值；

$(B_{112})_j$——第 j 种工艺危险性的评价值；

W_{ij}——第 j 种工艺与第 i 种物质危险性的相关系数；

B_{12}——事故严重度评价值。

（四）危险物质事故易发性 B_{111} 的评价

具有燃烧爆炸性质的危险物质可分为 7 大类：①爆炸性物质；②气体燃烧性物质；③液体燃烧性物质；④固体燃烧性物质；⑤自燃物质；⑥遇水易燃物质；⑦氧化性物质。

每类物质根据其总体危险感度给出权重分；每种物质根据其与反应感度有关的理化参数值给出状态分；权重分与状态分的乘积即为该类物质危险感度的评价值，亦即危险物质事故易发性的评分值。

考虑到毒物扩散的危险性，危险物质分类中将毒性物质定义为第 8 种危险物质。一种危险物质可以同时属于易燃易爆 7 大类中的一类，又属于第 8 类。

对于毒性物质,其危险物质事故易发性主要取决于下列4个参数:①毒性等级;②物质的状态;③气味;④重度。

毒性大的物质,即使微量扩散也能酿成事故,气相毒物比液相毒物更容易酿成事故。重度大的毒物泄漏后不易向上扩散,因而容易造成中毒事故。

(五) 工艺过程事故易发性 B_{112} 的评价及工艺物质危险性相关系数的确定

工艺过程事故易发性的影响因素确定为21项,分别是放热反应、吸热反应、物料处理、物料储存、操作方式、粉尘生成、低温条件、高温条件、高压条件、特殊的操作条件、腐蚀、泄漏、设备因素、密闭单元、工艺布置、明火、摩擦与冲击、高温体、电器火花、静电、毒物出料及输送。最后一种工艺因素仅与含毒性物质有相关关系。

同一种工艺条件对于不同类别的危险物质所体现的危险程度是不相同的,因此必须确定相关系数。相关系数 W_{ij} 可以分为5级:

A级:关系密切,$W_{ij}=0.9$。

B级:关系大,$W_{ij}=0.7$。

C级:关系一般,$W_{ij}=0.5$。

D级:关系小,$W_{ij}=0.2$。

E级:没有关系,$W_{ij}=0$。

(六) 事故严重度评价

若在企业生产经营过程中发生了事故,需要安全监管部门对发生的事故进行综合分析评价定级,分析事故发生的原因,总结经验教训,在今后的生产经营活动中最大限度地避免发生类似事故。事故的影响主要包括经济损失、人员伤亡情况、社会影响等方面。发生事故的严重程度可以用产生的经济损失来衡量,人员伤亡需要区分人员死亡数、重伤数以及轻伤数。经济损失包括设备、物资物料、房屋不动产等方面的损失,根据事故中被破坏的程度来定级。在描述事故形态时,可以遵循两个原则:

(1) 最大危险原则。若一种危险物品具有多种事故形态,且它们的事故后果相差悬殊,则按事故最严重形态来衡量。

(2) 概率求和原则。如果一种危险物品具有多种事故形态,且它们的事故后果相差不悬殊,则按统计平均原理来估计事故的后果。

在本评价方法中使用下面的折算公式:

$$S=C+20(N_1+0.5\times N_2+105/6\,000 N_3)$$

式中,S——事故严重度,万元;

C——事故中财产损失的评估值,万元;

N_1、N_2、N_3——事故中人员死亡、重伤、轻伤人数的评估值。

(七) 危险性抵消因子

在本评价方法中,工艺、设备、容器和建筑结构抵消因子由23个指标组成评价指标集;安全管理状况由11类72个指标组成评价指标集;危险岗位操作人员素质由4项指标组成评价指标集。

大量事故统计表明,工艺设备故障、人的误操作和生产安全管理上的缺陷是引发事故发生的3大原因。还有很少一部分事故是由上述3种原因以外的原因(自然灾害或其他单元事故牵连)引发的。

(八) 危险性分级与危险控制程度分级

用 $A^*=\lg(B_1^*)$ 作为危险源分级标准,式中 B_1^* 是以10万元为缩尺单位的单元固有危险性的评分值。

单元综合抵消因子的值愈小，说明单元现实危险性与单元固有危险性比值愈小，即单元内危险性的受控程度愈高。因此，可以用单元综合抵消因子值的大小说明该单元安全管理与控制的绩效。一般说来，单元的危险性级别愈高，要求的受控级别也应愈高。

各级重大危险源应达到的受控标准是：一级危险源在 A 级以上；二级危险源在 B 级以上；三级和四级危险源在 C 级以上。各重大危险源受控标准见表 3-17。

表 3-17 各重大危险源受控标准

用 $A^* = \lg(B_1^*)$ 作为危险源分级标准		单元的危险性级别愈高，要求的受控级别也应愈高	
一级重大危险源	$A^* \geq 3.5$	A 级	$B_2 \leq 0.001$
二级重大危险源	$2.5 \leq A^* < 3.5$	B 级	$0.001 < B_2 \leq 0.01$
三级重大危险源	$1.5 \leq A^* < 2.5$	C 级	$0.01 < B_2 \leq 0.1$
四级重大危险源	$A^* < 1.5$	D 级	$B_2 > 0.1$

七、重大危险源的监控监管

安全监督管理部门应建立重大危险源分级监督管理体系，建立重大危险源宏观监控信息网络，实施重大危险源的宏观监控与管理，最终建立和健全重大危险源的管理制度和监控手段。

生产经营单位应对重大危险源建立实时的监控预警系统。

（一）重大危险源监管的主要思路

安全生产重大危险源风险预警应建立政府层面、企业层面、行业层面和社会层面的安全生产风险防控体系，依靠政府（特别是应急管理部门）的安全监管、生产经营单位的排查辨识、行业自律和第三方专业机构的专业评估，构建安全风险分级管控和隐患排查治理双重预防机制，从而有效防范重特大安全生产事故发生，如图 3-6 所示。

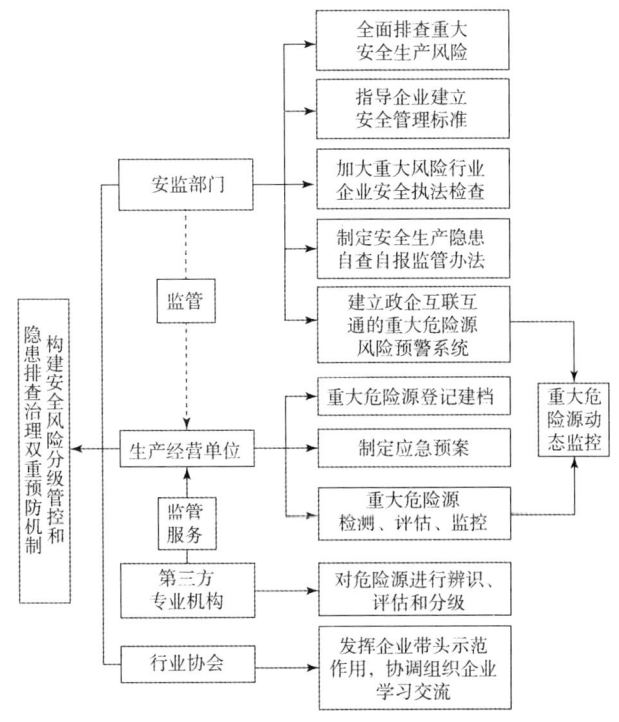

图 3-6 构建安全风险分级管控和隐患排查治理双重预防机制

（二）重大危险源实时监控预警技术

1. 计算机控制系统的组成原理

重大危险源计算机实时监控预警系统的主体框架如图 3-7 所示。

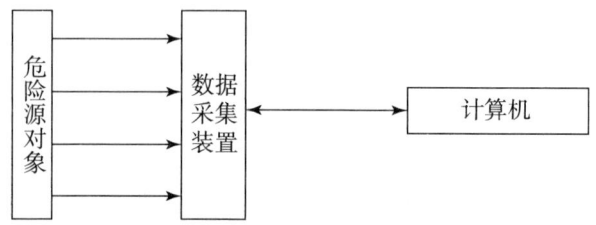

图 3-7　重大危险源计算机实时监控预警系统主体框架

危险源对象是指工业生产过程中所需的，以及各种生产场所拥有的设施和设备，如罐区、库区、生产场所等对象。这些对象有各种易燃易爆、毒性等危险物质，对安全生产和人身安全构成了极大的威胁。他们的特性参数是重大危险源监控预警系统所需要关注的主要参数。将这些参数进行数据采集，转换成计算机所能识别的信号，利用计算机对重大危险源进行监测、监视、预警和控制，预防重大事故的发生，实现生产安全。

要达到重大危险源的自动监测和自动控制的目的，还应将计算机计算出的结果动态反馈到危险源对象上去，由执行机构对危险源对象的各种参数进行控制，使之运行在安全范围之内。计算机控制系统的典型结构如图 3-8 所示。

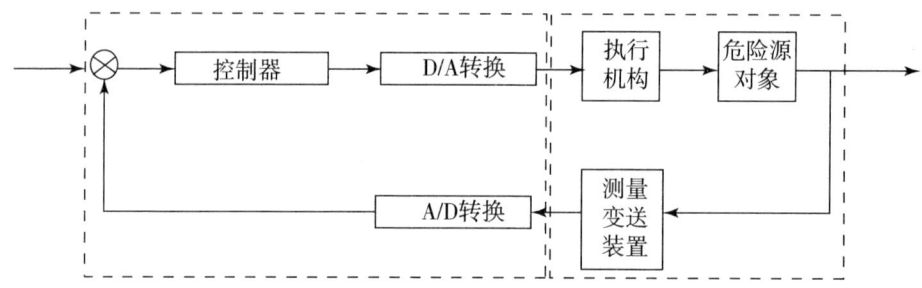

图 3-8　计算机控制系统的典型结构

众所周知，图中工业生产过程特性的物理参数（危险源对象）大部分是模拟信号，或者是开关量信号，而计算机采用的是数字信号。为此，二者之间必须采用模/数转换器（A/D）和数/模转换器（D/A），以实现这两种信号之间的转换。尽管各种工业生产过程、危险源对象多种多样，但对其实施控制的计算机却大同小异。

2. 危险源数据采集系统

应用系统安全工程的理论、观点和方法，结合过程控制、自动检测、传感器、计算机仿真、数据传输和网络通信等理论与实践技术，构成易燃易爆、有毒重大危险源监控预警系统。

首先从危险源数据采集系统开始，分析哪些因素是造成事故的原因，找到需要采集的危险源对象和参数。

将标准信号通过数据采集装置，转换成计算机能够识别的数字信号，用于控制或预警系统的后处理。

数据采集装置可以是数据采集卡、单片机和 PLC。它往往可以同时采集多路标准信号。如果需采集的标准信号很多，也可以选用多个数据采集装置。

有的系统需要采用数据采集装置所采集来的数据，且监控计算机可能与数据采集装置相距很远，因而需要采用远距离通信技术将数据采集装置采集的数字信号传送到较远的监控计算机上。必要的时候，还要采用网络技术，将其连成局域网。整个数据采集系统采取分布式层级结构，如图 3-9 所示。

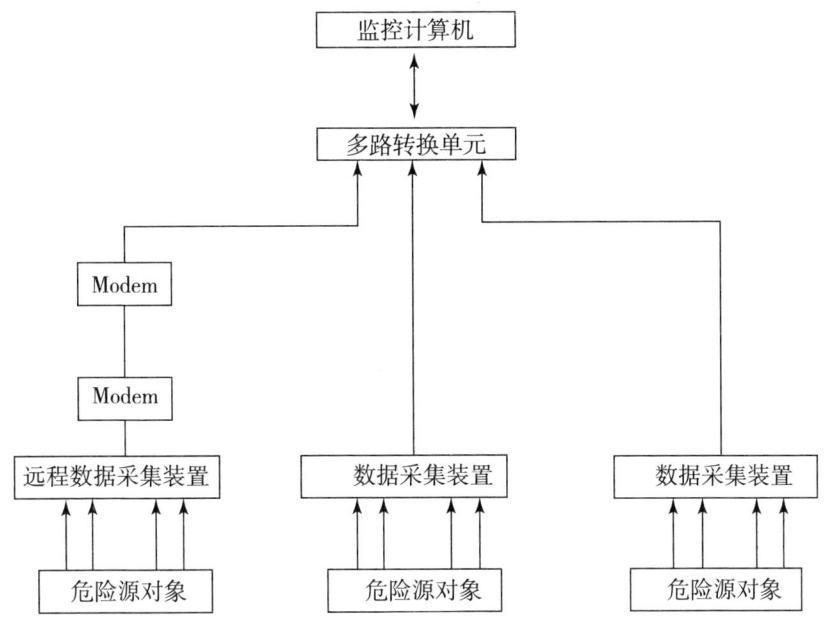

图 3-9 数据采集系统结构框架图

3. 计算机监控预警系统

重大危险源对象大多数时间运行在安全状况下，监控预警系统的目的主要是监视其正常情况下危险源对象的运行情况及状态，并对其实时和历史趋势做一个整体评判，对系统的下一时刻做出一种超前（或提前）的预警行为。因此，在正常工况下和非正常工况下应该有对危险源对象及参数的记录显示、报表等功能。

（1）正常运行阶段。在正常工况下，危险源运行模拟流程进行主要参数（温度、压力、浓度、油/水界面、泄漏检测传感器输出等）的数据显示、报表、超限报警，并根据临界状态数据自动判断是否转入应急控制程序。

（2）事故临界状态。当被实时监测的危险源对象的各种参数超出正常值的界限时，如不采取应急控制措施，就会引发火灾、爆炸及重大毒物泄漏事故。在这种状态下，监控系统一方面给出声、光或语言报警信息，由应急决策系统显示排除故障系统的操作步骤，指导操作人员正确、迅速恢复正常工况，同时发出应急控制指令（例如，条件具备时可自动开启喷淋装置，使危险源对象降温，自动开启泄放阀降压，关闭进料阀制止液位上升等）；或者当可燃气体传感器检测到危险源对象周围空气中的可燃气体浓度达到阈值时，监控预警系统将及时报警，同时还能根据检测的可燃气体的浓度及气象参数（风速、风向、气温、气压、湿度等）传感器的输出信息，快速绘制出混合气云团在电子地图上的覆盖区域、浓度预测值，以便采取相应的措施，防止火灾、毒物的进一步扩大。

（3）事故初始阶段。如果上述预防措施全部失效，或因其他原因致使危险源及周边空间起火，为及时控制火势，应与消防措施结合，可从两个方面采取补救措施：①应用早期火灾智能探测与空间定位系统及时报告火灾发生的准确位置，以便迅速扑救；②自动启动应急控制系统，将事故抑制在萌芽状态。

典型例题

1. 根据《危险化学品重大危险源监督管理暂行规定》，危险化学品单位（　　）的，应当对重大危险源重新进行辨识、安全评估及分级。

A. 重大危险源安全评估已满两年
B. 法定代表人发生变更
C. 外界生产安全环境因素发生变化，影响重大危险源级别和风险程度
D. 发生危险化学品事故造成 5 人以上受伤

【解析】《危险化学品重大危险源监督管理暂行规定》第十一条规定，有下列情形之一的，危险化学品单位应当对重大危险源重新进行辨识、安全评估及分级：①重大危险源安全评估已满三年的；②构成重大危险源的装置、设施或者场所进行新建、改建、扩建的；③危险化学品种类、数量、生产、使用工艺或者储存方式及重要设备、设施等发生变化，影响重大危险源级别或者风险程度的；④外界生产安全环境因素发生变化，影响重大危险源级别和风险程度的；⑤发生危险化学品事故造成人员死亡，或者 10 人以上受伤，或者影响到公共安全的；⑥有关重大危险源辨识和安全评估的国家标准、行业标准发生变化的。

2. 根据《危险化学品重大危险源监督管理暂行规定》，危险化学品单位应当对重大危险源进行辨识、评估以及等级划分。下列关于重大危险源管理的表述中，正确的是（　　）。

A. 根据危险程度将重大危险源划分为三级，一级最高
B. 重大危险源安全评估已满三年的，应当重新进行辨识、评估和分级
C. 根据危险程度将重大危险源划分为三级，三级最高
D. 发生危险化学品事故造成 3 人以上受伤的，应当重新进行辨识、评估和分级

【解析】选项 A、C 错误，根据危险程度将重大危险源划分为四级，一级最高，四级最低。选项 B 正确，选项 D 错误，《危险化学品重大危险源监督管理暂行规定》第十一条规定，有下列情形之一的，危险化学品单位应当对重大危险源重新进行辨识、安全评估及分级：①重大危险源安全评估已满三年的；②构成重大危险源的装置、设施或者场所进行新建、改建、扩建的；③危险化学品种类、数量、生产、使用工艺或者储存方式及重要设备、设施等发生变化，影响重大危险源级别或者风险程度的；④外界生产安全环境因素发生变化，影响重大危险源级别和风险程度的；⑤发生危险化学品事故造成人员死亡，或者 10 人以上受伤，或者影响到公共安全的；⑥有关重大危险源辨识和安全评估的国家标准、行业标准发生变化的。

3. 根据《危险化学品重大危险源辨识》，涉及危险化学品的生产、储存装置、设施和场所，分为生产单元和储存单元，独立的生产单元是以（　　）作为分隔界限。

A. 球阀
B. 蝶阀
C. 切断阀
D. 止逆阀

【解析】危险化学品的生产、加工及使用等的装置及设施，当装置及设置之间有切断阀时，以切断阀作为分隔界限划分为独立的单元。

4. 根据《危险化学品重大危险源辨识》，涉及危险化学品的生产、储存装置、设施和场所，分为生产单元和储存单元。下列关于储存单元分隔界限的说法，正确的是（　　）。

A. 储罐区以防火堤为界限
B. 储罐区以警戒线为界限
C. 仓库以警戒线为界限
D. 仓库以排水沟为界限

【解析】用于储存危险化学品的储罐或仓库组成的相对独立的区域，储罐区以罐区防火堤为界限划分为独立的单元，仓库以独立库房（独立建筑物）为界限划分为独立的单元。

5. 某危险化学品企业有 A、B、C、D 四个库房，分别存放不同类别的危险化学品，各库房为独立库房，且库房之间的间距很远，其中 A 库房内存有 8t 乙醇、5t 甲醇，B 库房内存有

12t乙醚，C库房内存有0.3t硝化甘油，D库房内存有0.5t苯。根据下表给出的临界量，四个库房中，构成重大危险源的是（　　）。

危险化学品名称	临界量/t	危险化学品名称	临界量/t
三硝基甲苯	5	甲醇	500
硝化甘油	1	乙醇	500
硝化纤维素	10	苯	50
汽油	200	乙醚	10

A．A库房 B．B库房 C．C库房 D．D库房

【解析】$S=q_1/Q_1=12/10=1.2>1$，B库房构成重大危险源。

6．如果一种危险物具有多种事故形态，且它们的事故后果相近，则按统计平均原理估计事故后果，这种评价事故后果的原则是（　　）。

A．最大危险原则　　　　　　　　B．概率求和原则
C．平均概率原则　　　　　　　　D．最小伤害原则

【解析】概率求和原则：如果一种危险物具有多种事故形态，且它们的事故后果相差不大，则按统计平均原理估计事故后果。

7．某储罐区有汽油和苯储罐各一个，其临界量分别是200t和50t。根据《危险化学品重大危险源辨识》规定，下列储罐区构成重大危险源的是（　　）。

A．最大储量10t的汽油储罐和最大储量20t的苯储罐
B．最大储量10t的汽油储罐和最大储量40t的苯储罐
C．最大储量15t的汽油储罐和最大储量20t的苯储罐
D．最大储量15t的汽油储罐和最大储量60t的苯储罐

【解析】$S=15/200+60/50>1$，选项D构成重大危险源。注意，危险化学品储罐以及其他容器、设备或仓储区的危险化学品的实际存在量按设计最大量确定。

8．某危险化学品罐区位于人口相对稀少的空旷地带，罐区500m范围内有一村庄，现常住人口70~90人。该罐区存有550t丙酮、12t环氧丙烷、600t甲醇。危险化学品名称及其临界量见下表。重大危险源分级指标$R=\alpha\sum\beta\dfrac{q}{Q}$，其中，$q$——某种危险化学品实际存在量（t），$Q$——与每种危险化学品相对应的临界量（t）。据此，该罐区危险化学品重大危险源分级指标R值是（　　）。

序号	类别	危险化学品名称和说明	临界量/t
1	易燃液体	丙酮	500
2	易燃液体	环氧丙烷	10
3	易燃液体	甲醇	500
说明	易燃液体的校正系数β为1，易燃气体β为1.5		
	库房外暴露人员50~99人的校正系数α为1.5，100人以上α为2.0		

A．14.20　　　　B．10.50　　　　C．7.10　　　　D．5.25

【解析】人口100人以下，α取1.5。危险化学品全部为易燃液体，β取1。
$R=\alpha\times\beta$（550/500＋12/10＋600/500）＝1.5×1×（1.1＋1.2＋1.2）＝5.25。

9．某化学危险品使用单位按照《危险化学品重大危险源监督管理暂行规定》的要求，对

本单位的重大危险源进行了安全评估,建立重大危险源档案,档案内容不包括(　　)。

A. 区域位置图、平面布置图　　B. 安全监测监控系统
C. 事故应急预案　　D. 安全评估机构资质

【解析】重大危险源档案应当包括下列文件、资料:①辨识、分级记录;②重大危险源基本特征表;③涉及的所有化学品安全技术说明书;④区域位置图、平面布置图、工艺流程图和主要设备一览表;⑤重大危险源安全管理规章制度及安全操作规程;⑥安全监测监控系统、措施说明、检测、检验结果;⑦重大危险源事故应急预案、评审意见、演练计划和评估报告;⑧安全评估报告或者安全评价报告;⑨重大危险源关键装置、重点部位的责任人、责任机构名称;⑩重大危险源场所安全警示标志的设置情况;⑪其他文件、资料。

10. 某厂危险化学品罐区位于人口相对稀少的空旷地带,罐区影响范围内有一村庄,现常住人口67人。该罐区有450t甲苯、65t纯苯、600t甲醇。危险化学品名称及其临界量见下表。据此,该罐区危险化学品重大危险源的级别是(　　)。

序号	类别	危险化学品名称和说明	临界量/t
1	易燃液体	甲苯	500
2	易燃液体	纯苯	50
3	易燃液体	甲醇	500
说明		易燃液体的校正系数 β 为 1,易燃气体 β 为 1.5	
		库房外暴露人员 50~99 人的校正系数 α 为 1.5,100 人以上 α 为 2.0	

A. 一级　　B. 二级　　C. 三级　　D. 四级

【解析】$R = \alpha \sum \beta \dfrac{q}{Q} = 1.5 \times 1 \times (450/500 + 65/50 + 600/500) = 5.1$,$R < 10$,为四级重大危险源。

答案:1. C　2. B　3. C　4. A　5. B　6. B　7. D　8. D　9. D　10. D

第十六节　安全生产检查与隐患排查治理

一、安全生产检查

(一)安全生产检查的类型

安全生产检查可分为定期安全生产检查、经常性安全生产检查、季节性及节假日前后安全生产检查、专业(项)安全生产检查、综合性安全生产检查、职工代表不定期对安全生产的巡查6类,具体内容见表3-18。

表3-18　安全生产检查的类型

检查类型	具体含义
定期安全生产检查	月度检查、季度检查、年度检查
经常性安全生产检查	交接班检查、班中检查、特殊检查

续表

检查类型	具体含义
季节性及节假日前后安全生产检查	冬季防冻保温、防火、防煤气中毒，夏季防暑降温、防汛、防雷电等检查
专业（项）安全生产检查	对危险性较大的在用设备、设施，作业场所环境条件的管理性或监督性定量检测检验
综合性安全生产检查	由上级主管部门组织对生产单位进行的安全检查
职工代表不定期对安全生产的巡查	生产经营单位的工会应定期或不定期组织职工代表进行安全检查。重点检查国家安全生产方针、法规的贯彻执行情况，各级人员安全生产责任制和规章制度的落实情况，从业人员安全生产权利的保障情况，生产现场的安全状况等

（二）安全生产检查的内容

安全生产检查的内容包括软件系统和硬件系统。

软件系统主要是查思想、查意识、查制度、查管理、查事故处理、查隐患、查整改。

硬件系统主要是查生产设备、查辅助设施、查安全设施、查作业环境。

安全生产检查具体内容应本着突出重点的原则确定。对于危险性大、易发事故、事故危害大的生产系统、部位、装置、设备等应加强检查。

一般应重点检查的人员：易造成重大损失的易燃易爆危险物品、剧毒品、锅炉、压力容器、起重设备、运输设备、冶炼设备、电气设备、冲压机械、高处作业和本企业易发生工伤、火灾、爆炸等事故的设备、工种、场所及其作业人员；易造成职业中毒或职业病的尘毒产生点及其岗位作业人员；直接管理的重要危险点和有害点的部门及其负责人。

对非矿山企业，目前国家有关规定要求强制性检查的项目有：锅炉、压力容器、压力管道、高压医用氧舱、起重机、电梯、自动扶梯、施工升降机、简易升降机、防爆电器、厂内机动车辆、客运索道、游艺机及游乐设施等；作业场所的粉尘、噪声、振动、辐射、高温低温和有毒物质的浓度等。

对矿山企业，目前国家有关规定要求强制性检查的项目有：矿井风量、风质、风速及井下温度、湿度、噪声；瓦斯、粉尘；矿山放射性物质及其他有毒有害物质；露天矿山边坡；尾矿坝；提升、运输、装载、通风、排水、瓦斯抽放、压缩空气和起重设备；各种防爆电器、电器安全保护装置；矿灯、钢丝绳；瓦斯、粉尘及其他有毒有害物质检测仪器、仪表；自救器；救护设备；安全帽；防尘口罩或面罩；防护服、防护鞋；防噪声耳塞、耳罩。

（三）安全生产检查的方法

1. 常规检查

常规检查是常见的一种检查方法。常规检查主要依靠安全检查人员的经验和能力，检查的结果直接受安全检查人员个人素质的影响。

2. 安全检查表法

为使安全检查工作更加规范，将个人的行为对检查结果的影响减少到最小，常采用安全检查表法。

3. 仪器检查及数据分析法

有些生产经营单位的设备、系统运行数据具有在线监视和记录的系统设计，对设备、系统的运行状况可通过对数据的变化趋势进行分析，得出结论。

对没有在线数据检测系统的机器、设备、系统，只能通过仪器检查法来进行定量化的检验与测量。

（四）安全生产检查的工作程序

1．安全检查准备

（1）确定检查对象、目的、任务。

（2）查阅、掌握有关法规、标准、规程的要求。

（3）了解检查对象的工艺流程、生产情况、可能出现危险和危害的情况。

（4）制定检查计划，安排检查内容、方法、步骤。

（5）编写安全检查表或检查提纲。

（6）准备必要的检测工具、仪器、书写表格或记录本。

（7）挑选和训练检查人员并进行必要的分工等。

2．实施安全检查

（1）访谈。通过与有关人员谈话来检查安全意识和规章制度执行情况等。

（2）查阅文件和记录。检查设计文件、作业规程、安全措施、责任制度、操作规程等是否齐全，是否有效；查阅相应记录，判断上述文件是否被执行。

（3）现场观察。对作业现场的生产设备、安全防护设施、作业环境、人员操作等进行观察，寻找不安全因素、事故隐患、事故征兆等。

（4）仪器测量。利用一定的检测检验仪器设备，对在用的设施、设备、器材状况及作业环境条件等进行测量，以发现隐患。

3．综合分析

经现场检查和数据分析后，检查人员应对检查情况进行综合分析，提出检查的结论和意见。

（五）提出整改要求

针对检查发现的问题，应根据问题性质的不同，提出立即整改、限期整改等措施要求。生产经营单位自行组织的安全检查，由安全管理部门会同有关部门，共同制定整改措施计划并组织实施。上级主管部门或地方政府负有安全生产监督管理职责的部门组织的安全检查，检查组应提出书面的整改要求，生产经营单位制定整改措施计划。

（六）整改落实

对安全检查发现的问题和隐患，生产经营单位应从管理的高度，举一反三，制定整改计划并积极落实整改。

（七）信息反馈及持续改进

生产经营单位自行组织的安全检查，在整改措施计划完成后，安全管理部门应组织有关人员进行验收。对于上级主管部门或地方政府负有安全生产监督管理职责的部门组织的安全检查，在整改措施完成后，应及时上报整改完成情况，申请复查或验收。

对安全检查中经常发现的问题或反复发现的问题，生产经营单位应从规章制度的健全和完善、从业人员的安全教育培训、设备系统的更新改造、加强现场检查和监督等环节入手，做到持续改进，不断提高安全生产管理水平，防范安全生产事故的发生。

二、隐患排查治理

（一）定义及分类

《安全生产事故隐患排查治理暂行规定》指出，安全生产事故隐患（以下简称事故隐患），是指生产经营单位违反安全生产法律、法规、规章、标准、规程和安全生产管理制度的规定，或者因其他因素在生产经营活动中存在可能导致事故发生的物的危险状态、人的不安全行为和管理上的缺陷。

事故隐患分为一般事故隐患和重大事故隐患。一般事故隐患，是指危害和整改难度较小，发现后能够立即整改排除的隐患。重大事故隐患，是指危害和整改难度较大，应当全部或者局部停产停业，并经过一定时间整改治理方能排除的隐患，或者因外部因素影响致使生产经营单位自身难以排除的隐患。

（二）生产经营单位的主要职责

（1）生产经营单位应当依照法律、法规、规章、标准和规程的要求从事生产经营活动。严禁非法从事生产经营活动。

（2）生产经营单位是事故隐患排查、治理和防控的责任主体。

（3）生产经营单位应当建立健全事故隐患排查治理和建档监控等制度，逐级建立并落实从主要负责人到每个从业人员的隐患排查治理和监控责任制。

（4）生产经营单位应当保证事故隐患排查治理所需的资金，建立资金使用专项制度。

（5）生产经营单位应当定期组织安全生产管理人员、工程技术人员和其他相关人员排查本单位的事故隐患。

（6）生产经营单位应当建立事故隐患报告和举报奖励制度，鼓励、发动职工发现和排除事故隐患，鼓励社会公众举报。对发现、排除和举报事故隐患的有功人员，应当给予物质奖励和表彰。

（7）生产经营单位将生产经营项目、场所、设备发包、出租的，应当与承包、承租单位签订安全生产管理协议，并在协议中明确各方对事故隐患排查、治理和防控的管理职责。

（8）安全监管监察部门和有关部门的监督检查人员依法履行事故隐患监督检查职责时，生产经营单位应当积极配合，不得拒绝和阻挠。

（9）生产经营单位应当每季度、每年对本单位事故隐患排查治理情况进行统计分析，并分别于下一季度15日前和下一年1月31日前向安全监管监察部门和有关部门报送书面统计分析表。统计分析表应当由生产经营单位主要负责人签字。

重大事故隐患报告内容应当包括：
①隐患的现状及其产生原因。
②隐患的危害程度和整改难易程度分析。
③隐患的治理方案。

（10）对于一般事故隐患，由生产经营单位（车间、分厂、区队等）负责人或者有关人员立即组织整改。对于重大事故隐患，由生产经营单位主要负责人组织制定并实施事故隐患治理方案。重大事故隐患治理方案应当包括：
①治理的目标和任务。
②采取的方法和措施。
③经费和物资的落实。
④负责治理的机构和人员。
⑤治理的时限和要求。
⑥安全措施和应急预案。

（11）生产经营单位在事故隐患治理过程中，应当采取相应的安全防范措施，防止事故发生。

（12）生产经营单位应当加强对自然灾害的预防。在接到有关自然灾害预报时，应当及时向下属单位发出预警通知。发生自然灾害可能危及生产经营单位和人员安全的情况时，应当采取撤离人员、停止作业、加强监测等安全措施，并及时向当地人民政府及其有关部门报告。

（13）地方人民政府或者安全监管监察部门及有关部门挂牌督办并责令全部或者局部停产停业治理的重大事故隐患，治理工作结束后，有条件的生产经营单位应当组织本单位的技术人员和专家对重大事故隐患的治理情况进行评估；其他生产经营单位应当委托具备相应资质的安全评价机构对重大事故隐患的治理情况进行评估。

经治理后符合安全生产条件的，生产经营单位应当向安全监管监察部门和有关部门提出恢复生产的书面申请，经安全监管监察部门和有关部门审查同意后，方可恢复生产经营。申请报告应当包括治理方案的内容、项目和安全评价机构出具的评价报告等。

（三）监督管理

各级安全监管监察部门按照职责对所辖区域内生产经营单位排查治理事故隐患工作依法实施综合监督管理。各级人民政府有关部门在各自职责范围内对生产经营单位排查治理事故隐患工作依法实施监督管理。任何单位和个人发现事故隐患，均有权向安全监管监察部门和有关部门报告。

已经取得安全生产许可证的生产经营单位，在其被挂牌督办的重大事故隐患治理结束前，安全监管监察部门应当加强监督检查。必要时，可以提请原许可证颁发机关依法暂扣其安全生产许可证。

对挂牌督办并采取全部或者局部停产停业治理的重大事故隐患，安全监管监察部门收到生产经营单位恢复生产的申请报告后，应当在10日内进行现场审查。审查合格的，对事故隐患进行核销，同意恢复生产经营。审查不合格的，依法责令改正或者下达停产整改指令。对整改无望或者生产经营单位拒不执行整改指令的，依法实施行政处罚。不具备安全生产条件的，依法提请县级以上人民政府按照国务院规定的权限予以关闭。

· 典型例题 ·

1. 甲市乙县安全监察局在对辖区内的甲市丙集团独立法人单位丁铜冶炼有限公司进行安全生产专项督查时，发现丁公司存在一项重大事故隐患，对丁公司下达了整改指令书，向乙县人民政府做了报告，乙县人民政府对该重大事故隐患实行挂牌督办并责令丁公司局部停产治理。丁公司对该重大事故进行了治理。治理工作结束后，对该重大事故隐患的治理情况进行评估的组织单位应是（　　）。

A. 甲市安全督察局　　　　　　B. 丁铜冶炼有限公司
C. 乙县人民政府　　　　　　　D. 丙集团

【解析】地方人民政府或者安全监管监察部门及有关部门挂牌督办并责令全部或者局部停产停业治理的重大事故隐患，治理工作结束后，有条件的生产经营单位应当组织本单位的技术人员和专家对重大事故隐患的治理情况进行评估；其他生产经营单位应当委托具备相应资质的安全评价机构对重大事故隐患的治理情况进行评估。

2. 安全生产检查具体内容应本着突出重点的原则确定，对于危险性大、危害大的生产系统、装置、设备、环境等应加强检查。为了切实做好安全检查工作，国家陆续出台了有关规定。对非矿山企业，下列属于国家有关规定要求强制性检查的项目是（　　）。

A. 电器安全保护装置　　　　　B. 防尘口罩或面罩

C. 作业场所的高温　　　　　　　　D. 防噪声耳塞耳罩

【解析】对非矿山企业，目前国家有关规定要求强制性检查的项目有：锅炉、压力容器、压力管道、高压医用氧舱、起重机、电梯、自动扶梯、施工升降机、简易升降机、防爆电器、厂内机动车辆、客运索道、游艺机及游乐设施等；作业场所的粉尘、噪声、振动、辐射、高温低温和有毒物质的浓度等。

3. 某市应急管理部门检查某小型采石场，发现存在严重的"神仙岩""一面墙"等重大事故隐患，监管人员责令该采石场立即停产整顿，但该采石场负责人自认为采石经验丰富，拒不停产整改。下列关于该市安全监督管理部门采取的强制执行措施中，正确的是（　　）。

A. 依法提请该市人民政府予以关闭
B. 提请原许可证办理机关依法暂扣其安全生产许可证
C. 没收违法所得，拍卖非法开采的产品、采掘设备
D. 通知有关单位停止供电、供应民用爆炸物品等

【解析】本题考查的是隐患排查治理。对整改无望或者生产经营单位拒不执行整改指令的，依法实施行政处罚；不具备安全生产条件的，依法提请县级以上人民政府按照国务院规定的权限予以关闭。

4. 对于易发生事故和事故危害大的行业和生产系统、部位、装置、设备等应进行强制性检查。按照国家有关规定要求，对于非矿山企业，下列检查项目中，须进行强制性检查的有（　　）。

A. 锅炉、压力容器、压力管道　　　　B. 塔式起重机、施工升降机、电梯
C. 高压氧舱、防爆电器　　　　　　　D. 防爆电器、锻压设备、客运索道
E. 作业场所的粉尘、噪声、辐射

【解析】对非矿山企业，目前国家有关规定要求强制性检查的项目有：锅炉、压力容器、压力管道、高压医用氧舱、起重机、电梯、自动扶梯、施工升降机、简易升降机、防爆电器、厂内机动车辆、客运索道、游艺机及游乐设施等；作业场所的粉尘、噪声、振动、辐射、高温低温、有毒物质的浓度等。选项D中的锻压设备不属于国家有关规定要求强制性检查的项目。

5. 某车辆制造企业准备开展一次安全生产检查与隐患排查治理活动。安全管理部门策划了如下的检查工作程序和工作内容：①检查前准备；②实施安全检查；③提出检查结论；④提出整改要求；⑤组织整改；⑥验证整改结果。其中，属于安全检查阶段的工作程序是（　　）。

A. ①②③　　　B. ②④⑥　　　C. ①④⑤　　　D. ②③④

【解析】安全生产检查的工作程序：安全检查准备、实施安全检查、综合分析（提出检查的结论和意见）。

6. 企业为了保证安全检查工作的落实，需要做好安全检查的准备工作。下列做法中，不属于企业安全检查准备工作的是（　　）。

A. 某化工企业组织检查前准备了有毒气体检测仪等工具
B. 某施工企业组织检查前对相关检查人员进行培训
C. 某机械加工企业参考同行业厂家编制了检查提纲
D. 某发电企业针对检查中可能出现的危害情况约谈了相关人员

【解析】本题考查的是安全生产检查。安全检查准备：①确定检查对象、目的、任务；②查阅、掌握有关法规、标准、规程的要求；③了解检查对象的工艺流程、生产情况、可能出现危险和危害的情况；④制定检查计划，安排检查内容、方法、步骤；⑤编写安全检查表或检查提纲；⑥准备必要的检测工具、仪器、书写表格或记录本；⑦挑选和训练检查人员并进行必

要的分工等。选项 D 为实施安全检查。访谈：通过与有关人员谈话来检查安全意识和规章制度执行情况等。

7. 根据《安全生产事故隐患排查治理暂行规定》，生产经营单位每季度应对本单位事故隐患排查治理情况进行统计分析，并及时上报有关隐患的内容。下列内容中，不属于重大事故隐患报告的是（　　）。

　　A. 隐患的现状及其产生的原因
　　B. 隐患的治理方案
　　C. 隐患的危害程度和整改难易程度分析
　　D. 隐患管理的缺陷

【解析】重大事故隐患报告内容应当包括：①隐患的现状及其产生原因；②隐患的危害程度和整改难易程度分析；③隐患的治理方案。

8. 某矿业集团公司对下属矿山企业进行安全检查时发现，该企业尾矿库泄洪道下游约 100m 处有多处临建宿舍。针对上述尾矿库存在的隐患，下列说法中，正确的有（　　）。

　　A. 该隐患应由矿山企业主要负责人立即组织整改
　　B. 该隐患治理工作应确保安全投入到位
　　C. 该隐患需向当地应急管理部门及时报告
　　D. 该隐患属于较大事故隐患
　　E. 该隐患应由尾矿库负责人立即组织整改

【解析】生产经营单位应当每季度、每年对本单位事故隐患排查治理情况进行统计分析，并分别于下一季度 15 日前和下一年 1 月 31 日前向安全监管监察部门和有关部门报送书面统计分析表。统计分析表应当由生产经营单位主要负责人签字。

对于重大事故隐患，生产经营单位除依照上述要求报送外，还应当及时向安全监管监察部门和有关部门报告。

对于一般事故隐患，由生产经营单位（车间、分厂、区队等）负责人或者有关人员立即组织整改。泄洪道下游建宿舍属于重大事故隐患。

答案：1.B　2.C　3.A　4.ABCE　5.A　6.D　7.D　8.ABC

第十七节　企业双重预防机制建设

一、双重预防机制概述

2016 年 1 月 6 日，习近平总书记在中共中央政治局常委会会议上对安全生产工作提出了五条要求，其中第四条：必须坚决遏制重特大事故频发势头，对易发重特大事故的行业领域采取风险分级管控、隐患排查治理双重预防性工作机制，推动安全生产关口前移，加强应急救援工作，最大限度减少人员伤亡和财产损失。

双重预防机制，就是准确把握安全生产的特点和规律，以风险为核心，坚持超前防范、关口前移，从风险辨识入手，以风险管控为手段，把风险控制在隐患形成之前，并通过隐患排查，及时找出风险控制过程中可能出现的缺失、漏洞，把隐患消灭在事故发生之前。

二、企业双重预防机制建设

(一) 准备工作

企业应成立工作机构,全面负责双重预防机制建设工作,制定双重预防机制建设的相关工作方案。

企业应组织开展有针对性的专题培训,包括风险管理理论、风险辨识评估方法和双重预防机制建设的要求等内容,使全体员工掌握双重预防机制建设相关知识。

(二) 危险源辨识

企业主要从设备设施(能量载体)、场所环境(危险物质)、作业活动(高处作业带来的势能等)等维度,全面辨识存在的危险源,并分析危险源可能导致的生产安全事故途径和后果,建立危险源辨识清单。

(三) 安全风险评估

目前,企业普遍使用风险矩阵法或作业条件危险性评价法开展安全风险等级评估。

(1) 风险矩阵法。通过判定事故发生的可能性和事故后果严重程度,选择适用的定性或定量方法科学确定安全风险大小。

(2) 作业条件危险性评价法(LEC)。LEC法是一种简单易行的、评价员工在具有潜在危险性环境中作业时危险性的半定量评价方法。影响作业条件危险性的因素主要包括:

L——发生事故的可能性大小。

E——人体暴露在这种危险环境中的频繁程度。

C——发生事故会造成的损失后果。

(四) 安全风险分级管控

安全风险可从三个方面进行控制:

(1) 源头控制,包括替换或降低危险物质的量、改进维护方式、修复防护装置等。

(2) 在源头和员工之间的控制,包括加强对员工的监督,建立更有针对性的安全操作规程等。

(3) 在员工处的控制,包括提供个人防护用品,开展安全培训提高防范意识和能力等。

(五) 风险分级管控清单

企业在完成危险源辨识、安全风险评估和制定分级管控措施之后,应建立安全风险分级管控清单。安全风险分级管控清单应包括危险源位置、危险源名称、危险源可能导致事故的途径、可能导致的事故类型、安全风险等级、风险管控措施、管控责任主体等内容。

另外,企业应在安全风险较高区域的醒目位置设置重大风险公告栏,标明主要安全风险、可能引发事故类别、风险管控措施、应急处置措施及信息报告方式等内容。

(六) 事故隐患排查治理

企业应从以下六个方面开展事故隐患排查治理工作:

(1) 建立健全事故隐患排查治理制度,完善事故隐患自查、自改、自报的管理机制,对事故隐患的排查、记录、治理、通报各环节和资金保障等事项作出具体规定,规范隐患排查治理闭环运行。

(2) 结合本单位制定的安全风险管控措施,编制符合本单位实际的事故隐患排查清单,明确排查内容、排查周期、责任部门及人员,作为企业各层级、各岗位事故隐患排查依据。

(3) 按照事故隐患排查清单,组织开展事故隐患排查,并对排查发现的事故隐患进行登记。

（4）及时开展事故隐患治理工作，对一般事故隐患立即或短时间内采取措施予以整改，对重大事故隐患应按照相关要求开展治理，做到整改措施、责任、资金、时限和预案"五到位"。

（5）建立事故隐患排查治理台账，如实记录事故隐患排查治理情况。事故隐患排查治理台账包括排查时间、事故隐患内容、整个措施及整改结果等信息。

（6）重大事故隐患排查治理情况应当及时向负有安全生产监督管理职责的部门和职工大会或者职工代表大会报告。

（七）双重预防机制实施

双重预防机制从企业存在的危险源出发，通过危险源辨识和安全风险评估，采取针对性的管控措施，使危险源得到有效管控，安全风险降低到可接受程度。企业在完成双重预防机制的创建后，应当依据安全风险分级管控和事故隐患排查治理相关制度，切实将双重预防机制落实到位。

• 典型例题 •

1. 某石油化工企业主要负责人重视企业安全生产管理，根据企业双重预防机制建设要求，组织各个部门对企业内部所有的危险源进行辨识并评估安全风险，建立了安全风险管控清单。下列属于该企业原油储罐区重大危险源安全风险管控清单内容的有（　　）。

　　A. 该储罐区的分布位置及名称
　　B. 储罐区导致事故发生的途径是油品泄漏
　　C. 罐区油品泄漏可能导致火灾爆炸事故
　　D. 罐区发生事故后上报责任人的联系方式
　　E. 给出储罐区风险等级为四级灾难性，制定管控措施

【解析】安全风险分级管控清单应包括危险源位置、危险源名称、危险源可能导致事故的途径、可能导致的事故类型、安全风险等级、风险管控措施、管控责任主体等内容。

2. 某机械制造企业针对生产加工车间职工出现的断手事故频发现象，决定淘汰一批生产落后的设备，购进具有本质安全属性的先进设备。从企业双重预防机制建设角度考虑，该企业的做法符合的安全风险控制的方面是（　　）。

　　A. 源头控制　　　　　　　　　　B. 在源头和员工之间的控制
　　C. 在员工处的控制　　　　　　　D. 安全风险管理控制

【解析】安全风险可从三个方面进行控制：

（1）源头控制，包括替换或降低危险物质的量，改进维护方式，修复防护装置等。

（2）在源头和员工之间的控制，包括加强对员工的监督，建立更有针对性的安全操作规程等。

（3）在员工处的控制，包括提供个人防护用品，开展安全培训提高防范意识和能力等。

答案：1. ABCE　2. A

同步强化训练

一、单项选择题

1. 根据《企业安全生产标准化基本规范》，企业安全生产标准化建设工作采用"策划、实施、检查、改进"动态循环的模式。对于安全生产标准化整体工作而言，下列要素中，属于检

查阶段的工作是（　　）。

A. 隐患排查
B. 预测预算
C. 绩效评定
D. 持续改进

2. 某市安全生产监督管理局对该市某企业劳动防护用品的日常管理工作开展了专项安全监督检查，发现该企业劳动防护用品的管理有以下做法，其中错误的是（　　）。

A. 为职工免费发放安全帽、防护鞋等劳动防护用品
B. 及时更换失效的劳动防护用品
C. 定期进行劳动防护用品监督检查
D. 设专人维修劳动防护用品

3. 特种作业人员应当接受与其所从事的特种作业相应的安全技术理论培训和实际操作培训。下列关于跨省（自治区、直辖市）从事特种作业的人员培训的说法中，错误的是（　　）。

A. 可以参加户籍所在地省应急管理部门组织的培训
B. 可以参加从业所在地省应急管理部门组织的培训
C. 可以参加户籍所在地受委托的设区的市应急管理部门组织的培训
D. 可以参加户籍所在地受委托的县级应急管理部门组织的培训

4. 根据《企业安全生产标准化基本规范》，企业应实施作业许可管理，严格履行作业许可审批手续。作业许可不包括的内容是（　　）。

A. 安全岗位监督责任
B. 安全及职业病危害防护措施
C. 安全风险分析
D. 应急处置

5. 根据《企业安全生产标准化基本规范》，企业对存在或产生职业病危害的工作场所、作业岗位、设备、设施，应在醒目位置设置警示标识和中文警示说明；高毒作业场所，应设置（　　）区域警示线、警示标识和中文警示说明。

A. 红色
B. 黄色
C. 蓝色
D. 橙色

6. 根据《企业安全生产标准化基本规范》，企业应对工作场所职业病危害因素进行日常监测，并保存监测记录。存在职业病危害的，应委托具有相应资质的职业卫生技术服务机构进行定期检测，（　　）至少进行一次全面的职业病危害因素检测。

A. 每半年
B. 每年
C. 每两年
D. 每三年

7. 根据《企业安全生产标准化基本规范》，企业应在有安全风险的工作岗位设置安全告知卡，告知内容不包括（　　）。

A. 危险有害因素
B. 应急措施
C. 报告电话
D. 报告时限

8. 企业应建立安全承诺，下列不属于企业各级管理者应做到的承诺的是（　　）。

A. 保持和相关方的交流合作
B. 安排对安全实践或实施过程的定期审查
C. 在追求卓越的安全绩效、质疑安全问题方面以身作则
D. 接受培训，在推进和辅导员工改进安全绩效上具有必要的能力

9. 跨两个及两个以上行政区域的建设项目，对其实施安全设施"三同时"监督管理的行政部门是（　　）。

   A. 其共同的上一级人民政府应急管理部门

   B. 其各自所在地的人民政府应急管理部门

   C. 县级以上的人民政府应急管理部门

   D. 国家安全生产监督管理总局

10. 《企业安全文化建设评价准则》给出了企业安全文化评价的要素、指标、减分指标、计算方法等。下列要素中，属于安全管理评价要素的是（　　）。

    A. 安全指引、安全行为、安全机构、行为习惯

    B. 重要性体现、适用性体现、充分性体现

    C. 安全权责、管理机构、制度执行

    D. 安全态度、管理机构、行为习惯

11. 根据《企业安全生产费用提取和使用管理办法》，下列费用中，不属于安全生产费用支出范围的是（　　）。

    A. 配备应急器材费用　　　　　　　　　B. 操作技能竞赛费用

    C. 特种设备的检验检测费用　　　　　　D. 重大事故隐患整改费用

12. 为预防事故的发生可采取防止和减少两类安全技术措施。其中，防止事故发生的安全技术措施是指采取约束、限制能量或危险物质，防止其意外释放的技术措施。下列安全技术措施中，不属于防止类的是（　　）。

    A. 选择无毒材料　　　　　　　　　　　B. 失误—安全功能

    C. 采取降频设计　　　　　　　　　　　D. 电路中设置熔断器

二、多项选择题

1. 重大危险源的评价应以单元为评价对象。下列评价对象中，可以划分为同一个单元进行评价的有（　　）。

   A. 同一堤坝内的全部储罐　　　　　　　B. 同一厂房内的装置

   C. 建设在地上的管道　　　　　　　　　D. 同一楼层的全部设备系统

   E. 分布于不同楼层介质相连的设备系统

2. 某危险化学品生产经营单位有甲、乙、丙、丁、戊5个库房，分别存放有不同类别的危险化学品，各库房自成一个单元，下表给出了各危险化学品的临界量。根据《危险化学品重大危险源辨识》，下列关于危险化学品分类及重大危险源判识的说法中，正确的有（　　）。

危险化学品名称	临界量/t	危险化学品名称	临界量/t
苯	50	硝化甘油	1
汽油	200	丙酮	500
乙醇	500	三硝基甲苯	5
乙醚	10	硝化纤维素	10

   A. 甲库房：300t乙醇，100t汽油，属于易燃液体类重大危险源

   B. 乙库房：5t硝化纤维素，0.2t硝化甘油，属于爆炸品类重大危险源

   C. 丙库房：30t苯，200t丙酮，属于易燃液体类重大危险源

D. 丁库房：10t 乙醚，属于易燃气体类重大危险源
E. 戊库房：5t 三硝基甲苯，属于毒性类重大危险源

3. 张某驾驶小轿车去加油站加油，因害怕明火引燃汽油，张某在进入加油站前将正在吸的烟掐灭，在确保无危险后将烟头放入小轿车烟灰缸内并驶入加油站。恰遇加油站中油罐车卸油，需暂时等待一段时间，张某随即将车停在加油枪旁边熄火并下车围观。此时接到公司电话，于是张某边打电话，边在小轿车旁围观油罐车卸油。根据危险源辨识要求，上述事件中，属于危险源的有（　　）。

A. 油罐车　　　　B. 烟头　　　　C. 烟灰缸　　　　D. 打手机
E. 小轿车

>>> 参考答案及解析 <<<

一、单项选择题

1. 【答案】C
【解析】生产经营单位每年至少应对本单位安全生产标准化的实施情况进行一次评定，验证各项安全生产制度措施的适宜性、充分性和有效性，检查安全生产工作目标、指标的完成情况。

2. 【答案】D
【解析】用人单位应按照产品说明书的要求，及时更换、报废过期和失效的劳动防护用品。

3. 【答案】D
【解析】根据《特种作业人员安全技术培训考核管理规定》，省、自治区、直辖市人民政府应急管理部门和负责煤矿特种作业人员考核发证工作的部门或者指定的机构（以下统称考核发证机关）可以委托设区的市人民政府应急管理部门和负责煤矿特种作业人员考核发证工作的部门或者指定的机构实施特种作业人员的安全技术培训、考核、发证、复审工作。跨省、自治区、直辖市从业的特种作业人员，可以在户籍所在地或者从业所在地参加培训。

4. 【答案】A
【解析】作业许可应包含安全风险分析、安全及职业病危害防护措施、应急处置等内容。

5. 【答案】A
【解析】对存在或产生职业病危害的工作场所、作业岗位、设备、设施，应在醒目位置设置警示标识和中文警示说明；使用有毒物品作业场所，应设置黄色区域警示线、警示标识和中文警示说明，高毒作业场所应设置红色区域警示线、警示标识和中文警示说明，并设置通信报警设备。

6. 【答案】B
【解析】存在职业病危害的，应委托具有相应资质的职业卫生技术服务机构进行定期检测，每年至少进行一次全面的职业病危害因素检测。

7. 【答案】D
【解析】企业应在有安全风险的工作岗位设置安全告知卡，告知从业人员本企业、本岗位主要危险有害因素、后果、事故预防及应急措施、报告电话等内容。

8. 【答案】B
【解析】各级管理者应做到的安全承诺：①清晰界定全体员工的岗位安全责任；②确保所有

与安全相关的活动均采用了安全的工作方法；③确保全体员工充分理解并胜任所承担的工作；④鼓励和肯定在安全方面的良好态度，注重从差错中学习和获益；⑤在追求卓越的安全绩效、质疑安全问题方面以身作则；⑥接受培训，在推进和辅导员工改进安全绩效上具有必要的能力；⑦保持和相关方的交流合作，促进组织部门之间的沟通与协作。

9. 【答案】A

【解析】《建设项目安全设施"三同时"监督管理暂行办法》第五条规定，国家安全生产监督管理总局对全国建设项目安全设施"三同时"实施综合监督管理，并在国务院规定的职责范围内承担国务院及其有关主管部门审批、核准或者备案的建设项目安全设施"三同时"的监督管理。县级以上地方各级应急管理部门对本行政区域内的建设项目安全设施"三同时"实施综合监督管理，并在本级人民政府规定的职责范围内承担本级人民政府及其有关主管部门审批、核准或者备案的建设项目安全设施"三同时"的监督管理。跨两个及两个以上行政区域的建设项目安全设施"三同时"由其共同的上一级人民政府应急管理部门实施监督管理。上一级人民政府应急管理部门根据工作需要，可以将其负责监督管理的建设项目安全设施"三同时"工作委托下一级人民政府应急管理部门实施监督管理。

10. 【答案】C

【解析】《企业安全文化建设评价准则》给出了企业安全文化评价的要素、指标、减分指标、计算方法等。其中，评价指标包括：①基础特征：企业状态特征、企业文化特征、企业形象特征、企业员工特征、企业技术特征、监管环境、经营环境、文化环境。②安全承诺：安全承诺内容、安全承诺表述、安全承诺传播、安全承诺认同。③安全管理：安全权责、管理机构、制度执行、管理效果。④安全环境：安全指引、安全防护、环境感受。⑤安全培训与学习：重要性体现、充分性体现、有效性体现。⑥安全信息传播：信息资源、信息系统、效能体现。⑦安全行为激励：激励机制、激励方式、激励效果。⑧安全事务参与：安全会议与活动、安全报告、安全建议、沟通交流。⑨决策层行为：公开承诺、责任履行、自我完善。⑩管理层行为：责任履行、指导下属、自我完善。⑪员工层行为：安全态度、知识技能、行为习惯、团队合作。

11. 【答案】B

【解析】安全生产费用支出范围包括：①完善、改造和维护安全防护设备、设施的支出；②配备必要的应急救援器材、设备和现场作业人员安全防护物品支出；③安全生产检查与评价支出；④重大危险源、重大事故隐患的评估、整改、监控支出；⑤安全技能培训及进行应急救援演练支出；⑥其他与安全生产直接相关的支出。

12. 【答案】D

【解析】常用的减少事故损失的安全技术措施有隔离、设置薄弱环节、个体防护、避难与救援等。

(1) 隔离。隔离是把被保护对象与意外释放的能量或危险物质等隔开。隔离措施按照被保护对象与可能致害对象的关系可分为隔开、封闭和缓冲等。

(2) 设置薄弱环节。利用事先设计好的薄弱环节，使事故能量按照人们的意图释放，防止能量作用于被保护的人或物，如锅炉上的易熔塞、电路中的熔断器等。

(3) 个体防护。个体防护是把人体与意外释放能量或危险物质隔离开，是一种不得已的隔离措施，但却是保护人身安全的最后一道防线。

(4) 避难与救援。设置避难场所，当事故发生时，人员暂时躲避，免遭伤害或赢得救援的时间。事先选择撤退路线，当事故发生时，人员按照撤退路线迅速撤离。事故发生后组织有效的应急救援力量，实施迅速的救护，是减少事故人员伤亡和财产损失的有效措施。

二、多项选择题

1. 【答案】AB

   【解析】一般把装置的一个独立部分称为单元，并以此来划分单元。每个单元都有一定的功能特点，如原料供应区、反应区、产品蒸馏区、吸收或洗涤区、成品或半成品储存区、运输装卸区、催化剂处理区、副产品处理区、废液处理区、配管桥区等。在一个共同厂房内的装置可以划分为一个单元；在一个共同堤坝内的全部储罐也可划分为一个单元；散设地上的管道不作为独立的单元处理，但配管桥区例外。

2. 【答案】AC

   【解析】选项B，乙库房，5t硝化纤维素，0.2t硝化甘油，不构成重大危险源。选项D、E，乙醚属于易燃液体类，三硝基甲苯属于爆炸品类。

3. 【答案】AD

   【解析】油罐车属于第一类危险源。加油站中拨打手机可能引起火灾爆炸，属于第二类危险源。

第四章
应急管理

根据安全生产相关法律法规和政策规定,进行安全风险评估,分析生产经营单位应急需求,规划企业应急救援体系,编制应急预案,策划开展应急演练,完善应急准备,评估演练效果。

第一节　安全生产应急管理基础知识

一、应急管理基础知识

应急管理是应对特别重大事故灾害的危险问题而提出的。应急管理是指政府及其他公共机构在突发公共事件的事前预防、事发应对、事中处置和善后恢复过程中，通过建立必要的应对机制，采取一系列必要措施，应用科学、技术、规划与管理等手段，保障公众生命、健康和财产安全，促进社会和谐健康发展的有关活动。

《安全生产法》第七十九条规定："国家加强生产安全事故应急能力建设，在重点行业、领域建立应急救援基地和应急救援队伍，并由国家安全生产应急救援机构统一协调指挥；鼓励生产经营单位和其他社会力量建立应急救援队伍，配备相应的应急救援装备和物资，提高应急救援的专业化水平。"

"居安思危，预防为主"是应急管理的指导方针。

国家突发公共事件总体应急预案提出了6项工作原则，即：以人为本，减少危害；居安思危，预防为主；统一领导，分级负责；依法规范，加强管理；快速反应，协同应对；依靠科技，提高素质。

二、应急管理工作内容

应急管理的工作内容可概括为"一案三制"。"一案"是指应急预案，就是根据发生和可能发生的突发事件，事先研究制订应对计划和方案。应急预案包括各级政府总体预案、专项预案和部门预案，以及基层单位的预案和大型活动的单项预案。"三制"是指应急工作的管理体制、运行机制和法制。具体的工作内容有：

一要建立健全和完善应急预案体系。就是要建立"纵向到底，横向到边"的预案体系。所谓"纵"，就是按垂直管理的要求，从国家到省、市、县、乡镇各级政府和基层单位都要制订应急预案，不可断层；所谓"横"，就是所有种类的突发公共事件都要有部门管，都要制订专项预案和部门预案，不可或缺。相关预案之间要做到互相衔接，逐级细化。预案的层级越低，各项规定就要越明确、越具体，避免出现"上下一般粗"现象，防止照搬照套。

二要建立健全和完善应急管理体制。主要建立健全集中统一、坚强有力的组织指挥机构，发挥我国的政治优势和组织优势，形成强大的社会动员体系。建立健全以事发地党委、政府为主、有关部门和相关地区协调配合的领导责任制，建立健全应急处置的专业队伍、专家队伍。必须充分发挥人民解放军、武警和预备役民兵的重要作用。

三要建立健全和完善应急运行机制。主要是要建立健全监测预警机制、信息报告机制、应急决策和协调机制、分级负责和响应机制、公众的沟通与动员机制、资源的配置与征用机制、奖惩机制和城乡社区管理机制等。

四要建立健全和完善应急法制。主要是加强应急管理的法制化建设，把整个应急管理工作建设纳入法制和制度的轨道，按照有关的法律法规来建立健全预案，依法行政，依法实施应急处置工作，要把法治精神贯穿于应急管理工作的全过程。

> ·典型例题·

1. 下列说法中，不属于国家突发公共事件总体应急预案提出的 6 项工作原则的是（　　）。
   A. 以人为本，减少危害　　　　　　B. 居安思危，预防为主
   C. 统一领导，分级负责　　　　　　D. 安全第一，预防为主
   【解析】国家突发公共事件总体应急预案提出了 6 项工作原则，即：以人为本，减少危害；居安思危，预防为主；统一领导，分级负责；依法规范，加强管理；快速反应，协同应对；依靠科技，提高素质。

2. 应急管理的工作内容可概括为"一案三制"，其中"三制"是指（　　）。
   A. 应急工作的管理体制　　　　　　B. 运行机制
   C. 运行法制　　　　　　　　　　　D. 领导责任制
   E. 统一领导制
   【解析】"三制"是指应急工作的管理体制、运行机制和法制。

答案：1. D　2. ABC

第二节　安全生产预警体系

一、突发公共事件

突发公共事件，是指突然发生，造成或者可能造成严重社会危害，需要采取应急处置措施予以应对的自然灾害、事故灾难、公共卫生事件和社会安全事件。

应急预案体系：①突发公共事件总体应急预案；②突发公共事件专项应急预案；③突发公共事件部门应急预案；④突发公共事件地方应急预案；⑤企事业单位根据有关法律法规制定的应急预案；⑥举办大型会展和文化体育等重大活动，主办单位应当制定应急预案。

二、预警标识

预警标识：4 级预警"红、橙、黄、蓝"。

在总体预案中，依据突发公共事件可能造成的危害程度、紧急程度和发展态势，把预警级别分为 4 级，特别严重的是Ⅰ级，严重的是Ⅱ级，较重的是Ⅲ级，一般的是Ⅳ级，依次用红色、橙色、黄色和蓝色表示。

三、工作原则

（1）以人为本，安全第一。把保障人民群众的生命安全和身体健康、最大限度地预防和减少安全生产事故灾难造成的人员伤亡作为首要任务。切实加强应急救援人员的安全防护。充分发挥人的主观能动性，充分发挥专业救援力量的骨干作用和人民群众的基础作用。

（2）统一领导，分级负责。在国务院统一领导和国务院安委会组织协调下，各省（区、市）人民政府和国务院有关部门按照各自职责和权限，负责有关安全生产事故灾难的应急管理和应急处置工作。企业要认真履行安全生产责任主体的职责，建立安全生产应急预案和应急机制。

（3）条块结合，属地为主。安全生产事故灾难现场应急处置的领导和指挥以地方人民政府

为主,实行地方各级人民政府行政首长负责制。有关部门应当与地方人民政府密切配合,充分发挥指导和协调作用。

《中华人民共和国突发事件应对法》第七条规定:"县级人民政府对本行政区域内突发事件的应对工作负责;涉及两个以上行政区域的,由有关行政区域共同的上一级人民政府负责。"

(4) 依靠科学,依法规范。采用先进技术,充分发挥专家作用,实行科学民主决策。采用先进的救援装备和技术,增强应急救援能力。依法规范应急救援工作,确保应急预案的科学性、权威性和可操作性。

(5) 预防为主,平战结合。贯彻落实"安全第一,预防为主"的方针,坚持事故灾难应急与预防工作相结合。做好预防、预测、预警和预报工作,做好常态下的风险评估、物资储备、队伍建设、完善装备、预案演练等工作。

四、预警的基础知识

预警是指在事故发生前进行预先警告,即对将来可能发生的危险进行事先的预报,提请相关当事人注意。

(一) 安全生产预警的目标、任务与特征

预警的目标是通过对生产活动和安全管理进行监测与评价,警示生产过程中所面临的危害程度。

预警需要完成的任务是针对各种事故征兆的监测、识别、诊断与评价,及时报警,并根据预警分析的结果对事故征兆的不良趋势进行矫正、预防与控制。

特征:快速性、准确性、公开性、完备性、连贯性。

(二) 建立安全生产预警机制的原则

及时性原则、全面性原则、高效性原则、引导性原则。

(三) 企业安全生产预警管理体系的建立

完整预警管理体系见表 4-1。

表 4-1　完整预警管理体系

预警管理体系	内容
外部环境预警系统	自然环境变化的预警;政策法规变化的预警;技术工艺、装备等物的因素变化的预警
内部管理不良预警系统	质量管理预警;设备管理预警;人的行为活动管理预警
预警信息管理系统	以管理信息系统(MIS)为基础,专用于预警管理的信息管理,主要是监测外部环境与内部管理的信息,包括信息收集、处理、辨伪、存储、推断等过程
事故预警系统	当事故难以控制时,作出警告和对策、措施建议,其业务隶属预警管理信息系统

五、预警系统的组成与实现

(一) 预警系统的组成及功能

预警系统组成见表 4-2。

表 4-2 预警系统组成

预警系统			内容
预警分析系统	监测系统		采用各种监测手段获得有关信息和运行数据
	预警信息系统（识别）		信息收集、处理、辨伪、存储、推断
	预警评价指标体系系统（诊断）	指标的选取	人的安全可靠性指标；生产过程的环境安全性指标；安全管理有效性指标；机（物）安全可靠性指标
		预警准则	预警方法有指标预警、因素预警、综合预警 3 种形式，但在实际预警过程中往往出现第 4 种形式，即误警与漏警
		阈值的确定	
	预测评价系统		Ⅰ级预警，特别严重、红色；Ⅱ级预警，严重、橙色；Ⅲ级预警，较重、黄色；Ⅳ级预警，一般、蓝色
预控对策系统			根据具体警情确定控制方案

（二）预警系统的实现

预警分析完成监测、识别、诊断与评价功能，而预控对策完成对事故征兆的不良趋势进行纠错和治错的功能。

监测、识别、诊断、评价这 4 个环节预警活动，是前后顺序的因果联系。

整个预警活动过程，呈现一种前后有序、因果关联的关系。其中，监测活动的监测信息系统，是整个预警管理系统所共享的，识别、诊断、评价这 3 个环节的活动结果将以信息方式存入监测系统中。

六、预控对策

预控对策一般包括组织准备、日常监控和事故管理 3 个活动阶段，见表 4-3。

表 4-3 预控对策三阶段

预控对策	内容
组织准备	一是确定预警系统的组织构成、职能分配及运行方式，二是为事故状态时的管理提供组织训练与对策准备
日常监控	一是日常对策，二是事故危机模拟
事故管理	(1) 只有在特殊情况下才采用的特别管理方式 (2) 一旦危机状态恢复到可控状态，危机管理的任务便告完成，由日常监控环节继续履行预控对策的任务

· 典型例题 ·

1. 一个完整的事故预警管理体系应由（　　）4 个系统构成。
A. 外部环境预警系统、内部检验管理系统、预警信息决策系统和事故预警系统
B. 信息通信系统、内部检验管理系统、预警信息决策系统和事故信息签发管理系统
C. 信息通信系统、内部管理不良的预警系统、预警信息决策系统和事故预警系统
D. 外部环境预警系统、内部管理不良预警系统、预警信息管理系统和事故预警系统

【解析】一个完整的安全生产预警管理体系应由外部环境预警系统、内部管理不良预警系统、预警信息管理系统和事故预警系统构成。

2. 生产安全预警系统的任何一个环节如果失去了（　　），预警就失去了意义。

A. 快速性　　　　B. 准确性　　　　C. 安全性　　　　D. 有序性

【解析】建立的安全生产预警系统能够灵敏快速地进行信息搜集、传递、处理、识别和发布，这一系统的任何一个环节都必须建立在"快速"的基础上，失去了快速性，预警就失去了意义。因为预警尚未发出，事故很可能已经发生，根本来不及发布警报，也不可能实施预控，事故征兆预警这个"报警器"就没有发挥任何作用。

3. 预警系统发出某事故警报，而该事故最终没有出现。下列有关原因分析中，正确的是（　　）。

A. 安全区设计过宽，危险区设计过窄

B. 小概率事件也有发生的可能

C. 指标设置不当，警报准则过严

D. 安全区和危险区设计都过宽

【解析】误警有两种情况：一种是系统发出某事故警报，而该事故最终没有出现；另一种是系统发出某事故警报，该事故最终出现，但其发生的级别与预报的程度相差一个等级（如发出高等级警报，而实际上为初等级警报）。一般误警指前一种情况，误警原因主要是由于指标设置不当，警报准则过严（即安全区设计过窄，危险区设计过宽），信息数据有误。

漏警是预警系统未曾发出警报而事故最终发生的现象。主要原因一是小概率事件被排除在考虑之外，而这些小概率事件也有发生的可能，二是预警准则设计过松（即安全区设计过宽，危险区设计过窄）。

题中"预警系统发出某事故警报，而该事故最终没有出现"属于误警，原因分析应为指标设置不当，警报准则过严（即安全区设计过窄，危险区设计过宽）。

4. 下列指标中，不属于预警评价指标的是（　　）。

A. 人的安全可靠性指标　　　　B. 安全管理有效性指标

C. 生产过程的环境安全性指标　　D. 人—机—环境安全可靠性指标

【解析】预警评价指标的确定：①人的安全可靠性指标；②生产过程的环境安全性指标；③安全管理有效性的指标；④机（物）的安全可靠性。

5. 预警信号一般采用国际通用的颜色表示不同的安全状况，按照事故的严重性和紧急程度，颜色为橙色代表（　　）级别。

A. 一般　　　　　　　　　　B. 较重

C. 严重　　　　　　　　　　D. 特别严重

【解析】预警级别：蓝色——一般（Ⅳ级）；黄色——较重（Ⅲ级）；橙色——严重（Ⅱ级）；红色——特别严重（Ⅰ级）。

6. 预警信号一般采用国际通用的颜色表示不同的安全状况，按照事故的严重性和紧急程度分为四级预警，当处于Ⅲ级预警时应用（　　）表示。

A. 橙色　　　　　　　　　　B. 黄色

C. 蓝色　　　　　　　　　　D. 红色

【解析】预警信号级别见下表。

级别	严重程度	颜色	安全状态
Ⅰ	特别严重	红色	安全状况特别严重

续表

级别	严重程度	颜色	安全状态
Ⅱ	严重	橙色	受到事故的严重威胁
Ⅲ	较重	黄色	处于事故的上升阶段
Ⅳ	一般	蓝色	生产活动处于正常生产状态

答案：1. D 2. A 3. C 4. D 5. C 6. B

第三节 事故应急管理体系

一、事故应急救援的基本任务及特点

（一）事故应急救援的基本任务

事故应急救援的总目标是通过有效的应急救援行动，尽可能地降低事故的后果，包括人员伤亡、财产损失和环境破坏等。事故应急救援的基本任务有：

（1）立即组织营救受害人员，组织撤离或者采取其他措施保护危害区域内的其他人员。抢救受害人员是应急救援的首要任务。

（2）迅速控制事态，并对事故造成的危害进行检测、监测，测定事故的危害区域、危害性质及危害程度。及时控制住造成事故的危险源是应急救援工作的重要任务。

（3）消除危害后果，做好现场恢复。针对事故对人体、动植物、土壤、空气等造成的现实危害和可能的危害，迅速采取封闭、隔离、洗消、监测等措施，防止对人的继续危害和对环境的污染。

（4）查清事故原因，评估危害程度，总结救援工作中的经验和教训。

（二）事故应急救援的特点

（1）不确定性和突发性。

（2）应急活动的复杂性。

（3）后果、影响易猝变、激化和放大。

为尽可能降低重大事故的后果及影响，减少重大事故所导致的损失，要求应急救援行动必须做到迅速、准确和有效。

二、事故应急管理相关法律法规要求

近年来，我国政府相继颁布的一系列法律法规和文件，如《中华人民共和国安全生产法》《危险化学品安全管理条例》《国务院关于特大安全事故行政责任追究的规定》《特种设备安全监察条例》《中华人民共和国突发事件应对法》《生产安全事故报告和调查处理条例》《生产安全事故应急预案管理办法》《生产经营单位生产安全事故应急预案评审指南（试行）》《突发事件应急演练指南》和《国务院关于进一步加强企业安全生产工作的通知》等，对危险化学品、特大安全事故、重大危险源等应急救援工作提出了相应的规定和要求。

《中华人民共和国安全生产法》第二十一条规定："生产经营单位的主要负责人具有组织制定并实施本单位的生产安全事故应急救援预案的职责。"第四十条规定："生产经营单位对重大

危险源应当登记建档,进行定期检测、评估、监控并制定应急预案,告知从业人员和相关人员在紧急情况下应当采取的应急措施。"第八十条规定:"县级以上地方各级人民政府应当组织有关部门制定本行政区域内生产安全事故应急救援预案,建立应急救援体系。"

《危险化学品安全管理条例》第六十九条规定:"县级以上地方人民政府应急管理部门应当会同工业和信息化、环境保护、公安、卫生、交通运输、铁路、质量监督检验检疫等部门,根据本地区实际情况,制定危险化学品事故应急预案,报本级人民政府批准。"第七十条规定:"危险化学品单位应当制定本单位危险化学品事故应急预案,配备应急救援人员和必要的应急救援器材、设备,并定期组织应急救援演练。危险化学品单位应当将其危险化学品事故应急预案报所在地设区的市级人民政府应急管理部门备案。"

《特种设备安全监察条例》第六十五条规定:"特种设备安全监督管理部门应当制定特种设备应急预案。特种设备使用单位应当制定事故应急专项预案,并定期进行事故应急演练。"

《国务院关于特大安全事故行政责任追究的规定》第七条规定:"市(地、州)、县(市、区)人民政府必须制定本地区特大安全事故应急处理预案。"

《使用有毒物品作业场所劳动保护条例》第十六条规定:"从事使用高毒物品作业的用人单位,应当配备应急救援人员和必要的应急救援器材、设备,制定事故应急救援预案,并根据实际情况变化对应急救援预案适时进行修订,定期组织演练。事故应急救援预案和演练记录应当报当地卫生行政部门、应急管理部门和公安部门备案。"

《职业病防治法》规定:"用人单位应当建立、健全职业危害事故应急救援预案。"

《消防法》规定:"消防安全重点单位应当制定灭火和应急疏散预案,定期组织消防演练。"

2006年1月8日,国务院发布了《国家突发公共事件总体应急预案》,明确了各类突发公共事件分级分类和预案框架体系,规定了国务院应对特别重大突发公共事件的组织体系、工作机制等内容,是指导预防和处置各类突发公共事件的规范性文件。

《国家突发公共事件总体应急预案》发布后,国务院又相继发布了《国家安全生产事故灾难应急预案》《国家处置铁路行车事故应急预案》《国家处置民用航空器飞行事故应急预案》《国家海上搜救应急预案》《国家处置城市地铁事故灾难应急预案》《国家处置电网大面积停电事件应急预案》《国家核应急预案》《国家突发环境事件应急预案》和《国家通信保障应急预案》共9个事故灾难类突发公共事件专项应急预案。其中,《国家安全生产事故灾难应急预案》适用于特别重大安全生产事故灾难、超出省级人民政府处置能力或者跨省级行政区、跨多个领域(行业和部门)的安全生产事故灾难以及需要国务院安全生产委员会处置的安全生产事故灾难等。

2006年,国家安全生产监督管理总局(现中华人民共和国应急管理部,下同)在《国家安全生产事故灾难应急预案》的基础上,分别制定并经国务院审查同意印发了《矿山事故灾难应急预案》《危险化学品事故灾难应急预案》《陆上石油天然气储运事故灾难应急预案》《陆上石油天然气开采事故灾难应急预案》《海洋石油天然气作业事故灾难应急预案》,并审查同意印发了《冶金事故灾难应急预案》。这6项部门预案的编制印发,进一步完善了国家安全生产事故灾难应急预案体系。

2007年8月30日,全国人大通过了《中华人民共和国突发事件应对法》,并以主席令(第69号)的形式颁布,自2007年11月1日起施行。该法明确规定了突发事件的预防与应急准备、监测与预警、应急处置与救援、事后恢复与重建等活动中,政府、单位及个人的权利与义务。

2009年，国家安全生产监督管理总局发布的《生产安全事故应急预案管理办法》（国家安全监管总局令第17号）和《生产经营单位生产安全事故应急预案评审指南（试行）》为生产安全事故应急预案管理工作提供了依据。

2010年国务院下发了《国务院关于进一步加强企业安全生产工作的通知》（国发〔2010〕23号）。通知提出建设更加高效的应急救援体系，主要包括加快国家安全生产应急救援基地建设，建立完善企业安全生产预警机制，完善企业应急预案等内容。关于应急预案，通知强调企业应急预案要与当地政府应急预案保持衔接，并定期进行演练。

三、事故应急管理理论框架

突发公共事件应急管理应强调全过程的管理。突发公共事件应急管理工作涵盖了突发事件发生前、中、后的各个阶段，包括为应对突发公共事件而采取的预先防范措施、事发时采取的应对行动、事发后采取的各种善后措施及减少损害的行为。

应急管理是一个动态的过程，包括预防、准备、响应和恢复4个阶段，相互关联，构成了重大事故应急管理的循环过程。

（一）预防

在应急管理中，预防有两层含义：一是事故的预防工作，即通过安全管理和安全技术等手段，尽可能地防止事故的发生，实现本质安全；二是在假定事故必然发生的前提下，通过预先采取的预防措施，达到降低或减缓事故的影响或后果的严重程度，如加大建筑物的安全距离、工厂选址的安全规划、减少危险物品的存量、设置防护墙以及开展公众教育等。

从长远看，低成本、高效率的预防措施是减少事故损失的关键。

（二）准备

应急准备是应急管理工作中的一个关键环节。

应急准备是指为有效应对突发公共事件而事先采取的各种措施的总称，包括意识、组织、机制、预案、队伍、资源、培训演练等各种准备。

应急准备工作涵盖了应急管理工作的全过程。从应急管理的阶段看，应急准备工作体现在预防工作所需的意识准备和组织准备，监测预警工作所需的物资准备，响应工作所需的人员准备，恢复工作所需的资金准备等各阶段的准备工作；从应急准备的内容看，其组织、机制、资源等方面的准备贯穿整个应急管理过程。

（三）响应

应急响应是指在突发公共事件发生以后所进行的各种紧急处置和救援工作。及时响应是应急管理的一项主要原则。

自然灾害、事故灾难或者公共卫生事件发生后，履行统一领导职责的人民政府可以采取下列一项或者多项应急处置措施：

（1）组织营救和救治受害人员，疏散、撤离并妥善安置受到威胁的人员以及采取其他救助措施。

（2）迅速控制危险源，标明危险区域，封锁危险场所，划定警戒区，实行交通管制以及其他控制措施。

（3）立即抢修被损坏的交通、通信、供水、排水、供电、供气、供热等公共设施，向受到危害的人员提供避难场所和生活必需品，实施医疗救护和卫生防疫以及其他保障措施。

(4)禁止或者限制使用有关设备、设施，关闭或者限制使用有关场所，中止人员密集的活动或者可能导致危害扩大的生产经营活动以及采取其他保护措施。

(5)启用本级人民政府设置的财政预备费和储备的应急救援物资，必要时调用其他急需物资、设备、设施、工具。

(6)组织公民参加应急救援和处置工作，要求具有特定专长的人员提供服务。

(7)保障食品、饮用水、燃料等基本生活必需品的供应。

(8)依法从严惩处囤积居奇、哄抬物价、制假售假等扰乱市场秩序的行为，稳定市场价格，维护市场秩序。

(9)依法从严惩处哄抢财物、干扰破坏应急处置工作等扰乱社会秩序的行为，维护社会治安。

(10)采取防止发生次生、衍生事件的必要措施。

应急响应是应对突发公共事件的关键阶段、实战阶段，考验着政府和企业的应急处置能力，尤其需要解决好以下问题：①提高快速反应能力；②加强协调组织能力；③为一线应急救援人员配备必要的防护装备，以提高危险状态下的应急处置能力，并保护好一线应急救援人员。

(四) 恢复

恢复是指突发公共事件的威胁和危害得到控制或者消除后所采取的处置工作。从时间上看，恢复工作可以分为短期恢复和长期恢复，具体内容见表4-4。

表4-4 短期、长期恢复内容

恢复	内容
短期恢复	向受灾人员提供食品、避难所、安全保障和医疗卫生等基本服务，也可以理解为应急响应行动的延伸
长期恢复	重点是经济、社会、环境和生活的恢复，包括重建被毁的设施和房屋，重新规划和建设受影响的区域等

四、事故应急管理体系构建

(一) 事故应急救援体系的基本构成

1. 组织体系

组织体系是安全生产应急管理体系的基础。主要包括应急管理的领导决策层、管理与协调指挥系统以及应急救援队伍。应急救援体系组织体制建设中的管理机构是指维持应急日常管理的负责部门；功能部门包括与应急活动有关的各类组织机构，如消防、医疗机构等；应急指挥是在应急预案启动后，负责应急救援活动场外与场内指挥系统；而救援队伍则由专业人员和志愿人员组成。

2. 运作机制

运作机制是全国安全应急管理体系的重要保障。应急运作机制主要由统一指挥、分级响应、属地为主和公众动员4个基本机制组成。

3. 法制基础

法制建设是应急体系的基础和保障，也是开展各项应急活动的依据，与应急有关的法规可分为4个层次：由立法机关通过的法律，如《紧急状态法》《公民知情权法》和《紧急动员法》等；由政府颁布的规章，如《应急救援管理条例》等；包括预案在内的以政府令形式颁布的政府法令、规定等；与应急救援活动直接有关的标准或管理办法等。

4. 保障系统

保障系统是安全生产应急管理体系的有机组成部分，是体系运转的物质条件和手段。列于应急保障系统第一位的是信息与通信系统，构筑集中管理的信息、通信平台是应急体系最重要的基础建设。

应急体系如图 4-1 所示。

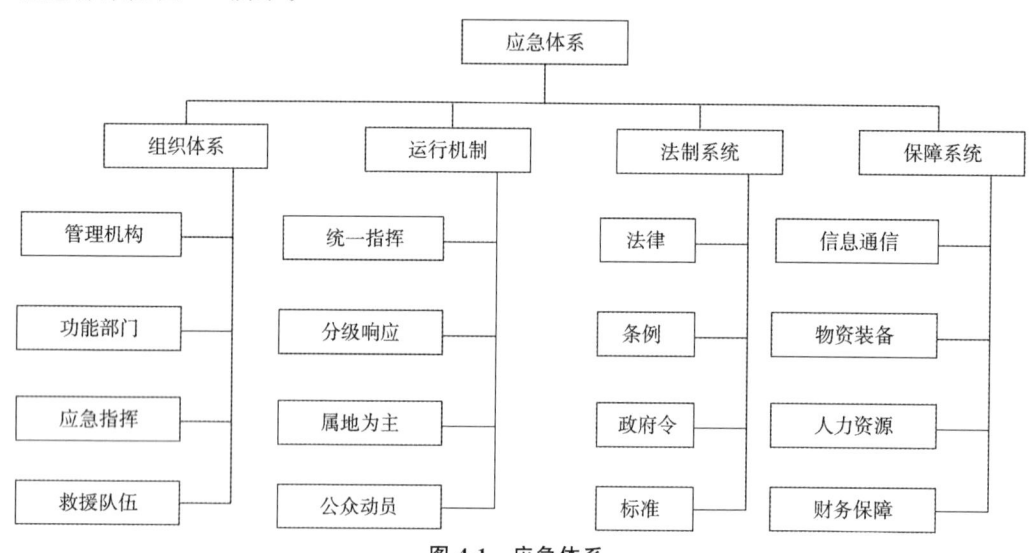

图 4-1　应急体系

（二）事故应急管理体系建设原则

1. 统一领导，分级管理

国务院安委会统一领导全国安全生产应急管理和事故灾难应急救援协调指挥工作，地方各级人民政府统一领导本行政区域内的安全生产应急管理和事故灾难应急救援协调指挥。国务院安委会办公室、国家安全生产监督管理总局管理的国家安全生产应急管理指挥中心，负责全国安全生产应急管理工作和事故灾难应急救援协调指挥的具体工作，国务院有关部门所属各级应急救援指挥机构、地方各级安全生产应急管理指挥机构分别负责职责范围内的安全生产应急管理工作和事故灾难应急救援协调指挥的具体工作。

2. 条块结合，属地为主

有关行业和部门应当与地方政府密切配合，按照属地为主的原则，进行应急救援体系建设。各级地方人民政府对本地安全生产事故灾难的应急救援负责，要结合实际情况建立完善安全生产事故灾难应急救援体系，满足应急救援工作需要。国家依托行业、地方和企业骨干救援力量在一些危险性大的特殊行业、领域建立专业应急救援体系，发挥专业优势，有效应对特别重大事故的应急救援。

3. 统筹规划，合理布局

根据产业分布、危险源分布、事故灾难类型和有关交通地理条件，对应急指挥机构、救援队伍以及应急救援的培训演练、物资储备等保障系统的布局、规模和功能等进行统筹规划。有关企业按规定标准建立企业应急救援队伍，省（自治区、直辖市）根据需要建立骨干专业救援队伍，国家在一些危险性大、事故发生频率高的地区或领域建立国家级区域救援基地，形成覆盖事故多发地区、事故多发领域分层次的安全生产应急管理队伍体系，适应经济社会发展对事故灾难应急救援的基本要求。

4. 依托现有，资源共享

以企业、社会和各级政府现有的应急资源为基础，对各专业应急救援队伍、培训演练、装备和物资储备等系统进行补充完善，建立有效机制实现资源共享、避免资源浪费和重复建设。国家级区域救援基地、骨干专业救援队伍原则上依托大中型企业的救援队伍建立，根据所承担的职责分别由国家和地方政府加以补充和完善。

5. 一专多能，平战结合

尽可能在现有的专业救援队伍的基础上加强装备和多种训练，各种应急救援队伍的建设要实现一专多能；发挥经过专门培训的兼职应急救援队伍的作用，鼓励各种社会力量参与到应急救援活动中来。各种应急救援队伍平时要做好应对事故灾难的思想准备、物资准备、经费准备和工作准备，不断地加强培训演练，紧急情况下能够及时有效地施救，真正做到平战结合。

6. 功能实用，技术先进

应急救援体系建设以能够实现及时、快速、高效地开展应急救援为出发点和落脚点，根据应急救援工作的现实和发展的需要设定应急救援信息网络系统的功能，采用国内外成熟的、先进的应急救援技术和特种装备，保证安全生产应急管理体系的先进性和适用性。

7. 整体设计，分步实施

根据规划和布局，对各地、各部门应急救援体系的应急机构、区域应急救援基地和骨干专业救援队伍、主要保障系统进行总体设计，并根据轻重缓急分期建设。具体建设项目，要严格按照国家有关要求进行，注重实效。

（三）事故应急响应机制

典型的响应级别通常可分为三级。

1. 一级紧急情况

必须利用所有有关部门及一切资源的紧急情况，或者需要各个部门同外部机构联合处理的各种紧急情况，通常要宣布进入紧急状态。在该级别中，作出主要决定的职责通常是紧急事务管理部门。现场指挥部可在现场作出保护生命和财产以及控制事态所必需的各种决定。解决整个紧急事件的决定，应该由紧急事务管理部门负责。

2. 二级紧急情况

需要两个或更多个部门响应的紧急情况。该事故的救援需要有关部门的协作，并且提供人员、设备或其他资源。该级响应需要成立现场指挥部来统一指挥现场的应急救援行动。

3. 三级紧急情况

能被一个部门正常可利用的资源处理的紧急情况。正常可利用的资源指在该部门权力范围内通常可以利用的应急资源，包括人力和物力等。必要时，该部门可以建立一个现场指挥部，所需的后勤支持、人员或其他资源增援由本部门负责解决。

（四）事故应急救援响应程序

事故应急救援的响应程序按过程可分为接警、响应级别确定、应急启动、救援行动、应急恢复和应急结束等过程，如图4-2所示。

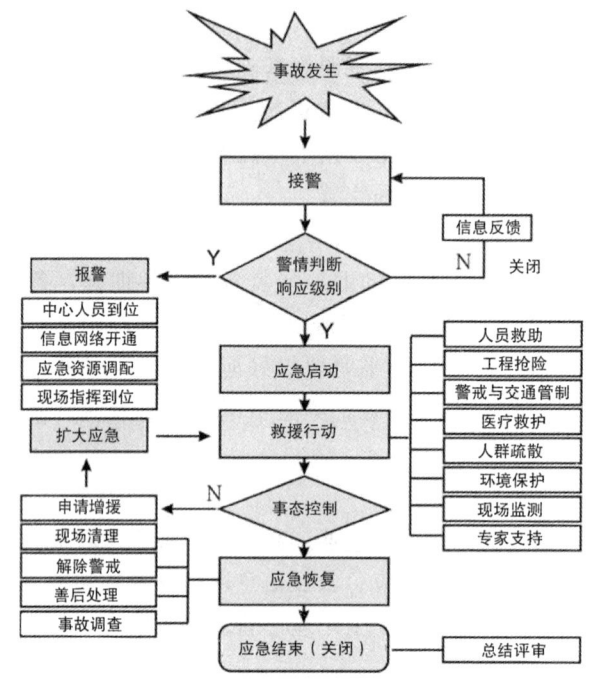

图 4-2 事故应急救援响应程序

(五) 现场应急指挥系统的组织结构

现场应急指挥系统的结构应当在紧急事件发生前就已建立，预先对指挥结构达成一致意见，将有助于保证应急各方明确各自的职责，并在应急救援过程中更好地履行职责。

现场应急指挥系统模块化的结构由指挥、行动、策划、后勤以及资金/行政 5 个核心应急响应职能组成。

· 典型例题 ·

1. 应急管理是一个动态的过程，包括预防、准备、响应和恢复 4 个阶段。下列工作中，不属于预防阶段内容的是（　　）。

A. 加大建筑物的安全距离

B. 减少危险物品的存量

C. 设置防护墙以及开展公众教育

D. 应急通信保障

【解析】预防有两层含义：①通过安全管理和安全技术等手段，尽可能地防止事故的发生，实现本质安全；②在假定事故必然发生的前提下，通过预先采取的预防措施，达到降低或减缓事故的影响或后果的严重程度，如加大建筑物的安全距离、工厂选址的安全规划、减少危险物品的存量、设置防护墙以及开展公众教育等。

2. 某商场开展事故应急演练，模拟某处着火，商场确认着火后立即拨打报警电话，并展开应急处置活动。下列关于该商场应急响应的说法，正确的是（　　）。

A. 该商场不必一开始就拨打报警电话

B. 该商场的应急响应程序包括接警、响应级别确定、应急启动、应急恢复和应急结束

C. 该商场的应急响应程序包括接警、响应级别确定、应急救援、应急恢复和应急结束

D. 该商场组织人员撤离，拨打"119"报警电话

【解析】事故应急救援的响应程序包括接警、响应级别确定、应急启动、救援行动、应急恢复和应急结束。

3. 重大事故应急救援应根据事故的性质、严重程度、事态发展趋势和控制能力实行分级响应机制，典型的响应级别分为3级。其中，三级响应级别是指（　　）。

A. 需要跨行政区域协作解决的
B. 能被一个部门资源解决的
C. 需要两个或更多个部门解决的
D. 必须利用一个城市所有部门的力量解决的

【解析】典型的响应级别通常可分为3级。

（1）一级紧急情况：必须利用所有有关部门及一切资源的紧急情况，或者需要各个部门同外部机构联合处理的各种紧急情况，通常要宣布进入紧急状态。在该级别中，作出主要决定的职责通常是紧急事务管理部门。现场指挥部可在现场作出保护生命和财产以及控制事态所必需的各种决定。解决整个紧急事件的决定，应该由紧急事务管理部门负责。

（2）二级紧急情况：需要两个或更多个部门响应的紧急情况。该事故的救援需要有关部门的协作，并且提供人员、设备或其他资源。该级响应需要成立现场指挥部来统一指挥现场的应急救援行动。

（3）三级紧急情况：能被一个部门正常可利用的资源处理的紧急情况。正常可利用的资源指在该部门权力范围内通常可以利用的应急资源，包括人力和物力等。必要时，该部门可以建立一个现场指挥部，所需的后勤支持、人员或其他资源增援由本部门负责解决。

4. 预控对策中的（　　），是联结预警分析与预控对策两个系统活动的组织手段。

A. 事故预防环节　　　　　　　　B. 组织准备环节
C. 人员救治环节　　　　　　　　D. 宣传教育环节

【解析】预控对策活动中的组织准备环节，是联结两个系统活动的组织手段。两大系统内各自活动的程序、方式与手段，以及两个系统联结的方式与手段，都由组织准备环节所设定的组织运行方式确定。而且，事故预警管理系统同企业内部其他职能系统的关系也由组织运行方式所规定。组织运行方式，实际上规定了两大系统活动环节的任务、目标与主要内容。总之，事故预警系统的活动是被程序、制度、标准所规定的统一化的管理过程。

5. 事故应急救援的总目标是通过应急救援行动，尽可能地降低事故的危害，包括人员伤亡、财产损失和环境破坏等。应急救援工作的首要任务是（　　）。

A. 控制危险源　　　　　　　　　B. 营救受害人员
C. 消除危害后果　　　　　　　　D. 查清事故原因

【解析】立即组织营救受害人员，组织撤离或者采取其他措施保护危害区域内的其他人员。抢救受害人员是应急救援的首要任务。

6. 生产经营单位发生液氨泄漏致人中毒事故后，应急救援的首要任务是抢救中毒人员和人员疏散，另外一项重要任务是（　　）。

A. 堵塞液氨泄漏点　　　　　　　B. 冲洗液氨泄漏点
C. 调查液氨泄漏事故原因　　　　D. 检测周围空气中氨的浓度

【解析】事故应急救援的基本任务包括：迅速控制事态，并对事故造成的危害进行检测、监测，测定事故的危害区域、危害性质及危害程度。及时控制住造成事故的危险源是应急救援工作的重要任务。

7. 甲省乙市的某化工企业发生储罐闪爆事故，事故未造成人员伤亡，但有毒气体扩散至一河之隔的甲省丙市丁县境内。负责该事故应急处置指挥的是（　　）。

　A. 甲省人民政府　　　　　　　　B. 乙市人民政府
　C. 丙市人民政府　　　　　　　　D. 丁县人民政府

【解析】根据《突发事件应对法》第七条，县级人民政府对本行政区域内突发事件的应对工作负责；涉及两个以上行政区域的，由有关行政区域共同的上一级人民政府负责，或者由各有关行政区域的上一级人民政府共同负责。

8. 安全生产应急管理体系建设应遵循（　　）原则。

　A. 条块结合，整体为主　　　　　B. 依托现有，资源共享
　C. 一专多能，平战结合　　　　　D. 功能实用，技术先进
　E. 整体设计，分步实施

【解析】安全生产应急管理体系建设应遵循以下建设原则：①统一领导，分级管理；②条块结合，属地为主；③统筹规划，合理布局；④依托现有，资源共享；⑤一专多能，平战结合；⑥功能实用，技术先进；⑦整体设计，分步实施。

答案：1. D　2. B　3. B　4. B　5. B　6. A　7. A　8. BCDE

第四节　事故应急预案编制

一、事故应急预案的作用

事故应急预案在应急系统中起着关键作用：
（1）应急预案确定了应急救援的范围和体系，使应急管理不再无据可依、无章可循。
（2）应急预案有利于做出及时的应急响应，降低事故后果。
（3）应急预案是各类突发重大事故的应急基础。
（4）应急预案建立了与上级单位和部门应急救援体系的衔接。
（5）应急预案有利于提高风险防范意识。

二、事故应急预案体系

生产经营单位主要负责人负责组织编制和实施本单位的应急预案，并对应急预案的真实性和实用性负责；各分管负责人应当按照职责分工落实应急预案规定的职责。应急预案分为综合应急预案、专项应急预案和现场处置方案。

（一）综合应急预案

综合应急预案是指生产经营单位为应对各种安全生产事故而制定的综合性工作方案，是本单位应对生产安全事故的总体工作程序、措施和应急预案体系的总纲。生产经营单位风险种类多、可能发生多种类型事故的，应当组织编制综合应急预案。综合应急预案应当规定应急组织机构及其职责、应急预案体系、事故风险描述、预警及信息报告、应急响应、保障措施、应急

预案管理等内容。

（二）专项应急预案

专项应急预案是指生产经营单位为应对某一种或者多种类型安全生产事故，或者针对重要生产设施、重大危险源、重大活动防止安全生产事故而制定的专项性工作方案。对于某一种或者多种类型的事故风险，生产经营单位可以编制相应的专项应急预案，或将专项应急预案并入综合应急预案。专项应急预案应当规定应急指挥机构与职责、处置程序和措施等内容。

（三）现场处置方案

现场处置方案是指生产经营单位根据不同类型的安全生产事故，针对具体场所、装置或者设施所制定的应急处置措施。对于危险性较大的场所、装置或者设施，生产经营单位应当编制现场处置方案。现场处置方案应当规定应急工作职责、应急处置措施和注意事项等内容。事故风险单一、危险性小的生产经营单位，可以只编制现场处置方案。

三、事故应急预案编制的原则

应急预案的编制应当遵循以人为本、依法依规、符合实际、注重实效的原则，以应急处置为核心，明确应急职责，规范应急程序，细化保障措施。

四、事故应急预案编制的基本要求

《生产安全事故应急预案管理办法》第八条规定了应急预案的编制应当符合下列基本要求：
(1) 有关法律、法规、规章和标准的规定。
(2) 本地区、本部门、本单位的安全生产实际情况。
(3) 本地区、本部门、本单位的危险性分析情况。
(4) 应急组织和人员的职责分工明确，并有具体的落实措施。
(5) 有明确、具体的处置措施和应急程序，并与其应急能力相适应。
(6) 有明确的应急保障措施，并能满足本地区、本部门、本单位的应急工作需要。
(7) 应急预案基本要素齐全、完整，应急预案附件提供的信息准确。
(8) 应急预案内容与相关应急预案相互衔接。

五、事故应急预案编制程序

生产经营单位事故应急预案的编制程序包括成立工作组、资料收集、风险评估、应急资源调查、编制应急预案、桌面推演、应急预案评审、批准实施8个步骤。

（一）成立工作组

结合本单位职能和分工，成立以单位有关负责人为组长，单位相关部门人员（如生产、技术、设备、安全、行政、人事、财务人员）参加的应急预案编制工作组，明确工作职责和任务分工，制订工作计划，组织开展应急预案编制工作。预案编制工作组中应邀请相关救援队伍以及周边相关企业、单位或社区代表参加。

（二）资料收集

应急预案编制工作组应收集下列相关资料：
(1) 适用的法律法规、部门规章、地方性法规和政府规章、技术标准及规范性文件。
(2) 企业周边地质、地形、环境情况及气象、水文、交通资料。
(3) 企业现场功能区划分、建（构）筑物平面布置及安全距离资料。
(4) 企业工艺流程、工艺参数、作业条件、设备装置及风险评估资料。

（5）本企业历史事故与隐患、国内外同行业事故资料。

（6）属地政府及周边企业、单位应急预案。

（三）风险评估

开展生产安全事故风险评估，撰写评估报告，其内容包括但不限于：

（1）辨识生产经营单位存在的危险有害因素，确定可能发生的生产安全事故类别。

（2）分析各种事故类别发生的可能性、危害后果和影响范围。

（3）评估确定相应事故类别的风险等级。

（四）应急资源调查

全面调查和客观分析本单位以及周边单位和政府部门可请求援助的应急资源状况，撰写应急资源调查报告，其内容包括但不限于：

（1）本单位可调用的应急队伍、装备、物资、场所。

（2）针对生产过程及存在的风险可采取的监测、监控、报警手段。

（3）上级单位、当地政府及周边企业可提供的应急资源。

（4）可协调使用的医疗、消防、专业抢险救援机构及其他社会化应急救援力量。

（五）应急预案编制

（1）应急预案编制应当遵循以人为本、依法依规、符合实际、注重实效的原则，以应急处置为核心，体现自救互救和先期处置的特点，做到职责明确、程序规范、措施科学，尽可能简明化、图表化、流程化。

（2）应急预案编制工作包括但不限于下列内容：

①依据事故风险评估及应急资源调查结果，结合本单位组织管理体系、生产规模及处置特点，合理确立本单位应急预案体系。

②结合组织管理体系及部门业务职能划分，科学设定本单位应急组织机构及职责分工。

③依据事故可能的危害程度和区域范围，结合应急处置权限及能力，清晰界定本单位的响应分级标准，制定相应层级的应急处置措施。

④按照有关规定和要求，确定事故信息报告、响应分级与启动、指挥权移交、警戒疏散方面的内容，落实与相关部门和单位应急预案的衔接。

（六）桌面推演

按照应急预案明确的职责分工和应急响应程序，结合有关经验教训，相关部门及其人员可采取桌面演练的形式，模拟生产安全事故应对过程，逐步分析讨论并形成记录，检验应急预案的可行性，并进一步完善应急预案。

（七）应急预案评审

（1）评审形式。应急预案编制完成后，生产经营单位应按法律法规有关规定组织评审或论证。参加应急预案评审的人员可包括有关安全生产及应急管理方面的、有现场处置经验的专家。应急预案论证可通过推演的方式开展。

（2）评审内容。应急预案评审内容主要包括风险评估和应急资源调查的全面性、应急预案体系设计的针对性、应急组织体系的合理性、应急响应程序和措施的科学性、应急保障措施的可行性、应急预案的衔接性。

（3）评审程序。应急预案评审程序包括下列步骤：

①评审准备。成立应急预案评审工作组，落实参加评审的专家，将应急预案、编制说明、风险评估、应急资源调查报告及其他有关资料在评审前送达参加评审的单位或人员。

②组织评审。评审采取会议审查形式，企业主要负责人参加会议，会议由参加评审的专家共同推选出的组长主持，按照议程组织评审；表决时，应有不少于出席会议专家人数的三分之二同意，方为通过；评审会议应形成评审意见（经评审组组长签字）。

③修改完善。生产经营单位应认真分析研究，按照评审意见对应急预案进行修订和完善。评审表决不通过的，生产经营单位应修改完善后按评审程序重新组织专家评审，生产经营单位应写出根据专家评审意见的修改情况说明，并经专家组组长签字确认。

（八）批准实施

通过评审的应急预案，由生产经营单位主要负责人签发实施。

六、事故应急预案的基本结构

不同的应急预案由于各自所处的层次和适用的范围不同，因而在内容的详略程度和侧重点上会有所不同，但都可以采用相似的基本结构。"1+4"预案编制结构如图4-3所示，是由一个基本预案加上应急功能设置、特殊风险管理、标准操作程序和支持附件构成的。

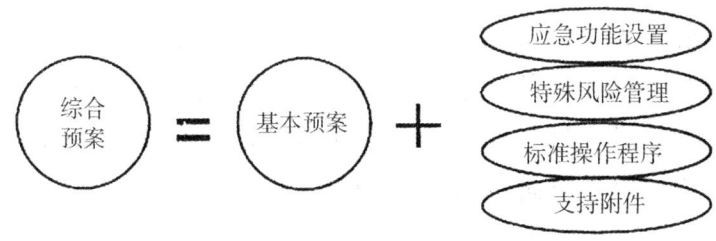

图4-3 应急预案的基本结构

（一）基本预案

基本预案是应急预案的总体描述，主要阐述应急预案所要解决的紧急情况、应急的组织体系、方针、应急资源、应急的总体思路，并明确各应急组织在应急准备和应急行动中的职责以及应急预案的演练和管理等规定。

（二）应急功能设置

应急功能是指针对各类重大事故应急救援中通常采取的一系列的基本应急行动和任务，如指挥和控制、警报、通信、人群疏散与安置、医疗、现场管制等。

因此，设置应急功能时，应针对潜在重大事故的特点综合分析并将其分配给相关部门。对每一项应急功能都应明确其针对的形势、目标、负责机构和支持机构、任务要求、应急准备和操作程序等。应急预案中包含的应急功能的数量和类型，主要取决于所针对的潜在重大事故危险的类型，以及应急的组织方式和运行机制等具体情况。

（三）特殊风险管理

特殊风险指根据某类事故灾难、灾害的典型特征，需要对其应急功能作出针对性安排的风险。应说明处置此类风险应该设置的专有应急功能或有关应急功能所需的特殊要求，明确这些应急功能的责任部门、支持部门、有限介入部门以及它们的职责和任务，为制定该类风险的专项预案提出特殊要求和指导。

（四）标准操作程序

由于基本预案、应急功能设置并不说明各项应急功能的实施细节，因此各应急功能的主要责任部门必须组织制定相应的标准操作程序，为应急组织或个人提供履行应急预案中规定职责和任务的详细指导。标准操作程序应保证与应急预案的协调和一致性，其中重要的标准操作程序可作为应急预案附件或以适当方式引用。

(五) 支持附件

支持附件主要包括应急救援的有关支持保障系统的描述及有关的附图表,如危险分析附件,通信联络附件,法律法规附件,机构和应急资源附件,教育、培训、训练和演习附件,技术支持附件,协议附件,其他支持附件等。

从广义上来说,应急预案是一个由各级文件构成的文件体系,它不仅是应急预案本身,也包括针对某个特定的应急任务或功能所制定的工作程序等。

一个完整的应急预案的文件体系可包括预案、程序、指导书、记录等,是一个4级文件体系。

七、事故应急预案主要内容

《生产经营单位安全生产事故应急预案编制导则》(GB/T 29639—2020)规定了综合应急预案、专项应急预案和现场处置方案的主要内容。

通常,完整的应急预案主要包括以下6个方面的内容。

(一) 应急预案概况

应急预案概况主要描述生产经营单位概况以及危险特性状况等,同时对紧急情况下应急事件、适用范围和方针、原则等提供简述并做必要说明。应急救援体系首先应有一个明确的方针和原则来作为指导应急救援工作的纲领。方针与原则反映了应急救援工作的优先方向、政策、范围和总体目标,如保护人员安全优先,防止和控制事故蔓延优先,保护环境优先。此外,方针与原则还应体现事故损失控制、预防为主、统一指挥以及持续改进等思想。

(二) 事故预防

预防程序是对潜在事故、可能的次生与衍生事故进行分析并说明所采取的预防和控制事故的措施。

应急预案是有针对性的,具有明确的对象,其对象可能是某一类或多类可能的重大事故类型。应急预案的制定必须基于对所针对的潜在事故类型有一个全面系统的认识和评价,识别出重要的潜在事故类型、性质、区域、分布及事故后果。同时,根据危险分析的结果,分析应急救援的应急力量和可用资源情况,并提出建设性意见。

1. 危险分析

危险分析的最终目的是要明确应急的对象(可能存在的重大事故)、事故的性质及其影响范围、后果严重程度等,为应急准备、应急响应和减灾措施提供决策和指导依据。

危险分析包括危险识别、脆弱性分析和风险分析。

危险分析应依据国家和地方有关的法律法规要求,根据具体情况进行。

2. 资源分析

针对危险分析所确定的主要危险,明确应急救援所需的资源,列出可用的应急力量和资源,包括:

(1) 各类应急力量的组成及分布情况。

(2) 各种重要应急设备、物资的准备情况。

(3) 上级救援机构或周边可用的应急资源。

通过资源分析,可为应急资源的规划与配备、与相邻地区签订互助协议和预案编制提供指导。

3. 法律法规要求

有关应急救援的法律法规是开展应急救援工作的重要前提保障。

编制预案前，应调研国家和地方有关应急预案、事故预防、应急准备、应急响应和恢复相关的法律法规文件，以作为预案编制的依据和授权。

（三）准备程序

准备程序应说明应急行动前需要采取的准备工作，包括应急组织及其职责权限、应急队伍建设和人员培训、应急物资的准备、预案的演习、公众的应急知识培训、签订互助协议等。

应急预案能否在应急救援中成功地发挥作用，不仅仅取决于应急预案自身的完善程度，还依赖于应急准备的充分与否。

应急准备主要包括各应急组织及其职责权限的明确、应急资源的准备、公众教育、应急人员培训、预案演练和互助协议的签署等。

1. 机构与职责

为保证应急救援工作的反应迅速、协调有序，必须建立完善的应急机构组织体系，包括城市应急管理的领导机构、应急响应中心以及各有关机构部门等。

对应急救援中承担任务的所有应急组织，应明确相应的职责、负责人、候补人及联络方式。

2. 应急资源

应急资源的准备是应急救援工作的重要保障，应根据潜在事故的性质和危险分析，合理组建专业和社会救援力量，配备应急救援中所需的各种救援机械和装备、监测仪器、堵漏和清消材料、交通工具、个体防护装备、医疗器械和药品、生活保障物资等，并定期检查、维护与更新，保证始终处于完好状态。另外，对应急资源信息应实施有效的管理与更新。

3. 教育、培训与演习

为全面提高应急能力，应急预案应对公众教育、应急训练和演习作出相应的规定，包括其内容、计划、组织与准备、效果评估等。应急演习是对应急能力的综合检验。合理开展由应急各方参加的应急演习，有助于提高应急能力。同时，通过对演练的结果进行评估，有助于改进应急预案和应急管理工作中存在的不足，持续提高应急能力，完善应急管理工作。

4. 互助协议

当有关的应急力量与资源相对薄弱时，应事先寻求与邻近区域签订正式的互助协议，并做好相应的安排，以便在应急救援中及时得到外部救援力量和资源的援助。此外，也应与社会专业技术服务机构、物资供应企业等签署相应的互助协议。

（四）应急程序

在应急救援过程中，存在一些必须的核心功能和任务，如接警与通知、指挥与控制警报和紧急公告、通信、事态监测与评估、警戒与治安、人群疏散与安置、医疗与卫生公共关系、应急人员安全、消防和抢险、泄漏物控制等，无论何种应急过程都必须围绕上述功能和任务开展。

应急程序主要指实施上述核心功能和任务的程序和步骤。

1. 接警与通知

准确了解事故的性质和规模等初始信息是决定启动应急救援的关键。接警作为应急响应的第一步，必须对接警要求作出明确规定，保证迅速、准确地向报警人员询问事故现场的重要信息。接警人员接受报警后，应按预先确定的通报程序，迅速向有关应急机构、政府及上级部门发出事故通知，以采取相应的行动。

2. 指挥与控制

重大安全生产事故应急救援往往需要多个救援机构共同处置，因此，对应急行动的统一指挥和协调是有效开展应急救援的关键。建立统一的应急指挥、协调和决策程序，便于对事故进行初始评估，确认紧急状态，从而迅速有效地进行应急响应决策，建立现场工作区域，确定重点保护区域和应急行动的优先原则，指挥和协调现场各救援队伍开展救援行动，合理高效地调配和使用应急资源等。

3. 警报和紧急公告

当事故可能影响到周边地区，对周边地区的公众可能造成威胁时，应及时启动警报系统，向公众发出警报，同时通过各种途径向公众发出紧急公告，告知事故性质、对健康的影响、自我保护措施、注意事项等，以保证公众能够及时做出自我保护响应。

决定疏散时，应通过紧急公告确保公众了解疏散的有关信息，如疏散时间、路线、随身携带物、交通工具及目的地等。

4. 通信

通信是应急指挥、协调和与外界联系的重要保障。在现场指挥部、应急中心、各应急救援组织、新闻媒体、医院、上级政府和外部救援机构之间，必须建立完善的应急通信网络。在应急救援过程中应始终保持通信网络畅通，并设立备用通信系统。

5. 事态监测与评估

在应急救援过程中必须对事故的发展势态及影响及时进行动态监测，建立对事故现场及场外的监测和评估程序。

事态监测与评估在应急救援中起着非常重要的决策支持作用，其结果不仅是控制事故现场、制定消防、抢险措施的重要决策依据，也是划分现场工作区域、保障现场应急人员安全、实施公众保护措施的重要依据。即使在现场恢复阶段，也应当对现场和环境进行监测。

6. 警戒与治安

为保障现场应急救援工作的顺利开展，在事故现场周围建立警戒区域，实施交通管制，维护现场治安秩序是十分必要的。其目的是要防止与救援无关人员进入事故现场，保障救援队伍、物资运输和人群疏散等的交通畅通，并避免发生不必要的伤亡。

7. 人群疏散与安置

人群疏散是减少人员伤亡扩大的关键，也是最彻底的应急响应。应当对疏散的紧急情况和决策、预防性疏散准备、疏散区域、疏散距离、疏散路线、疏散运输工具、避难场所以及回迁等作出细致的规定和准备，应考虑疏散人群的数量、所需要的时间、风向等环境变化以及老弱病残等特殊人群的疏散等问题。对已实施临时疏散的人群，要做好临时生活安置，保障必要的水、电、卫生等基本条件。

8. 医疗与卫生

对受伤人员采取及时、有效的现场急救，合理转送医院进行治疗，是减少事故现场人员伤亡的关键。医疗人员必须了解城市主要的危险，并经过培训，掌握对受伤人员进行正确消毒和治疗的方法。

9. 公共关系

重大事故发生后，不可避免地会引起新闻媒体和公众的关注。应将有关事故的信息、影响、救援工作的进展等情况及时向媒体和公众公布，以消除公众的恐慌心理，避免公众的猜疑和不满；应保证事故和救援信息的统一发布，明确事故应急救援过程中对媒体和公众的发言人和信息批准、发布的程序，避免信息的不一致性。同时，还应处理好公众的有关咨询、接待和受害者家属的安抚。

10. 应急人员安全

重大事故尤其是涉及危险物质的重大事故的应急救援工作危险性极大，必须对应急人员自身的安全问题进行周密的考虑。包括安全预防措施、个体防护设备、现场安全监测等，明确紧急撤离应急人员的条件和程序，保证应急人员免受事故的伤害。

11. 抢险与救援

抢险与救援是应急救援工作的核心内容之一，其目的是尽快地控制事故的发展，防止事故的蔓延和进一步扩大，从而最终控制住事故，并积极营救事故现场的受害人员。尤其是涉及危险物质的泄漏、火灾事故，其消防和抢险工作的难度和危险性巨大，应对消防和抢险的器材和物资、人员的培训、方法和策略以及现场指挥等做好周密的安排和准备。

12. 危险物质控制

危险物质的泄漏或失控，将可能引发火灾、爆炸或中毒事故，对工人和设备等造成严重危险。而且，泄漏的危险物质以及夹带的有毒物质的灭火用水，都可能对环境造成重大影响，同时也会给现场救援工作带来更大的危险。

因此，必须对危险物质进行及时有效的控制，如对泄漏物的围堵、收容和洗消，并进行妥善处置。

（五）现场恢复

现场恢复也可称为紧急恢复，是指事故被控制住后所进行的短期恢复，从应急过程来说意味着应急救援工作的结束，进入到另一个工作阶段，即将现场恢复到一个基本稳定的状态。

该部分主要内容应包括：宣布应急结束的程序；撤离和交接程序；恢复正常状态的程序；现场清理和受影响区域的连续检测；事故调查与后果评价等。

（六）预案管理与评审改进

应急预案是应急救援工作的指导文件。应当对预案的制定、修改、更新、批准和发布作出明确的管理规定，保证定期或在应急演习、应急救援后对应急预案进行评审和改进，针对各种实际情况的变化以及预案应用中所暴露的缺陷持续改进，以不断完善应急预案体系。

·典型例题·

1. 某化工企业以轻石油为原料，生产的主要产品为异己烷、正己烷、正庚烷，副产品为石脑油，厂区内有储罐区和装置区两处重大危险源。为加强应急管理工作，该化工企业按照有关规定开展了应急预案的编制工作，下列有关应急预案编制工作的做法中，错误的是（　　）。

A. 成立以分管负责人为领导的应急预案编制小组
B. 该化工企业辨识出的主要事故类型有火灾、容器爆炸、触电、高处坠落等
C. 应急预案编制小组对该企业应急装备、应急队伍等应急资源进行调查
D. 应急预案编制完成后，该企业负责人组织有关部门和人员进行内审后签署发布

【解析】事故应急预案的编制程序：①成立工作组，以单位有关负责人为组长；②资料收集；③风险评估；④应急资源调查；⑤编制应急预案；⑥桌面推演；⑦应急预案评审；⑧批准实施，由主要负责人批准实施。

2. 甲矿山企业将巷道掘进工程承包给乙矿建公司，根据《生产经营单位生产安全事故应

急预案编制导则》，下列关于该巷道掘进工程透水事故专项应急预案编制的说法中，错误的是（　　）。

A. 该应急预案应按照综合应急预案的要求组织制定
B. 乙矿建公司应组织相关部门和人员负责编制
C. 透水事故应急预案应由甲矿山企业安全管理部门具体编制
D. 该应急预案应包括处置措施和应急保障等内容

【解析】事故应急预案的编制程序：①成立工作组，以单位有关负责人为组长；②资料收集；③风险评估；④应急资源调查；⑤编制应急预案；⑥桌面推演；⑦应急预案评审；⑧批准实施，由主要负责人批准实施。专项应急预案应符合综合应急预案的要求，编制单位应为乙矿建公司，内容包括适用范围、应急组织机构和职责、响应启动、处置措施、应急保障。

答案：1.D　2.C

第五节　应急预案的演练

一、应急演练的定义、目的与原则

（一）定义

应急演练是指各级政府部门、企事业单位、社会团体，组织相关应急人员与群众，针对特定的突发公共事件假想情景，按照应急预案所规定的职责和程序，在特定的时间和地域，执行应急响应任务的训练活动。

（二）目的

（1）检验预案。通过开展应急演练，查找应急预案中存在的问题，进而完善应急预案，提高应急预案的实用性和可操作性。

（2）完善准备。通过开展应急演练，检查应对突发公共事件所需应急队伍、物资、装备、技术等方面的准备情况，发现不足及时予以调整补充，做好应急准备工作。

（3）锻炼队伍。通过开展应急演练，增强演练组织单位、参与单位和人员等对应急预案的熟悉程度，提高其应急处置能力。

（4）磨合机制。通过开展应急演练，进一步明确相关单位和人员的职责任务，理顺工作关系，完善应急机制。

（5）宣传教育。通过开展应急演练，普及应急知识，提高公众风险防范意识和自救互救等灾害应对能力。

（三）原则

应急演练应符合以下原则：

（1）符合相关规定。按照国家相关法律法规、标准及有关规定组织开展演练。

（2）依据预案演练。结合生产面临的风险及事故特点，依据应急预案组织开展演练。

（3）注重能力提高。以提高指挥协调能力、应急处置能力为主要出发点组织开展演练。

（4）确保安全有序。在保证参演人员及设备设施安全的条件下组织开展演练。

二、应急演练的类型

（一）按组织方式分类

应急演练按照组织方式及目标重点的不同，可以分为桌面演练和实战演练等。

（1）桌面演练。桌面演练是一种圆桌讨论或演习活动，其目的是使各级应急部门、组织和个人在较轻松的环境下，明确和熟悉应急预案中所规定的职责和程序，提高协调配合及解决问题的能力。

（2）实战演练。实战演练是以现场实战操作的形式开展的演练活动。参演人员在贴近实际状况和高度紧张的环境下，根据演练情景的要求，通过实际操作完成应急响应任务，以检验和提高相关应急人员的组织指挥、应急处置以及后勤保障等综合应急能力。

（二）按演练内容分类

应急演练按其内容，可以分为单项演练和综合演练两类。

（1）单项演练。单项演练是指只涉及应急预案中特定应急响应功能或现场处置方案中一系列应急响应功能的演练活动。注重针对一个或少数几个参与单位（岗位）的特定环节和功能进行检验。

（2）综合演练。综合演练是指涉及应急预案中多项或全部应急响应功能的演练活动。注重对多个环节和功能进行检验，特别是对不同单位之间应急机制和联合应对能力的检验。

三、应急演练的组织与实施

一次完整的应急演练活动应包括计划、准备、实施、评估总结和改进 5 个阶段，见表4-5。

表 4-5　应急演练活动阶段

阶段	内容
计划阶段	①梳理需求；②明确任务；③编制计划；④计划审批
准备阶段	①成立演练组织机构（演练领导小组，策划部、保障部、评估组、参演队伍和人员）；②确定演练目标；③演练情景事件设计；④演练流程设计；⑤技术保障方案设计；⑥评估标准和方法选择；⑦编写演练方案文件；⑧方案审批；⑨落实各项保障工作（人员保障、经费保障、场地保障、物资和器材保障、技术保障、安全保障）；⑩培训；⑪预演
实施阶段	①演练前检查；②演练前情况说明和动员；③演练启动；④演练执行；⑤演练结束与意外终止；⑥现场点评会
评估总结阶段	①评估；②总结报告；③文件归档与备案
改进阶段	①改进行动；②跟踪检查与反馈

在演练实施中，由于演练组织形式不同，其演练执行程序也有差异。

（一）实战演练

应急演练活动一般始于报警消息，在此过程中，参演应急组织和人员应尽可能按实际紧急事件发生时的响应要求进行演示，即"自由演示"，由参演应急组织和人员根据自己关于最佳解决办法的理解，对情景事件做出响应行动。

（二）桌面演练

桌面演练的执行通常是 5 个环节的循环往复：演练信息注入、问题提出、决策分析、决策结果表达和点评。

（三）演练解说

演练背景描述、进程讲解、案例介绍、环境渲染等。

(四) 演练记录

演练实际开始与结束时间，演练过程控制情况，各次演练活动中参演人员的表现、意外情况及其处置等。

(五) 演练宣传报道

《生产安全事故应急预案管理办法》第三十二条规定："各级人民政府应急管理部门应当至少每2年组织一次应急预案演练，提高本部门、本地区生产安全事故应急处置能力。"

第三十三条规定："生产经营单位应当制定本单位的应急预案演练计划，根据本单位的事故风险特点，每年至少组织一次综合应急预案演练或者专项应急预案演练，每半年至少组织一次现场处置方案演练。"

第三十四条规定："应急预案演练结束后，应急预案演练组织单位应当对应急预案演练效果进行评估，撰写应急预案演练评估报告，分析存在的问题，并对应急预案提出修订意见。"

• 典型例题 •

1. 某石油冶炼企业组织常减压蒸馏装置加热炉突然熄火应急演练，为了让应急演练不干扰生产操作，生产车间应采用"挂牌"方式考核操作员应急操作能力，"挂牌"有"开""关"两种，操作员需要把印有"开"或"关"字样的标牌挂在生产装置相关工艺管道的阀门上。根据应急演练的内容分类，这种演练的类型是（　　）。

A. 单项演练　　　　　　　　B. 桌面演练
C. 实战演练　　　　　　　　D. 综合演练

【解析】单项演练是指只涉及应急预案中特定应急响应功能或现场处置方案中一系列应急响应功能的演练活动。注重针对一个或少数几个参与单位（岗位）的特定环节和功能进行检验。

2. 应急演练活动中的"现场点评会"属于应急演练活动的（　　）阶段。

A. 准备阶段　　　　　　　　B. 实施阶段
C. 评估总结阶段　　　　　　D. 改进阶段

【解析】实施阶段包括：①演练前检查；②演练前情况说明和动员；③演练启动；④演练执行；⑤演练结束与意外终止；⑥现场点评会。

答案：1. A　2. B

同步强化训练

一、单项选择题

1. 事故应急救援的基本任务主要包括：一是立即组织营救受害人员，组织撤离或者采取其他措施保护危害区域内的其他人员。二是迅速控制事态，并对事故造成的危害进行检测、监测，评估事故的危害区域、危险性质及危害程度。三是消除危害后果，做好现场恢复。四是查清事故原因，评估事故危害程度。为完成第三项基本任务，应迅速采取的措施是（　　）。

A. 隔离、减弱、监测、评估
B. 封闭、隔离、洗消、监测
C. 疏散、隔离、减弱、监测
D. 封闭、减弱、洗消、监测

2. 应急预案能否在应急救援中成功地发挥作用，不仅取决于应急预案自身的完善程度，还依赖于应急准备工作的充分性。下列工作中，属于应急准备的是（   ）。
   A. 接警通知
   B. 应急演练
   C. 伤员救治
   D. 事故调查

3. 应急演练实施是演练方案付诸行动的过程，是整个演练程序中的核心环节。下列内容中，属于应急演练实施阶段的是（   ）。
   A. 演练方案培训、演练现场检查、演练执行、演练结束和领导点评
   B. 现场检查确认、演练情况说明、演练执行、演练结束和现场点评
   C. 落实演练保障措施、启动演练执行程序、结束演练和专家点评
   D. 介绍演练人员及规则、演练启动与执行、演练结束和预案评审

4. 生产经营单位发生生产安全死亡事故后，要立即启动应急救援预案，开展现场应急救援工作。下列任务中，属于现场处理的是（   ）。
   A. 救护受害者和保护事故现场
   B. 对现场材料进行技术鉴定
   C. 联系保险公司理赔
   D. 统计工作损失价值

5. 某小区主排水管道发生堵塞，S物业公司委托W管道工程公司实施新建污水井与原有污水管线连通作业。W管道工程公司作业班长甲某，在未采取有效安全措施的情况下，贸然下井对原有污水管线进行开孔作业，突然被熏倒，从原有污水管线上跌至井底（落差2m，井口到井底共3.8m），乙某第一时间对甲某进行施救。下列关于应急处置的做法中，正确的是（   ）。
   A. 乙某拴挂安全绳后被迅速吊至井底，将甲某提升至地面
   B. 乙某拴挂安全绳，佩戴防毒面具后下井将甲某提升至地面
   C. 乙某拴挂安全绳，佩戴空气呼吸器后下井将甲某提升至地面
   D. 乙某佩戴防护装备并在三脚架架设完成后下井将甲某提升至地面

6. 某钢铁集团冷轧厂罩式炉退火作业区脱脂机组试生产时，某操作工在配置碱液过程中发生意外，造成碱液喷射至其面部。针对上述意外事件，应第一时间采取的应急措施是（   ）。
   A. 保护现场，同时拨打"120"，等待医生前来救护
   B. 使用大量清水冲洗，同时拨打"120"救护或就近送往医院
   C. 使用低浓度的酸性液体中和，同时拨打"120"救护或就近送往医院
   D. 用酒精擦拭，同时拨打"120"救护或就近送往医院

二、多项选择题
   某地下铁矿应急预案体系由综合应急预案、专项应急预案、现场处置方案组成。下列关于该矿地下开采事故应急预案的说法中，正确的有（   ）。
   A. 综合应急预案必须明确所有临时性应急方案
   B. 专项应急预案应包括冒顶片帮、透水、火灾、中毒和窒息等事故预案
   C. 火灾事故专项应急预案对组织机构及职责有较强的针对性和具体阐述
   D. 中毒和窒息专项预案的编制应辨识井下破碎硐室的危险、有害因素
   E. 触电事故现场处置方案应当明确现场处置、事故控制和人员救护等应急处置措施

>>> 参考答案及解析 <<<

一、单项选择题

1. 【答案】B
   【解析】应迅速采取的措施：消除危害后果，做好现场恢复。针对事故对人体、动植物、土壤、空气等造成的现实危害和可能的危害，迅速采取封闭、隔离、洗消、监测等措施，防止对人的继续危害和对环境的污染。及时清理废墟和恢复基本设施，将事故现场恢复至相对稳定的状态。

2. 【答案】B
   【解析】应急准备是应急管理工作中的一个关键环节。应急准备是指为有效应对突发事件而事先采取的各种措施的总称，包括意识、组织机制、预案、队伍、资源、培训演练等各种准备。

3. 【答案】B
   【解析】演练实施包括：①演练前检查；②演练前情况说明和动员；③演练启动；④演练执行；⑤演练结束与意外终止；⑥现场点评会。

4. 【答案】A
   【解析】生产经营单位发生生产安全事故后，事故现场有关人员应当立即报告本单位负责人。单位负责人接到事故报告后，应当迅速采取有效措施，组织抢救，防止事故扩大，减少人员伤亡和财产损失，并按照国家有关规定立即如实报告当地负有安全生产监督管理职责的部门，不得隐瞒不报、谎报或者迟报，不得故意破坏事故现场、毁灭有关证据。

5. 【答案】C
   【解析】本题考查的是应急处置措施。下井救援人员必须佩戴安全绳及空气呼吸机，并且井上至少有两人以上的监护人员时，方能下井实施营救。

6. 【答案】B
   【解析】本题考查的是对安全生产教育培训的基本要求。要立即用大量水冲洗，然后涂上低浓度酸溶液，以中和碱液。

二、多项选择题

【答案】BCDE
【解析】综合应急预案：生产经营单位为应对各种安全生产事故而制定的综合性工作方案，是本单位应对生产安全事故的总体工作程序、措施和应急预案体系的总纲。专项应急预案：生产经营单位为应对某一种或者多种类型安全生产事故，或者针对重要生产设施、重大危险源、重大活动防止生产安全事故而制定的专项性工作方案。是针对某种具体的、特定类型的紧急情况，如煤矿瓦斯爆炸、危险物质泄漏、火灾、某一自然灾害、危险源和应急保障而制定的计划或方案，是综合应急预案的组成部分，应按照综合应急预案的程序和要求组织制定，并作为综合应急预案的附件。现场处置方案：指生产经营单位根据不同类型的安全生产事故，针对具体场所、装置或者设施所制定的应急处置措施。选项A，综合应急预案是总纲，"必须明确所有临时性应急方案"说法错误。

第五章
安全评价

根据安全生产相关法律法规和标准规定，进行安全评价的前期准备工作，辨识和分析危险、有害因素，提出防止事故发生的技术和管理对策措施建议，编制安全评价报告。

第一节 安全评价的分类、原则及依据

2007年，经国家安全生产监督管理总局（现中华人民共和国应急管理部）批准颁发了《安全评价通则》（AQ 8001—2007）、《安全预评价导则》（AQ 8002—2007）、《安全验收评价导则》（AQ 8003—2007）。

安全评价是指以实现安全为目的，应用安全系统工程原理和方法，辨识与分析工程、系统、生产经营活动中的危险、有害因素，预测发生事故或造成职业危害的可能性及其严重程度，提出科学、合理、可行的安全对策措施建议，作出评价结论的活动。

安全评价可针对一个特定的对象，也可针对一定区域范围。

安全评价按照实施阶段不同，分为安全预评价、安全验收评价、安全现状评价3类，见表5-1。

表5-1 安全评价的分类

分类	时机	依据	对象	内容	结论
安全预评价	建设项目可行性研究阶段、工业园区规划阶段或生产经营活动组织实施之前	建设项目可行性研究报告，相关法律法规和标准	生产工艺过程、使用和产出的物质	分析危险危害因素及其危险危害程度，提出对策建议	是否满足安全规定，如何设计、管理才能达到安全指标要求
安全验收评价	建设项目竣工后正式生产运行前或工业园区建设完成后	设计方案，相关法律和标准	建设项目的设施设备装置实际运行状况和管理状况	分析投产后项目存在的危险危害因素及其危险危害程度，提出对策建议	是否符合设计，是否符合安全要求，并作为申请审批验收的依据
安全现状评价	正常生产状态下	有关法规标准的规定，生产经营单位职业安全健康管理要求	生产方式、生产工艺、生产装置或作业场所	预测发生事故或造成职业危害的可能性及其严重程度，提出科学、合理、可行的安全对策措施建议	列出危险、有害因素及危险危害程度；归纳定性、定量评价结果；提出整改措施建议

· 典型例题 ·

1. 某冷库为扩大生产，在原有液氨储存量为3t的基础上，又计划在同一厂区内280m范围内新建储存量为6t的液氨制冷设备。为提高企业安全防范水平，聘请评价机构对其拟扩建设备进行了安全评价。该冷库需要进行的安全评价是（ ）。

A. 安全预评价　　　　　　　　B. 安全验收评价
C. 安全现状评价　　　　　　　D. 安全专项评价

【解析】安全预评价是在项目建设前，根据建设项目可行性研究报告的内容，分析和预测该建设项目可能存在的危险、有害因素的种类和程度，提出合理可行的安全对策措施和建议，

用以指导建设项目的初步设计。根据题干描述，该评价是在冷库扩建之前，对可能存在的危险、有害因素的种类和程度作出的分析和预测，故该评价是安全预评价。

2. 某工业园区自 2008 年 7 月 8 日开始规划建设，于 2010 年 5 月 6 日建设完成。2014 年 1 月请工业园区管委会委托一家安全评价机构对工业园区进行了一次安全评价工作。下列关于这次安全评价内容的说法中，正确的有（　　）。

　　A. 辨识工业园区规划设计中存在的危险、有害因素
　　B. 针对工业园区安全投入与产出的情况进行评价
　　C. 针对工业园区的事故风险、安全管理等情况进行评价
　　D. 给出工业园区建成后能否安全运行的明确结论

【解析】针对生产经营活动、工业园区的事故风险、安全管理等情况，辨识与分析其存在的危险、有害因素，审查确定其与安全生产法律法规、规章、标准、规范要求的符合性，预测发生事故或造成职业危害的可能性及其严重程度，提出科学、合理、可行的安全对策措施建议，作出安全现状评价结论的活动。

3. 某矿山企业根据市场进行扩建，根据《建设项目安全设施"三同时"监督管理暂行办法》，以该矿山企业的可行性研究报告为基础，对该扩建项目进行的安全评价是（　　）。

　　A. 安全预评价　　　　　　　　B. 安全专项评价
　　C. 安全现状评价　　　　　　　D. 安全验收评价

【解析】安全预评价是在项目建设前，根据建设项目可行性研究报告的内容，分析和预测该建设项目可能存在的危险、有害因素的种类和程度，提出合理可行的安全对策措施和建议，用以指导建设项目的初步设计。根据题干描述，该评价是根据市场进行扩建，是在可行性研究报告的内容基础上作出的评价，属于安全预评价。

4. 某石化企业组织有关安全技术人员对运行中的催化裂化装置存在的火灾、爆炸等事故隐患进行安全评价，按照安全评价的实施阶段分类，本次安全评价属于（　　）。

　　A. 消防现状评价　　　　　　　B. 安全现状评价
　　C. 安全意识评价　　　　　　　D. 安全预评价

【解析】针对生产经营活动、工业园区的事故风险、安全管理等情况，辨识与分析其存在的危险、有害因素，审查确定其与安全生产法律法规、规章、标准、规范要求的符合性，预测发生事故或造成职业危害的可能性及其严重程度，提出科学、合理、可行的安全对策措施建议，作出安全现状评价结论的活动。

答案：1. A　2. C　3. A　4. B

第二节　安全评价的程序和内容

一、安全评价的程序

（一）前期准备

明确被评价对象，备齐有关安全评价所需的设备、工具，收集国内外相关法律法规、技术标准及工程、系统的技术资料。

（二）辨识和分析评价对象

根据被评价对象的具体情况，辨识和分析危险、有害因素，确定危险、有害因素存在的部位、存在的方式和事故发生的途径及其变化的规律。

（三）划分评价单元

在辨识和分析危险、有害因素的基础上，划分评价单元。评价单元的划分应科学、合理，便于实施评价、相对独立且具有明显的特征界限。

（四）定性、定量评价

根据评价单元的特征，选择合理的评价方法，对评价对象发生事故的可能性及其严重程度进行定性、定量评价。

（五）提出安全管理对策措施及建议

依据危险、有害因素辨识结果与定性、定量评价结果，遵循针对性、技术可行性、经济合理性的原则，提出消除或减弱危险、有害因素的技术和管理措施建议。

（六）做出评价结论

根据客观、公正、真实的原则，严谨、明确地做出评价结论。

（七）编制安全评价报告

依据安全评价的结果编制相应的安全评价报告。安全评价报告是安全评价过程的具体体现和概括性总结，是评价对象完善自身安全管理、应用安全技术等方面的重要参考资料。

安全评价程序如图 5-1 所示。

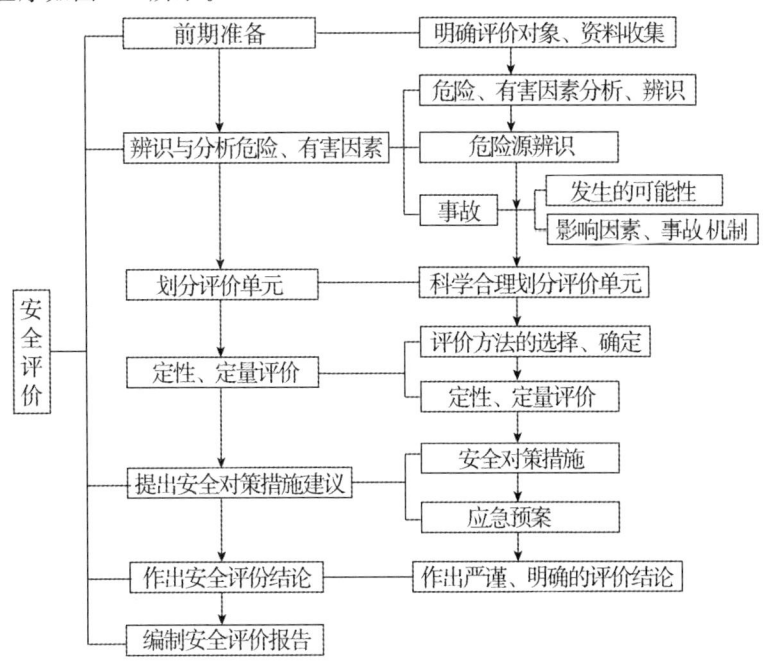

图 5-1 安全评价程序

二、安全评价的内容

安全评价主要内容包括：高度概括评价结果；从风险管理角度给出评价对象在评价时与国家有关安全生产的法律法规标准、规范的符合性结论；给出事故发生的可能性和严重程度的预测性结论以及采取安全对策措施后的安全状态等。

（一）安全预评价的内容

（1）前期准备工作应包括：明确评价对象和评价范围；组建评价组；收集国内外相关法律

法规、标准、行政规章、规范；收集并分析评价对象的基础资料、相关事故案例；对类比工程进行实地调查等内容。

（2）辨识和分析评价对象可能存在的各种危险、有害因素；分析危险、有害因素发生作用的途径及其变化规律。

（3）划分评价单元应考虑安全预评价的特点，以自然条件，基本工艺条件，危险、有害因素的分布及状况，便于实施评价为原则进行。

（4）根据评价的目的、要求和评价对象的特点、工艺、功能或活动分布，选择科学、合理、适用的定性、定量评价方法，对危险和有害因素导致事故发生的可能性及其严重程度进行评价。

对于不同的评价单元，可根据评价的需要和单元特征选择不同的评价方法。

（5）为保障评价对象建成或实施后能安全运行，应从评价对象的总图布置、功能分布、工艺流程、设施、设备、装置等方面提出安全技术对策措施；从评价对象的组织配置、人员管理、物料管理、应急救援管理等方面提出安全管理对策措施；其他安全对策措施。

（6）评价结论。应概括评价结果，给出评价对象在评价时与国家有关法律法规、标准、行政规章、规范的符合性结论；给出危险、有害因素引发各类事故的可能性及其严重程度的预测性结论；明确评价对象建成或实施后能否安全运行的结论。

（二）安全验收评价的内容

安全验收评价主要包括：危险、有害因素的辨识与分析；符合性评价和危险危害程度的评价；安全对策措施建议；安全验收评价结论等内容。

安全验收评价主要从以下几方面进行评价：评价对象前期（安全预评价、可行性研究报告、初步设计中安全卫生专篇等）对安全生产保障等内容的实施情况和相关对策措施建议的落实情况；评价对象的安全对策措施的具体设计、安装施工情况有效保障程度；评价对象的安全对策措施在试投产中的合理有效性和安全措施的实际运行情况；评价对象的安全管理制度和事故应急预案的建立与实际开展和演练的有效性。

（1）前期准备工作包括：明确评价对象及其评价范围；组建评价组；收集国内外相关法律法规、标准、行政规章、规范；安全预评价报告、初步设计文件、施工图、工程监理报告、工业园区规划设计文件，各项安全设施、设备、装置检测报告、交工报告、现场勘察记录、检测记录，查验特种设备使用、特种作业、从业人员等许可证件、典型事故案例、事故应急预案及演练报告、安全管理制度台账、各级各类从业人员安全培训落实情况等实地调查收集到的基础资料。

（2）参考安全预评价报告，根据周边环境、平立面布局、生产工艺流程、辅助生产设施、公用工程、作业环境、场所特点或功能分布，分析并列出危险、有害因素及其存在部位、重大危险源的分布、监控情况。

（3）划分评价单元应符合科学、合理的原则。评价单元可按以下内容划分：法律、法规等方面的符合性；设施、设备、装置及工艺方面的安全性；物料、产品安全性能；公用工程、辅助设施配套性；周边环境适应性和应急救援有效性；人员管理和安全培训方面的充分性等。

评价单元的划分应能够保证安全验收评价的顺利实施。

（4）根据建设项目或工业园区建设的实际情况选择适用的评价方法。同时，要做符合性评价以及事故发生的可能性及其严重程度的预测。

符合性评价：检查各类安全生产相关证照是否齐全，审查、确认主体工程建设、工业园区建设是否满足安全生产法律法规、标准、行政规章、规范的要求；检查安全设施、设备、装饰是否已与主体工程同时设计、同时施工、同时投入生产和使用；检查安全生产管理措施是否到位，安全生产规章制度是否健全，是否建立了事故应急救援预案。

事故发生的可能性及其严重程度的预测：采用科学、合理、适用的评价方法对建设项目、工业园区实际存在的危险、有害因素引发事故的可能性及其严重程度进行预测性评价。

（5）安全对策措施建议。根据评价结果，依照国家有关安全生产的法律法规、标准、行政规章、规范的要求，提出安全对策措施建议。安全对策措施建议应具有针对性、可操作性和经济合理性。

（6）安全验收评价结论。安全验收评价结论应包括：符合性评价的综合结果；评价对象运行后存在的危险、有害因素及其危险危害程度；明确给出评价对象是否具备安全验收的条件。对达不到安全验收要求的评价对象明确提出整改措施建议。

· 典型例题 ·

1. 根据安全预评价程序的要求，在履行危险、有害因素辨识与分析前，需要做安全预评价的前期准备工作。下列工作中，属于安全预评价前期准备工作的是（　　）。

A. 进行评价单元的划分　　　　　B. 收集相关法律法规
C. 进行定性定量分析　　　　　　D. 选择评价方法

【解析】安全预评价前期准备工作应包括：①明确评价对象和评价范围；②组建评价组；③收集国内外相关法律法规、标准、行政规章、规范；④收集并分析评价对象的基础资料、相关事故案例；⑤对类比工程进行实地调查等内容。

2. 安全预评价和安全验收评价中划分评价单元的方式有所不同，下列划分评价单元的方式中，属于安全预评价的有（　　）。

A. 自然条件　　　　　　　　　　B. 辅助设施配套性
C. 危险和有害因素分布的状况　　D. 应急救援有效性
E. 基本工艺条件

【解析】安全预评价需要考虑的是自然条件、危险和有害因素分布及状况、基本工艺条件，以便于实施评价。安全验收评价单元的划分应考虑法律、法规等方面的符合性，设施、设备、装置及工艺方面的安全性，物料、产品的安全性，公用工程、辅助设施配套性，周边环境适应性和应急救援有效性，人员管理和安全培训方面的充分性等。

3. 某评价机构承担了煤矿建设项目的安全预评价工作，并成立了评价项目组。在明确评价对象、评价范围后，收集了相关的法律法规和标准、评价对象的基础资料和相关事故案例。在预评价的前期准备工作中，该评价项目组还应进行的工作是（　　）。

A. 全面辨识危险有害因素　　　　B. 合理划分评价单元
C. 选择适用的评价方法　　　　　D. 实地调查类比工程

【解析】安全预评价前期准备工作应包括明确评价对象和评价范围，组建评价组，收集国内外相关法律法规、标准、行政规章、规范，收集并分析评价对象的基础资料、相关事故案例，对类比工程进行实地调查等。

答案：1. B　2. ACE　3. D

第三节　危险和有害因素辨识

根据《生产过程危险和有害因素分类与代码》(GB/T 13861—2022)，危险和有害因素是指可对人造成伤亡、影响人的身体健康甚至导致疾病的因素。

一、危险、有害因素的分类

危险、有害因素分类的方法多种多样，安全评价中常用按"导致事故的直接原因""参照事故类别"和"职业健康"的方法进行分类。

(一) 按导致事故的直接原因进行分类

《生产过程危险和有害因素分类与代码》(GB/T 13861—2022)，将生产过程中的危险和有害因素分为4大类，见表5-2。

表5-2　生产过程危险和有害因素

因素			内容
人的因素	心理、生理性危险和有害因素	负荷超限	体力负荷超限；听力负荷超限；视力负荷超限；其他
		健康状况异常	
		从事禁忌作业	
		心理异常	情绪异常；冒险心理；过度紧张；其他
		辨识功能缺陷	感知延迟；辨识错误；其他
		其他	
	行为性危险和有害因素	指挥错误	指挥失误；违章指挥；其他
		操作错误	误操作；违章作业；其他
		监护失误	
		其他	
物的因素	物理性危险和有害因素	设备、设施、工具、附件缺陷	强度不够；刚度不够；稳定性差；密封不良；应力集中；外形缺陷；外露运动件；操纵器缺陷；制动器缺陷；控制器缺陷；其他
		防护缺陷	无防护；防护装置、设施缺陷；防护不当；支撑不当；防护距离不够；其他
		电伤害	带电部位裸露；漏电；静电和杂散电流；电火花；其他
		噪声	机械性噪声；电磁性噪声；流体动力性噪声；其他
		振动危害	机械性振动；电磁性振动；流体动力性振动；其他
		电离辐射	X射线；γ射线；α粒子；β粒子；中子；质子；高能电子束等
		非电离辐射	紫外辐射；激光辐射；微波辐射；超高频辐射；高频电磁场；工频电场
		运动物伤害	抛射物；飞溅物；坠落物；反弹物；土、岩滑动；料堆（垛）滑动；气流卷动；其他
		明火	
		高温物质	高温气体；高温液体；高温固体；其他
		低温物质	低温气体；低温液体；低温固体；其他

续表

因素			内容
物的因素	物理性危险和有害因素	信号缺陷	无信号设施；信号选用不当；信号位置不当；信号不清；信号显示不准；其他
		标志缺陷	无标志；标志不清晰；标志不规范；标志选用不当；标志位置缺陷；其他
		有害光照	反射光、眩光、频闪效应等
		其他	
	化学性危险和有害因素		爆炸品；压缩气体和液化气体；易燃液体；易燃固体、自燃物品和遇湿易燃物品；氧化剂和有机过氧化物；有毒品；放射性物品；腐蚀品；粉尘与气溶胶；其他
	生物性危险和有害因素	致病微生物	细菌；病毒；真菌；其他
		传染病媒介物；致害动物；致害植物；其他	
环境因素	室内作业场所环境不良		室内地面滑；室内作业场所狭窄；室内作业场所杂乱；室内地面不平；室内梯架缺陷；地面、墙和天花板上的开口缺陷；房屋基础下沉；室内安全通道缺陷；房屋安全出口缺陷；采光照明不良；作业场所空气不良；室内温度、湿度、气压不适；室内给、排水不良；室内涌水；其他
	室外作业场地环境不良		恶劣气候与环境；作业场地和交通设施湿滑；作业场地狭窄；作业场地杂乱；作业场地不平；航道狭窄、有暗礁或险滩；脚手架、阶梯或活动梯架缺陷；地面开口缺陷；建筑物和其他结构缺陷；门和围栏缺陷；作业场地基础下沉；作业场地安全通道缺陷；作业场地安全出口缺陷；作业场地光照不良；作业场地空气不良；作业场地温度、湿度、气压不适；作业场地涌水；其他
	地下（含水下）作业环境不良		隧道/矿井顶面缺陷；隧道/矿井正面或侧壁缺陷；隧道/矿井地面缺陷；地下作业空气不良；地下火；冲击地压；地下水；水下作业供氧不当；其他
	其他作业环境不良		强迫体位；综合性作业环境不良；其他
管理因素	职业安全卫生组织机构不健全		
	职业安全卫生责任制未落实		
	职业安全卫生管理规章制度不完善		建设项目"三同时"制度未落实；操作规程不规范；事故应急预案及响应缺陷；培训制度不完善；其他
	职业安全卫生投入不足		
	职业健康管理不完善		
	其他		

（二）按参照事故类别进行分类

参照《企业职工伤亡事故分类》（GB 6441—86），综合考虑起因物、引起事故的诱导性原因、致害物、伤害方式等，将事故危险因素分为 20 类。

（1）物体打击。物体在重力或其他外力的作用下产生运动，打击人体，造成人身伤亡事故。不包括因机械设备、车辆、起重机械、坍塌等引发的物体打击。

（2）车辆伤害。机动车辆在行驶中引起的人体坠落和物体倒塌、下落、挤压伤亡事故。不包括起重设备提升、牵引车辆和车辆停驶时发生的事故。

(3) 机械伤害。机械设备运动（静止）部件、工具、加工件直接与人体接触引起的夹击、碰撞、剪切、卷入、绞、碾、割、刺等伤害。

不包括车辆、起重机械引起的机械伤害。

(4) 起重伤害。各种起重作业（包括起重机安装、检修、试验）中发生的挤压、坠落（吊具、吊重）、物体打击等。

(5) 触电。雷击伤亡事故。

(6) 淹溺。高处坠落淹溺。

不包括矿山、井下透水淹溺。

(7) 灼烫。火焰烧伤、高温物体烫伤、化学烫伤（酸、碱、盐有机物引起的体内外灼伤）、物理灼伤（光、放射性物质引起的体内外灼伤）。

不包括电灼伤和火灾引起的烧伤。

(8) 火灾。

(9) 高处坠落。高处作业中发生坠落造成的伤亡事故。

不包括触电坠落事故。

(10) 坍塌。物体在外力或重力作用下，超过自身的强度极限或因结构稳定性破坏而造成的事故。如挖沟时的土石塌方、脚手架坍塌、堆置物倒塌等。

不包括矿山冒顶片帮和车辆、起重机械、爆破引起的坍塌。

(11) 冒顶片帮。矿山、井下事故专属。矿井作业面、巷道侧壁在矿山压力作用下变形、破坏而脱落的现象称为片帮，顶部垮落称为冒顶，二者常同时发生。

(12) 透水。矿山、井下事故专属。

(13) 放炮。爆破作业中发生的伤亡事故。

(14) 火药爆炸。火药、炸药在生产、加工、运输、储存中发生的爆炸事故。

(15) 瓦斯爆炸。

(16) 锅炉爆炸。

(17) 容器爆炸。

(18) 其他爆炸。粉尘爆炸、挥发气（液）体爆炸等。

(19) 中毒和窒息。

(20) 其他伤害。

此种分类方法所列的事故分类与企业职工伤亡事故处理（调查、分析、统计）和职工安全教育的口径基本一致，为应急管理部门、行业主管部门职业安全卫生管理人员和企业广大职工、安全管理人员所熟悉，易于接受和理解，便于实际应用。但尚待在应用中进一步提高其系统性和科学性。

（三）按职业健康进行分类

参照《职业病危害因素分类目录》（国卫疾控发〔2015〕92号），将危险和有害因素分为粉尘、化学因素、物理因素、放射性因素、生物因素、其他因素6类。

二、危险、有害因素的辨识方法

危险、有害因素的辨识方法见表5-3。

表 5-3　危险、有害因素辨识方法

辨识方法		内容
直观经验分析方法	对照、经验法	对照有关标准、法规、检查表或依靠分析人员的观察分析能力，借助于经验和判断能力对评价对象的危险、有害因素进行分析的方法
	类比方法	利用相同或相似工程系统或作业条件的经验和劳动安全卫生的统计资料来类推、分析评价对象的危险、有害因素
系统安全分析方法	事件树、事故树等	常用于复杂、没有事故经验的新开发系统

三、危险、有害因素的识别

在进行危险、有害因素的识别时，要全面、有序地进行，防止出现漏项，宜从厂址、总平面布置、道路运输、建（构）筑物、生产工艺、物流、主要设备装置、作业环境、安全措施管理等几方面进行。识别的过程实际上就是系统安全分析的过程。

四、危险、有害因素辨识的主要内容

（1）厂址：地质、地形地貌、水文、气象、环境、交通、自然灾害、消防条件等。

（2）总平面布置：功能分区、防火和安全间距、朝向、风向、危险有害物质设施、动力设施、道路和储运设施布局等。

（3）道路及运输：运输、装卸、人流、物流等。

（4）建（构）筑物：从厂房、库房的生产火灾危险性分类、耐火等级、结构、层数、占地面积、防火间距、安全疏散等方面进行分析、识别。

（5）生产工艺：

①项目设计阶段考虑危险消除和降低设计、预防和隔离措施、安全标志、连锁装置等。

②现状评价针对行业专业特点，依据相关法律法规和标准、作业规程等进行分析。

③查阅相关资料，辨识典型的工艺基本过程或基本单元。

（6）主要设备装置：工艺设备、机械设备、电气设备、特种设备等。

（7）作业环境：毒物、噪声、振动、高温、低温、辐射、粉尘等。

（8）安全管理措施：组织机构、管理制度、应急救援、日常安全管理等。

· 典型例题 ·

1. 某建筑施工项目使用了汽车吊，为了充分识别吊装作业的危险因素，该项目安全管理人员对汽车的事故数据进行了记录（见下表）。根据事故描述和危险因素分类，参照《企业职工伤亡事故分类》，下列事故危险因素分类错误的是（　　）。

序号	事故描述	事故的危险因素
①	甲汽车吊在吊装时因地基不稳，吊车失稳倾斜，一名员工腹部受到挤压导致重伤	起重伤害
②	乙汽车吊在开进现场时，其左后轮压伤了一名员工的左脚	车辆伤害
③	因汽车吊在吊装材料时，吊物撞到脚手架，脚手架发生坍塌，一名员工死亡	坍塌
④	丁汽车在吊装钢筋时，因钢筋绑扎不牢，钢筋掉落砸伤一名员工	物体打击
⑤	戊汽车吊在作业时，一名员工因站在悬臂范围内，被吊具撞伤	机械伤害

A. ①②③　　　B. ②③④　　　C. ③④⑤　　　D. ①③⑤

【解析】物体打击：指物体在重力或其他外力的作用下产生运动，打击人体，造成人身伤亡事故。不包括因机械设备、车辆、起重机械、坍塌等引发的物体打击。

车辆伤害：指企业机动车辆在行驶中引起的人体坠落和物体倒塌、下落、挤压伤亡事故。不包括起重设备提升、牵引车辆和车辆停驶时发生的事故。

机械伤害：指机械设备运动（静止）部件、工具、加工件直接与人体接触引起的夹击、碰撞、剪切、卷入、绞、碾、割、刺等伤害。不包括车辆、起重机械引起的机械伤害。

起重伤害：指各种起重作业（包括起重机安装、检修、试验）中发生的挤压、坠落（吊具、吊重）、物体打击等。

坍塌：指物体在外力或重力作用下，超过自身的强度极限或因结构稳定性破坏而造成的事故。如挖沟时的土石塌方、脚手架坍塌、堆置物倒塌等。不包括矿山冒顶片帮和车辆、起重机械、爆破引起的坍塌。

2. 某露天矿运输车辆在弯道行驶过程中，装载的矿石突然滑落，击伤路边一矿工。根据《企业职工伤亡事故分类》，该事故类型属于（　　）。

A. 车辆伤害　　　　　　　　　B. 物体打击
C. 机械伤害　　　　　　　　　D. 高处坠落

【解析】车辆伤害是指企业机动车辆在行驶中引起的人体坠落和物体倒塌、下落、挤压伤亡事故，不包括起重设备提升、牵引车辆和车辆停驶时发生的事故。

3. 某企业在组织安全检查时，发现有关设备设施和作业场所存在以下危险、有害因素：①桥式起重设备的吊钩存在裂缝；②液氨储罐区地面开裂；③电动机联轴器处防护罩缺失；④压力管道操作阀门处通道狭窄；⑤粉碎车间粉尘超标。根据《生产过程危险和有害因素分类与代码》，上述危险、有害因素中，属于物理性危险有害因素的是（　　）。

A. ②④　　　　B. ③⑤　　　　C. ①③　　　　D. ①⑤

【解析】本题考查的是生产过程危险和有害因素分类。①和③分别属于物理性危险和有害因素中的设备、设施、工具、附件缺陷和防护缺陷。②和④属于环境因素。⑤属于化学性危险和有害因素。

4. 根据《生产过程危险和有害因素分类与代码》，下列危险和有害因素中，属于环境因素的是（　　）。

A. 激光辐射　　　　　　　　　B. 机械性噪声
C. 室内阶梯无护栏　　　　　　D. 安全防护距离不够

【解析】本题考查的是生产过程危险和有害因素分类。选项A为非电离辐射，选项B为噪声，选项D为防护缺陷，均属于物的因素。

5. 根据《生产过程危险和有害因素分类与代码》，危险、有害因素分为人的因素、物的因素、环境因素和管理因素4大类。下列关于危险、有害因素辨识的说法中，正确的是（　　）。

A. "地面湿滑""安全通道狭窄""料口围栏缺陷"属于环境因素，"岩体滑动""通风气流紊乱"属于物的因素

B. "地面湿滑""安全通道狭窄""通风气流紊乱"属于物的因素，"岩体滑动""料口围栏缺陷"属于管理因素

C. "地面湿滑""岩体滑动""通风气流紊乱""安全通道狭窄""料口围栏缺陷"属于物的因素

D. "地面湿滑""岩体滑动""通风气流紊乱""安全通道狭窄""料口围栏缺陷"属于环境因素

【解析】"地面湿滑""安全通道狭窄""料口围栏缺陷"属于环境因素,"岩体滑动""通风气流紊乱"属于物的因素。

6.《生产过程危险和有害因素分类与代码》将生产过程中人、物、环境、管理的各种主要危险和有害因素进行了分类。根据该标准,下列危险和有害因素中,属于物的因素的是(　　)。

A. 防护装置、设施缺陷　　　　　　B. 门和围栏缺陷
C. 脚手架、活动梯架缺陷　　　　　D. 作业场地湿滑

【解析】物理性危险和有害因素包括设备、设施、工具、附件缺陷,防护缺陷,电伤害,噪声,振动危害,电磁辐射,非电离辐射,运动物危害,明火,高温物体,低温物体,信号缺陷,标志缺陷,有害光源等。选项B、C、D为环境因素。

7. 某建筑工地在使用塔式起重机起吊模板时,发生钢丝绳断裂,模板从5m高空落下,地面一作业人员躲闪不及,被砸成重伤。根据《企业职工伤亡事故分类》,这起事故类型是(　　)。

A. 机械伤害　　　　B. 物体打击　　　　C. 起重伤害　　　　D. 高处坠落

【解析】起重伤害指各种起重作业(包括起重机安装、检修、试验)中发生的挤压、坠落(吊具、吊重)、物体打击等。

8. 小李、小赵和小孙一起实施矿井爆破作业,在瓦斯检查员不在现场的情况下,小李实施了爆破作业,爆破引发了瓦斯爆炸,小赵和小孙当场被炸成重伤。根据《企业职工伤亡事故分类》,该起重伤事故属于(　　)。

A. 物体打击　　　　　　　　　　　B. 冒顶片帮
C. 放炮　　　　　　　　　　　　　D. 瓦斯爆炸

【解析】放炮指爆破作业中发生的伤亡事故。

9. 某矿业有限公司铁矿在建设期间,准备在井下实施爆破作业,在向井下运送民用爆炸物品的过程中,严重违章作业,炸药、雷管混装吊运,野蛮装卸时发生爆炸,造成12人死亡、2人失踪的重大伤亡事故。根据《企业职工伤亡事故分类》,此次事故类别是(　　)。

A. 放炮　　　　　　　　　　　　　B. 火药爆炸
C. 瓦斯爆炸　　　　　　　　　　　D. 其他爆炸

【解析】火药爆炸指火药、炸药及其制品在生产、加工、运输、储存中发生的爆炸事故。本题事故发生在炸药的运输过程中。

10. 根据《企业职工伤亡事故分类》的规定,下列事故诱因或致害物与事故类别的对应关系,正确的是(　　)。

A. 起重机械引发的打击伤害——物体打击
B. 火灾引起的烧伤——灼烫
C. 矿井下透水引发的淹溺伤害——淹溺
D. 静止机械边缘毛刺伤眼——机械伤害

【解析】起重机械引发的打击伤害——起重伤害;火灾引起的烧伤——火灾;矿井下透水引发的淹溺伤害——透水。

答案:1.C　2.A　3.C　4.C　5.A　6.A　7.C　8.C　9.B　10.D

第四节 安全评价方法

一、安全评价方法的分类

（一）按照评价结果的量化程度分

1. 定性安全评价方法

安全检查表法、专家现场询问观察法、因素图分析法、事故引发和发展分析、故障类型和影响分析、作业条件危险性评价法（格雷厄姆—金尼法、LEC法）、危险和可操作性分析等。

2. 定量安全评价方法

定量安全评价方法可分为概率风险评价法、伤害（或破坏）范围评价法、危险指数评价法。

（1）概率风险评价法。常用的方法有故障类型及影响分析、事故树分析、逻辑树分析、概率理论分析、马尔可夫模型分析、模糊矩阵法、统计图表分析法等，都可以由基本致因因素的事故发生概率计算整个评价系统的事故发生概率。

（2）伤害（或破坏）范围评价法。常用的方法有液体泄漏模型、气体泄漏模型、气体绝热扩散模型、池火火焰与辐射强度评价模型、火球爆炸伤害模型、爆炸冲击波超压伤害模型、蒸气云爆炸超压破坏模型、毒物泄漏扩散模型和锅炉爆炸伤害TNT当量法。

（3）危险指数评价法。常用的方法有道化学公司火灾爆炸危险指数评价法，蒙德火灾爆炸毒性指数评价法，易燃易爆、有毒重大危险源评价法。

（二）按照安全评价的逻辑推理过程分

安全评价方法可分为归纳推理评价法和演绎推理评价法。

（三）按照安全评价要达到的目的分

安全评价方法可分为事故致因因素安全评价方法、危险性分级安全评价方法和事故后果安全评价方法。

（四）按照评价对象分

安全评价方法可分为设备（设施或工艺）故障率评价法、人员失误率评价法、物质系数评价法、系统危险性评价法等。

二、常用的安全评价方法

（一）安全检查表方法

为了查找工程、系统中各种设备设施、物料、工件、操作、管理和组织措施中的危险、有害因素，事先把检查对象加以分解，将大系统分割成若干小的子系统，以提问或打分的形式，将检查项目列表逐项检查，避免遗漏，这种表称为安全检查表，用安全检查表进行安全检查的方法称为安全检查表方法（SCA）。

（二）危险指数方法

危险指数方法（RR）是通过评价人员对几种工艺现状及运行的固有属性（是以作业现场危险度、事故几率和事故严重度为基础，对不同作业现场的危险性进行鉴别）进行比较计算，确定工艺危险特性重要性大小及是否需要进一步研究的安全评价方法。危险指数评价可以运用在工程项目的各个阶段（可行性研究、设计、运行等），可以在详细的设计方案完成之前运用，也可以在现有装置危险分析计划制定之前运用。它也可用于在役装置，作为确定工艺操作危险性的依据。

（三）预先危险分析方法

预先危险分析方法（PHA）是一项实现系统安全危险分析的初步或初始工作，在设计、施工和生产前，首先对系统中存在的危险性类别、出现条件、导致事故的后果进行分析，目的是识别系统中的潜在危险，确定危险等级，防止危险发展成事故。

（四）故障假设分析方法

故障假设分析方法（WI）是一种对系统工艺过程或操作过程的创造性分析方法。它一般要求评价人员用"What…if"作为开头对有关问题进行考虑，任何与工艺安全有关或与之不太相关的问题都可以提出并加以讨论。通常，将所有的问题都记录下来，然后分门别类进行讨论。所提出的问题要考虑到任何与装置有关的不正常的生产条件，而不仅仅是设备故障或工艺参数变化。

主要内容有提出的问题、回答可能的后果、降低或消除危险性的安全措施。

（五）危险和可操作性分析

危险和可操作性分析（HAZOP）的基本过程以关键词为引导，找出过程中工艺状态的变化（即偏差），然后分析找出偏差的原因、后果及可采取的对策。其侧重点是工艺部分或操作步骤各种具体值。危险和可操作性分析方法可按分析的准备、完成分析和编制分析结果报告3个步骤完成。

危险和可操作性分析与其他安全评价方法的明显不同之处是，其他方法可由某人单独使用，而危险和可操作性分析则必须由一个多方面的、专业的、熟练的人员组成的小组来完成。

（六）故障类型和影响分析

故障类型和影响分析（FMEA）的目的是辨识单一设备和系统的故障模式及每种故障模式对系统或装置的影响。

分析步骤：①确定分析对象系统；②分析元素故障类型和产生原因；③研究故障类型；④填写故障类型和影响分析表格。

（七）故障树分析

故障树又称事故树（FTA），是一种描述事故因果关系的有方向的"树"，是系统安全工程中的重要的分析方法之一。

故障树分析法能对各种系统的危险性进行识别评价，既适用于定性分析，又能进行定量分析，具有简明、形象化的特点，体现了以系统工程方法研究安全问题的系统性、准确性和预测性。

1. 基本程序

①熟悉系统；②调查事故；③确定顶上事件；④确定目标值；⑤调查原因事件；⑥画出故障树；⑦定性分析；⑧确定事故发生概率；⑨比较；⑩分析。

2. 分段符号

（1）事故树符号。

矩形符号：表示顶上事件或中间事件。

圆形符号：表示基本事件，事件发生可以是人的差错、设备故障。

房形符号：表示正常事件，系统正常状态下所发生的事件。

菱形符号：表示省略事件，不能分析或没必要分析的事件。

椭圆符号：表示条件事件，施加于逻辑门的条件限制。

事故树符号如图5-2所示。

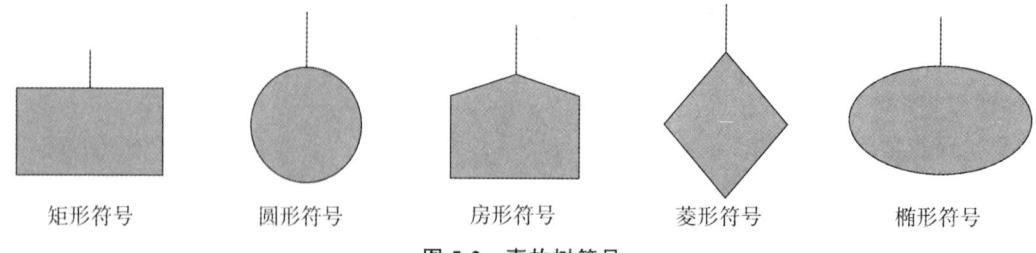

图 5-2 事故树符号

(2) 逻辑门及其符号。

与门：仅当所有输入事件发生时，输出事件才发生。

或门：至少一个输入事件发生时，输出事件才发生。

非门：输出事件是输入事件的对立事件。

顺序与门：输入事件按规定顺序发生，输出事件才发生。

表决门：n 个输入事件中有 r 个或 r 以上个发生，输出事件发生。

限制门：条件事件发生且输入事件发生时，输出事件才发生。

逻辑门符号如图 5-3 所示。

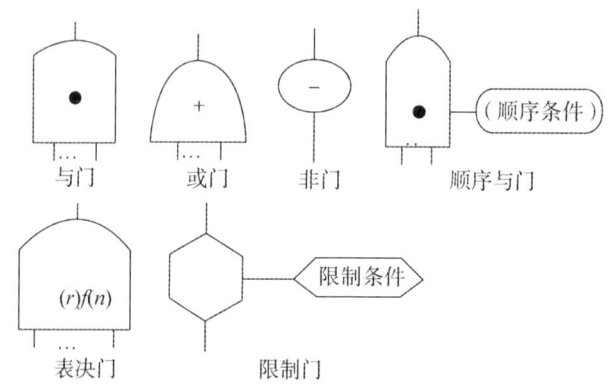

图 5-3 逻辑门符号

(八) 事件树分析

事件树分析（ETA）用来分析普通设备故障或过程波动（称为初始事件）导致事故发生的可能性。

在事件树分析中，事故是典型设备故障或工艺异常（称为初始事件）引发的结果。与故障树分析不同，事件树使用归纳法（不是演绎法），可提供记录事故后果的系统性的方法，并能确定导致事件后果与初始事件的关系。

天然气管道泄漏分析如图 5-4 所示。

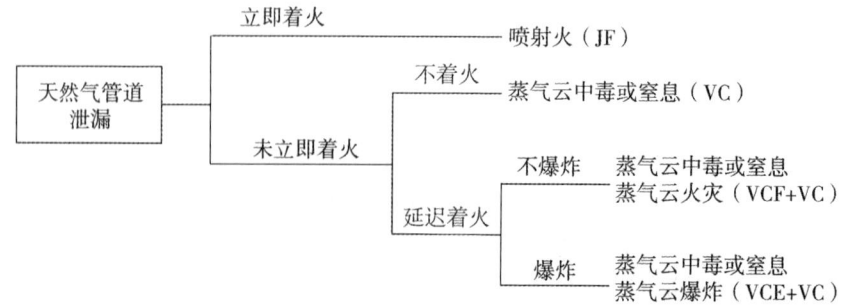

图 5-4 天然气管道泄漏分析

分析步骤：①确定初始事件；②判定安全功能；③发展事件树和简化事件树；④分析事件树。

（九）作业条件危险性评价法

格雷厄姆（Keneth J. Graham）和金尼（Gilbert F. Kinney）提出，将作业条件的危险性作为因变量（D），事故或危险事件发生的可能性（L）、暴露于危险环境的频率（E）及危险严重程度（C）3个自变量的各种不同情况的分值数，采取对所评价的对象根据情况进行"打分"的办法，计算出危险性分数值划分到危险度程度等级表或图上，就是作业条件危险性评价法（JRA）。

（十）定量风险评价方法

在识别危险分析方面，定性和半定量的评估是非常有价值的，但是这些方法仅是定性分析，不能提供足够的定量分析，特别是不能对复杂的并存在危险的工艺流程等提供决策的依据和足够的信息。在这种情况下，必须能够提供完全的定量的计算和评价。风险可以表征为事故发生的频率和事故的后果的乘积。定量风险评价（QRA）对这两方面均进行评价，可以将风险的大小完全量化。

· 典型例题 ·

1. 危险和可操作性分析（HAZOP）是一种系统性的安全评价方法，它的基本过程是以关键词为引导，以有关图纸为依据，找出工艺过程中的偏差，然后分析查找偏差的原因、后果及可采取的对策。以下图纸资料中，属于开展 HAZOP 分析所必需的基础资料是（　　）。

A. 总平面布置图　　　　　　　　B. 设备安装图
C. 逃生路线布置图　　　　　　　D. 管道仪表流程图

【解析】危险与可操作性分析，其本质就是通过系列会议对工艺流程图和操作规程进行分析，由各种专业人员按照规定的方法对偏离设计的工艺条件进行过程危险和可操作性分析。

2. 某起高处坠落事故的事故树分析如图所示，T 代表高处坠落事故，A 代表安全带未起作用，B 代表脚手架栏杆缺失，X_1 为安全带功能损坏，X_2 为安全带未高挂低用，X_3 为安全措施费用不到位，X_4 为脚手架栏杆强度不足。可能导致该起事故的原因有（　　）。

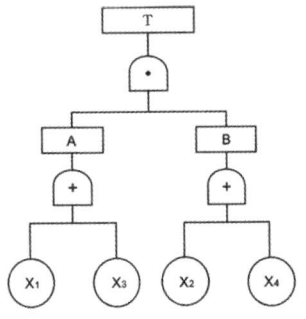

A. X_1X_3　　　　　　　　　　B. X_2X_3
C. X_1X_2　　　　　　　　　　D. X_1X_4
E. X_2X_4

【解析】当安全带未起作用与脚手架栏杆缺失两个因素同时发生时，才可能导致事故。

3. 某种安全分析方法是以关键词为引导，找出过程中工艺状态的变化（即偏差），然后分析产生偏差的原因、后果及可采取的对策。其基本步骤包括分析的准备、完成分析和编制分析报告。这种方法需要由多工种、多专业的人员组成的评价小组来完成，该安全分析方法是（　　）。

A. 故障类型和影响分析（FMEA）　　B. 危险与可操作性研究（HAZOP）
C. 预先危险分析（PHA）　　　　　　D. 故障假设分析（WI）

【解析】危险和可操作性研究是一种定性的安全评价方法。它的基本过程是以关键词为引导，找出过程中工艺状态的变化（即偏差），然后分析找出偏差的原因、后果及可采取的对策。其侧重点是工艺部分或操作步骤各种具体值。

危险和可操作性研究方法与其他安全评价方法的明显不同之处是，其他方法可由某人单独使用，而危险和可操作性分析则必须由一个多方面的、专业的、熟练的人员组成的小组来完成。

4. 故障树分析法是 20 世纪 60 年代以来迅速发展的系统可靠性分析方法，它采用逻辑方法，将事故因果关系形象地描述为一种有方向的"树"，FTA 法形象、清晰、逻辑性强，能对各种系统的危险性进行识别评价。下列对故障树分析法特点的描述，错误的是（　　）。

A. 适用于定性分析　　　　　　　　B. 适用于定量分析
C. 分析的基本程序步骤包含确定初始事件　　D. 分析的基本程序步骤包含确定顶上事件

【解析】故障树是一种描述事故因果关系的有方向的"树"，是系统安全工程中重要的分析方法之一。它能对各种系统的危险性进行识别评价，既适用于定性分析，又能进行定量分析。故障树分析的基本程序：熟悉系统→调查事故→确定顶上事件→确定目标值→调查原因事件→画出故障树→定性分析→确定事故发生概率→比较→分析。

5. 某化工厂在生产过程中出现断电事故，运用事故树法进行分析后，得出可能造成事故发生的原因逻辑关系如下图所示。根据该图，可判定断电事故的基本原因是（　　）。

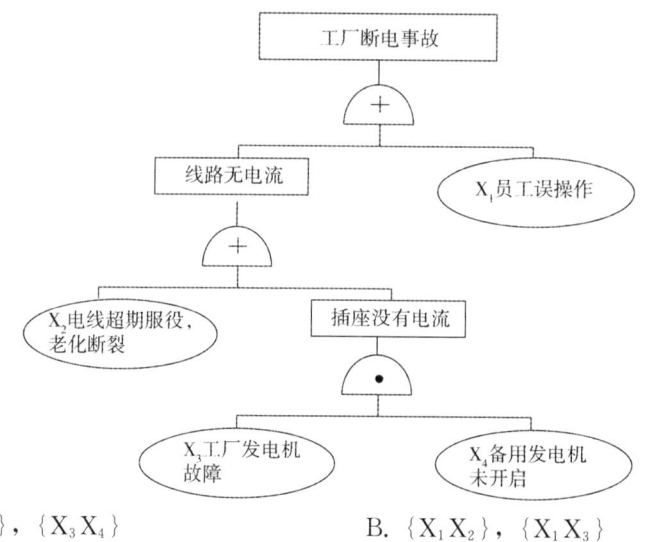

A. $\{X_1\}$，$\{X_2\}$，$\{X_3 X_4\}$　　　　　B. $\{X_1 X_2\}$，$\{X_1 X_3\}$
C. $\{X_1 X_2 X_3\}$　　　　　　　　　　D. $\{X_3 X_4\}$，$\{X_1 X_3 X_4\}$

【解析】"+"代表或门，"·"代表与门。与门符号表示 B_1 和 B_2 同时发生，A 事件才发生。或门符号表示 B_1 或 B_2 任一事件单独发生时，A 事件都可以发生。顶事件的发生需要：事件—线路无电流或事件—X_1 员工操作失误发生，所以 $\{X_1\}$ 属于基本事件；事件—线路无电流需要事件—X_2 电线超期服役，老化断裂或者事件—插座没有电流，故 $\{X_2\}$ 属于一个基本事件；事件—插座没有电流发生需要事件—X_3 工厂发电机故障与事件—X_4 备用发电机未开启同时发生，故 $\{X_3 X_4\}$ 为一基本事件。因此，$\{X_1\}$，$\{X_2\}$，$\{X_3，X_4\}$ 都是基本原因。

6. 下列不属于定量安全评价方法的是（　　）。

A. 伤害（或破坏）范围评价法　　　B. 危险指数评价法
C. 概率风险评价法　　　　　　　　D. 作业条件危险性评价法

【解析】定量安全评价方法包括概率风险评价法、伤害（或破坏）范围评价法、危险指数评价法。

答案：1.D　2.BCD　3.B　4.C　5.A　6.D

第五节　安全评价报告的内容及其编写要求

一、安全预评价报告

简要列出主要危险、有害因素评价结果；指出评价对象应重点防范的重大危险、有害因素；明确应重视的安全对策措施建议；明确评价对象潜在的危险、有害因素；在采取安全对策措施后，能否得到控制以及受控的程度如何；从安全生产角度给出评价对象是否符合国家有关法律法规、标准、行政规章、规范要求的客观评价。

二、安全验收评价报告

划分评价单元应符合科学、合理的原则。评价单元可按以下内容划分：法律、法规等方面的符合性；设施、设备、装置及工艺方面的安全性；物料、产品安全性能；公用工程、辅助设施配套性；周边环境适应性和应急救援有效性；人员管理和安全培训方面的充分性等。

三、安全现状评价报告

(一) 安全现状评价报告的要求

安全现状评价报告要求比安全预评价报告更详尽、更具体，特别是对危险分析要求较高，因此，整个评价报告的编制应由懂工艺和操作的专家参与完成。

(二) 安全现状评价报告的内容

(1) 目的。
(2) 评价依据。
(3) 评价项目概况。
(4) 危险和有害因素的辨识与分析。
(5) 划分评价单元。
(6) 评价方法。
(7) 安全对策措施建议。
(8) 评价结论。

(三) 安全评价报告的格式

(1) 封面。
(2) 安全评价资质证书影印件。
(3) 著录项。
(4) 前言。
(5) 目录。
(6) 正文。
(7) 附件。
(8) 附录。

·典型例题·

1. 某工业园区自 2008 年 7 月 8 日开始规划建设，于 2010 年 5 月 6 日建设完成。2014 年 1

月请工业园区管委会委托一家安全评价机构对工业园区进行了一次安全评价工作。下列关于这次安全评价内容的说法中,正确的是( )。

A. 辨识工业园区规划设计中存在的危险、有害因素
B. 针对工业园区安全投入与产出的情况进行评价
C. 针对工业园区的事故风险、安全管理等情况进行评价
D. 给出工业园区建成后能否安全运行的明确结论

【解析】针对生产经营活动、工业园区的事故风险、安全管理等情况,辨识与分析其存在的危险、有害因素,审查确定其与安全生产法律法规、规章、标准、规范要求的符合性,预测发生事故或造成职业危害的可能性及其严重程度,提出科学、合理、可行的安全对策措施建议,做出安全现状评价结论。本次安全评价属于现状评价,辨识的是工业园区在目前投入使用后的危险有害因素,而不是规划阶段;投入与产出不是安全现状评价的内容;安全现状评价给出的是现状评价结论,而不是建成后能否安全运行的结论。

2. 安全验收评价报告应全面、概括地反映安全评价过程的全部工作,评价报告应包括①目的;②概况;③评价依据;④危险、有害因素的辨识与分析;⑤安全评价方法选择;⑥评价单元的划分;⑦安全对策措施建议;⑧安全评价结论等内容。下列安全验收评价报告内容的顺序表述,正确的是( )。

A. ①②③④⑤⑥⑦⑧
B. ①②③④⑥⑤⑦⑧
C. ①③②④⑤⑥⑦⑧
D. ①③②④⑥⑤⑦⑧

【解析】安全验收评价报告主要内容:①目的;②评价依据;③概况;④危险、有害因素的辨识与分析;⑤评价单元划分;⑥评价方法的选择;⑦安全对策措施建议;⑧评价结论。

3. 根据《安全验收评价导则》,下列关于安全评价内容的描述中,不属于安全验收评价结论的内容的是( )。

A. 符合性评价的综合结果
B. 评价对象正式运行后存在的危险、有害因素及其危害程度
C. 评价对象危害因素的安全技术措施
D. 明确评价对象是否具备验收条件

【解析】安全验收评价结论应包括符合性评价的综合结果;评价对象运行后存在的危险、有害因素及其危险危害程度;明确给出评价对象是否具备安全验收的条件,对达不到安全验收要求的评价对象明确提出整改措施建议。

答案:1.C 2.D 3.C

同步强化训练

一、单项选择题

1. 甲职业卫生技术服务机构承担了乙车辆工厂新建项目的职业病危害评价工作,甲机构在评价过程中使用了类比方法来类推、分析对象的危险、有害因素。下列关于类比方法的说法中,正确的是( )。

A. 类比方法属于直观经验分析方法
B. 类比方法是对照有关法规、标准对评价对象的危险、有害因素进行分析的方法
C. 类比方法是依靠分析人员的观察分析能力对评价对象的危险、有害因素进行分析的方法
D. 类比方法是借助于经验和判断能力对评价对象的危险、有害因素进行分析的方法

第五章 安全评价

2. 某公司新建一个使用氯化钠（食盐）水溶液电解生产氯气、氢氧化钠、氢气的工厂，该公司在新建项目设计合同中明确要求设计单位在基础设计阶段，通过系列会议对工艺流程图进行分析，必须由多方面的、专业的、熟练的人员组成的小组，按照规定的办法，对偏离设计的工艺条件进行危险辨识及安全评价。这种安全评价方法是（　　）。
   A. 预先危险分析（PHA）　　　　　　B. 危险和可操作性分析（HAZOP）
   C. 故障类型和影响分析（FMEA）　　 D. 事件树分析（ETA）

3. 驾驶员甲在一家物流仓储仓库驾驶电瓶车时，不慎将一货架撞倒，导致落下的一箱重物将员工乙的大腿砸伤。根据《企业职工伤亡事故分类》，这起事故类型是（　　）。
   A. 物体打击　　　B. 起重伤害　　　C. 高处坠落　　　D. 车辆伤害

4. 某建筑工地在使用塔吊起吊模型时，发生钢模板坠落，模板从5m高空落下，地面一工作人员躲闪不及，被砸成重伤。根据《企业职工伤亡事故分类》，这起事故类型是（　　）。
   A. 机械伤害　　　B. 物体打击　　　C. 起重伤害　　　D. 高处坠落

5. 某家具生产公司的施工机械有电刨、电钻、电锯等，还有小型轮式起重机、叉车、运输车辆等设备。主要生产过程包括材料运输和装卸、木材烘干、型材加工、组装、喷漆等工序。根据《企业职工伤亡事故分类》，该家具公司喷漆工序存在的危险有害因素有（　　）。
   A. 火灾、中毒窒息、其他爆炸　　　　B. 火灾、机械伤害、电离辐射
   C. 坍塌、放炮、灼烫　　　　　　　　D. 坍塌、中毒窒息、淹溺

6. 危险与可操作性研究（HAZOP）是一种定性的安全评价方法。它的基本过程是以关键词为引导，找出过程中工艺状态的偏差，然后分析产生偏差的原因、后果及可采取的对策。下列关于HAZOP评价方法的组织实施的说法中，正确的是（　　）。
   A. 评价涉及众多部门和人员，必须由企业主要负责人担任组长
   B. 评价工作可分为熟悉系统、确定顶上事件、定性分析3个步骤
   C. 可由一位专家独立承担整个HAZOP分析任务，小组评审
   D. 必须由一个多专业且专业熟练的人员组成的工作小组完成

7. 在安全评价工作中，宜从厂址、总平面布置、道路及运输、建（构）筑物、工艺过程等单元进行系统的危险和有害因素辨识。"防火间距"危害因素的辨识属于（　　）单元的辨识。
   A. 厂址　　　　　　　　　　　　　　B. 总平面布置
   C. 道路及运输　　　　　　　　　　　D. 建（构）筑物

8. 把系统已发生或可能发生的事故作为分析起点，将导致事故原因的事故按因果逻辑关系逐层列出，用图形表示出来，构成一种逻辑模型，然后定性或定量地分析事件发生的各种可能途径及发生概率，找出避免事故发生的各种方案并优选出最佳安全对策，这种方法称为（　　）。
   A. SCA　　　　　B. FTA　　　　　C. PHA　　　　　D. JRA

9. 事故树分析法是事故调查分析的重要方法之一。下列符号为事故树逻辑门符号，其中表示任一事件单独发生，顶上事件都可能发生的符号是（　　）。

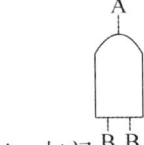
A. 与门

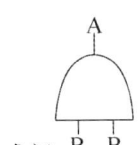
B. 或门

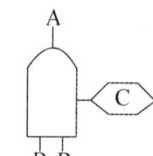 C. 条件与门　　　　　　　　　　　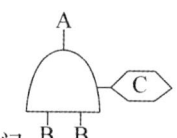 D. 条件或门

10. 纺织厂为进行技术革新，从国外引进纺织机 5 台，并配套相应的生产设备若干，该厂再次投产前需要进行安全生产评价，评价机构可采用的评价方法有：①概率风险评价法；②作业条件危险性评价法；③伤害（或破坏）范围评价法；④专家现场询问观察法；⑤危险指数评价法；⑥预先危险性分析法。为评估该纺织厂棉粉尘火灾、爆炸风险，可以使用的定量评价方法是（　　）。

   A. ②④⑤　　　　　　　　　　　　B. ①②⑥
   C. ①③⑤　　　　　　　　　　　　D. ③④⑥

二、多项选择题

1. 某气体生产公司主要产品为高纯氧气、高纯氮气，同时用甲醇裂解法生产超高纯氧，生产过程中使用了大量压力容器及一台 20m 高的冷箱等设备。冷箱内液态氧中碳氢化合物含量较高，易与氧反应引起爆炸。根据《企业职工伤亡事故分类》，该公司生产现场存在的危险、有害因素可能导致的事故类型有（　　）。

   A. 物理性爆炸　　　　　　　　　　B. 化学性爆炸
   C. 中毒和窒息　　　　　　　　　　D. 火灾
   E. 高处坠落

2. 某建筑工地施工人员甲在拆除防雨棚时，未系安全带。甲用手抓住连接支撑防雨棚钢立柱的横拉杆横向移动身体，横拉杆在外力作用下脱落，甲当即从 6.2m 处坠落，穿过破损的防护网触地，经抢救无效死亡。事后调查发现，甲未系安全带和横拉杆与钢立柱未采取满焊方式连接是造成该起事故的直接原因，同时事故调查组认为造成该起事故的间接原因还有（　　）。

   A. 施工单位安全防护设施不到位
   B. 施工单位未认真落实高处作业需佩戴安全防护用品的防范措施
   C. 甲未按高处作业的有关规定，从梯子上下钢立柱作业，而是直接在横拉杆上移动身体
   D. 施工单位未派人进行检查，致使横拉杆留下焊接不牢的隐患未发现
   E. 施工单位未派人对拆除作业实施有效的现场监护

3. 某新建项目进行安全验收评价时，评价机构首先需要依据建设项目前期技术文件要求，对安全生产保障实施情况和相关对策措施的落实情况进行评价。建设项目前期技术文件主要包括（　　）。

   A. 安全预评价　　　　　　　　　　B. 可行性研究报告
   C. 安全现状评价报告　　　　　　　D. 现场灾害事故报告
   E. 初步设计中安全卫生专篇

参考答案及解析

一、单项选择题

1.【答案】 A

【解析】危险、有害因素辨识方法：

(1) 直观经验分析法：①对照、经验法是对照有关标准、法规、检查表或依靠分析人员的观察分析能力，借助于经验和判断能力对评价对象的危险、有害因素进行分析的方法。②类比方法是利用相同或相似的工程系统或作业条件的经验和劳动安全卫生的统计资料来类推、分析评价对象的危险、有害因素。

(2) 系统安全分析方法是应用系统安全工程评价方法中的某些方法进行危险、有害因素的辨识。系统安全分析方法常用于复杂、没有事故经验的新开发的系统。常用的系统安全分析方法有事件树、事故树等。

2.【答案】 B

【解析】危险和可操作性分析可按分析的准备、完成分析和编制分析结果报告3个步骤来完成。其本质就是通过系列会议对工艺流程图和操作规程进行分析，由各种专业人员按照规定的方法对偏离设计的工艺条件进行过程危险和可操作性分析。

3.【答案】 D

【解析】根据《企业职工伤亡事故分类》，物体打击是指物体在重力或其他外力的作用下产生运动，打击人体，造成人身伤亡事故，不包括因机械设备、车辆、起重机械、坍塌等引发的物体打击。起重伤害是指各种起重作业（包括起重机安装、检修、试验）中发生的挤压、坠落、（吊具、吊重）物体打击和触电。高处坠落是指在高处作业中发生坠落造成的伤亡事故，不包括触电坠落事故。车辆伤害是指企业机动车辆在行驶中引起的人体坠落和物体倒塌、下落、挤压伤亡事故，不包括起重设备提升、牵引车辆和车辆停驶时发生的事故。

4.【答案】 C

【解析】参照上面第3题解析。

5.【答案】 A

【解析】喷漆工序存在的危险有害因素包括：油漆、稀释剂等苯类物质使人身体中毒，遇明火、静电产生火灾或引起爆炸。

6.【答案】 D

【解析】危险和可操作性研究是一种定性的安全评价方法。它的基本过程是以关键词为引导，找出过程中工艺状态的变化（即偏差），然后分析产生偏差的原因、后果及可采取的对策。其侧重点是工艺部分或操作步骤各种具体值。危险和可操作性研究方法所基于的原理是，背景各异的专家们若在一起工作，就能够在创造性、系统性和风格上互相影响和启发，能够发现和鉴别更多的问题，这样做要比他们独立工作并分别提供结果更为有效。

危险和可操作性研究方法可按分析的准备、完成分析和编制分析结果报告3个步骤来完成。其本质就是通过系列会议对工艺流程图和操作规程进行分析，由各种专业人员按照规定的方法对偏离设计的工艺条件进行过程危险和可操作性研究。所以，危险和可操作性研究方法与其他安全评价方法的明显不同之处是，其他方法可由某人单独使用，而危险和可操作性分析则必须由一个多方面的、专业的、熟练的人员组成的小组来完成。

7.【答案】 B

【解析】在进行危险、有害因素的识别时，要全面、有序地进行，防止出现漏项，宜从厂址、总平面布置、道路运输、建（构）筑物、生产工艺、物流、主要设备装置、作业环境、安全措施管理等几方面进行。识别的过程实际上就是系统安全分析的过程。

（1）厂址：从厂址的工程地质、地形地貌、水文、气象条件、周围环境、交通运输条件、自然灾害、消防支持等方面分析、识别。

（2）总平面布置：从功能分区、防火间距和安全间距、风向、建筑物朝向、危险有害物质设施、动力设置（氧气站、乙炔气站、压缩空气站、锅炉房、液化石油气站等）、道路、储运设施等方面进行分析、识别。

（3）道路及运输：从运输、装卸、消防、疏散、人流、物流、平面交叉运输和竖向交叉运输等几方面进行分析、识别。

（4）建（构）筑物：从厂房的生产火灾危险性分类、耐火等级、结构、层数、占地面积、安全疏散等方面进行分析、识别。从库房储存物品的火灾危险性分类、耐火等级、结构、层数、占地面积、安全疏散、防火间距等方面进行分析、识别。

8. 【答案】B

【解析】故障树（fault tree analysis，FTA），是一种描述事故因果关系的有方向的"树"。SCA—安全检查表法，PHA—预先危险分析，JRA—作业条件危险性评价法。

9. 【答案】D

【解析】题干中表达了两个要素，第一个是"任一事件单独发生，顶上事件发生"，应为或门。第二个是顶上事件"可能"发生，说明事件发生后仍需条件才可导致顶上事件发生。选项A，两事件同时发生时，顶上事件一定发生。选项B，任一事件单独发生，顶上事件一定发生。选项C，两事件同时发生时，顶上事件可能发生。

10. 【答案】C

【解析】按照安全评价给出的定量结果的类别不同，定量安全评价方法可以分为概率风险评价法、伤害（或破坏）范围评价法和危险指数评价法。②④属于定性安全评价方法。

二、多项选择题

1. 【答案】CDE

【解析】高纯氧和纯氮气可以导致窒息，甲醇属于易燃液体，可以引发火灾，20m高冷箱设备存在高处坠落危险。压力容器存在爆炸危险，属于容器爆炸，物理爆炸和化学爆炸不是规范中的内容。

2. 【答案】BDE

【解析】事故的直接原因：机械、物质或环境的不安全状态；人的不安全行为。
事故的间接原因：①技术和设计上有缺陷——工业构件、建筑物、机械设备、仪器仪表、工艺过程、操作方法、维修检验等的设计、施工和材料使用存在问题；②教育培训不够、未经培训、缺乏或不懂安全操作技术知识；③劳动组织不合理；④对现场工作缺乏检查或指导错误；⑤没有安全操作规程或不健全；⑥没有或不认真实施事故防范措施，对事故隐患整改不力；⑦其他。

3. 【答案】ABE

【解析】评价对象前期（安全预评价、可行性研究报告、初步设计中安全卫生专篇等）对安全生产保障等内容的实施情况和相关对策措施建议的落实情况等。

第六章
安全生产事故调查与分析

根据安全生产相关法律法规和政策规定,运用事故调查技术和方法,进行安全生产事故调查取证、原因分析、性质认定,制定事故防范措施。

第一节　安全生产事故的等级与分类

一、安全生产事故的等级

根据安全生产事故造成的人员伤亡或者直接经济损失,安全生产事故一般分为表 6-1 所示的等级。

表 6-1　安全生产事故等级

事故分级	死亡人数	重伤（包括急性工业中毒）人数	直接经济损失
特别重大事故	30 人以上	100 人以上	1 亿元以上
重大事故	10～30 人	50～100 人	5 000 万～1 亿元
较大事故	3～10 人	10～50 人	1 000 万～5 000 万元
一般事故	3 人以下	10 人以下	1 000 万元以下

二、安全生产事故的分类

伤亡事故的分类,分别从不同方面描述了事故的不同特点。根据 1986 年 5 月 31 日发布的《企业职工伤亡事故分类》(GB 6441—86),伤亡事故是指企业职工在生产劳动过程中发生的人身伤害和急性中毒。事故的类别包括物体打击、车辆伤害、机械伤害、起重伤害、触电、淹溺、灼烫、火灾、高处坠落、坍塌、冒顶片帮、透水、放炮、火药爆炸、瓦斯爆炸、锅炉爆炸、容器爆炸、其他爆炸、中毒和窒息、其他伤害。对事故造成的伤害分析要考虑的因素有受伤部位、受伤性质(人体受伤的类型)、起因物、致害物、伤害方式、不安全状态、不安全行为。按照事故造成的伤害程度又可把伤害事故分为轻伤事故、重伤事故和死亡事故。

> ·典型例题·

1. 某超市位于居民区内,该居民区人口密集。某晚 7 时 22 分,该超市发生火灾,经过 3 个小时的扑救,将火扑灭。这起火灾事故造成 2 人死亡,9 人重伤,直接经济损失 260 万元。根据《生产安全事故报告和调查处理条例》,这起事故等级属于(　　)。

　　A. 特别重大事故　　　　　　　　B. 一般事故
　　C. 重大事故　　　　　　　　　　D. 较大事故

【解析】根据题干及表 6-1,死亡 2 人,重伤 9 人,损失 260 万元,属于一般事故。

2. 某化工厂储料库发生火灾事故,造成 3 人死亡,6 人重伤,直接经济损失 6 500 万元。根据《生产安全事故报告和调查处理条例》,该事故等级是(　　)。

　　A. 特别重大事故　　　　　　　　B. 重大事故
　　C. 较大事故　　　　　　　　　　D. 一般事故

【解析】根据题干及表 6-1,死亡 3 人,重伤 6 人,损失 6 500 万元,属于重大事故。

答案:1. B　2. B

第二节 安全生产事故报告

一、事故上报的时限和部门

(一) 事故上报的时限

事故发生后，事故现场有关人员应当立即向本单位负责人报告；单位负责人接到报告后，应当于 1 小时内向事故发生地县级以上人民政府应急管理部门和负有安全生产监督管理职责的有关部门报告。

应急管理部门和负有安全生产监督管理职责的有关部门逐级上报事故情况，每级上报的时间不得超过 2 小时。

应急管理部门和负有安全生产监督管理职责的有关部门依照前款规定上报事故情况，应当同时报告本级人民政府。国务院应急管理部门和负有安全生产监督管理职责的有关部门以及省级人民政府接到发生特别重大事故、重大事故的报告后，应当立即报告国务院。

事故上报流程如图 6-1 所示。

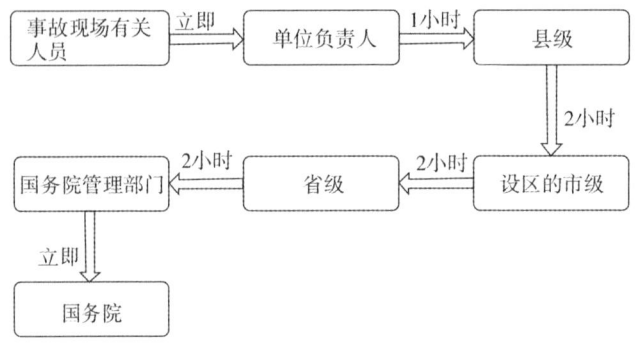

图 6-1 事故上报流程

(二) 事故上报的部门

(1) 特别重大事故逐级上报至国务院应急管理部门和负有安全生产监督管理职责的有关部门。

(2) 较大事故逐级上报至省、自治区、直辖市人民政府应急管理部门和负有安全生产监督管理职责的有关部门。

(3) 一般事故上报至设区的市级人民政府应急管理部门和负有安全生产监督管理职责的有关部门。

事故上报的部门见表 6-2。

表 6-2 事故上报的部门

事故等级	事故上报最高部门	负责组织事故调查
特别重大事故	国务院	国务院
重大事故	国务院	省
较大事故	省	市

续表

事故等级	事故上报最高部门	负责组织事故调查
一般事故	设区的市	县

（三）事故补报规定

事故报告后出现新情况的，应当及时补报。

自事故发生之日起 30 日内，事故造成的伤亡人数发生变化的，应当及时补报。

道路交通事故、火灾事故自发生之日起 7 日内，事故造成的伤亡人数发生变化的，应当及时补报。

二、事故报告的内容

（一）事故发生单位概况

事故发生单位概况应当包括单位的全称、所处地理位置、所有制形式和隶属关系、生产经营范围和规模、持有各类证照的情况、单位负责人的基本情况以及近期的生产经营状况等。对于不同行业的企业，报告的内容应该根据实际情况来确定，但是应当以全面、简洁为原则。

（二）事故发生的时间、地点以及事故现场情况

报告事故发生的时间应当具体，并尽量精确到分钟。报告事故发生的地点要准确，除事故发生的中心地点外，还应当报告事故所波及的区域。报告事故现场的情况应当全面，不仅应当报告现场的总体情况，还应当报告现场的人员伤亡情况、设备设施的毁损情况；不仅应当报告事故发生后的现场情况，还应当尽量报告事故发生前的现场情况。

（三）事故的简要经过

事故的简要经过是对事故全过程的简要叙述。核心要求在于"全"和"简"。"全"就是要全过程描述，"简"就是要简单明了。但是，描述要前后衔接、脉络清晰、因果相连。需要强调的是，由于事故的发生往往是在一瞬间，对事故经过的描述应当特别注意事故发生前作业场所有关人员和设备设施的一些细节，因为这些细节可能就是引发事故的重要原因。

（四）事故已经造成或者可能造成的伤亡人数（包括下落不明的人数）和初步估计的直接经济损失

对于人员伤亡情况的报告，应当遵守实事求是的原则，不做无根据的猜测，更不能隐瞒实际伤亡人数。在矿山事故中，往往出现多人被困井下的情况，对可能造成的伤亡人数，要根据事故单位当班记录，尽可能准确地报告。对直接经济损失的初步估算，主要指事故所导致的建筑物的毁损、生产设备设施和仪器仪表的损坏等。由于人员伤亡情况和经济损失情况直接影响事故等级的划分，并因此决定事故的调查处理等后续重大问题，在报告这方面情况时应当谨慎细致，力求准确。

（五）已经采取的措施和其他应当报告的情况

已经采取的措施主要是指事故现场有关人员、事故单位负责人、已经接到事故报告的安全生产管理部门为减少损失、防止事故扩大和便于事故调查所采取的应急救援和现场保护等具体措施。

三、事故的应急处置

事故发生单位负责人接到事故报告后，应当立即启动事故应急预案，或者采取有效措施，

组织抢救，防止事故扩大，减少人员伤亡和财产损失。

事故发生地有关地方人民政府、应急管理部门和负有安全生产监督管理职责的有关部门接到事故报告后，其负责人应当立即赶赴事故现场，组织事故救援。

事故发生后，有关单位和人员应当妥善保护事故现场以及相关证据，任何单位和个人不得破坏事故现场、毁灭相关证据。

因抢救人员、防止事故扩大以及疏通交通等原因，需要移动事故现场物件的，应当做出标志，绘制现场简图并作出书面记录，妥善保存现场重要痕迹、物证。

事故发生地公安机关根据事故的情况，对涉嫌犯罪的，应当依法立案侦查，采取强制措施和侦查措施。犯罪嫌疑人逃匿的，公安机关应当迅速追捕归案。

·典型例题·

1. 某建筑施工企业发生生产安全事故后，事故现场有关人员、单位负责人、各级地方人民政府应按照规定及时进行报告。下列关于事故报告的说法中，正确的是（　　）。

A. 单位负责人接到事故报告后，应在2小时内向事故发生地县级以上人民政府报告

B. 一般事故应逐级上报至省级人民政府应急管理部门

C. 事故报告应包括发生的时间、地点以及事故现场情况，事故的简要经过

D. 火灾事故自发生之日起30日内，事故造成的伤亡人数发生变化的，应及时补报

【解析】选项A，应在1小时内向事故发生地县级安全监督管理部门报告。选项B，一般事故应逐级上报至设区的市级安全监督管理部门。选项D，火灾事故7日内补报。

2. 2016年5月6日晨，某省甲市乙县H工业园区R国有控股集团Z冶金企业发生一起生产安全事故，造成9人重伤，事故现场有关人员立即于当日5时32分向本单位负责人报告。根据《生产安全事故报告和事故调查处理条例》，下列关于Z企业负责人事故报告的说法中，正确的是（　　）。

A. 接报半小时内，应向R集团应急管理部门报告

B. 接报半小时内，应向H工业园区应急管理部门报告

C. 接报1小时内，应向乙县应急管理部门报告

D. 接报1小时内，应向甲市应急管理部门报告

【解析】单位负责人接到报告后，应当于1小时内向事故发生地县级以上人民政府应急管理部门和负有安全生产监督管理职责的有关部门报告。

3. 某化工企业发生液氯泄漏事故，事故造成数人急性工业中毒，企业负责人组织应急救援力量将中毒人员送往医院并对泄漏点堵漏，事故报告后有数名中毒人员在医院陆续死亡，事故发生单位自事故之日起（　　）日内应当及时补报。

A. 7 　　　　　　　　　　　　　　B. 15

C. 30　　　　　　　　　　　　　　D. 60

【解析】自事故发生之日起30日内，事故造成的伤亡人数发生变化的，应当及时补报。

答案：1.C　2.C　3.C

第三节　事故调查与分析

事故调查处理应当坚持实事求是、尊重科学的原则，及时、准确地查清事故经过、事故原因和事故损失，查明事故性质，认定事故责任，总结事故教训，提出整改措施，并对事故责任者依法追究责任。

一、事故调查的组织

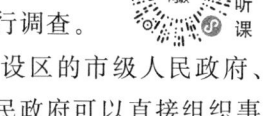

特别重大事故由国务院或者国务院授权有关部门组织事故调查组进行调查。

重大事故、较大事故、一般事故分别由事故发生地省级人民政府、设区的市级人民政府、县级人民政府负责调查。省级人民政府、设区的市级人民政府、县级人民政府可以直接组织事故调查组进行调查，也可以授权或者委托有关部门组织事故调查组进行调查。

未造成人员伤亡的一般事故，县级人民政府也可以委托事故发生单位组织事故调查组进行调查。

上级人民政府可以调查由下级人民政府负责调查的事故：
（1）对于事故性质恶劣、社会影响较大的。
（2）同一地区连续频繁发生同类事故的。
（3）事故发生地不重视安全生产工作、不能真正吸取事故教训的。
（4）社会和群众对下级政府调查的事故反响十分强烈的。
（5）事故调查难以做到客观、公正的。

自事故发生之日起 30 日内（道路交通事故、火灾事故自发生之日起 7 日内），因事故伤亡人数变化导致事故等级发生变化，应当由上级人民政府负责调查的，上级人民政府可以另行组织事故调查组进行调查。

事故调查工作实行"政府领导、分级负责"的原则。

特别重大事故以下等级事故，事故发生地与事故发生单位不在同一个县级以上行政区域的，由事故发生地人民政府负责调查，事故发生单位所在地人民政府应当派人参加。

二、事故调查组的组成和职责

（一）事故调查组的组成

（1）事故调查组的组成应当遵循精简、效能的原则。
（2）事故调查组由有关人民政府、应急管理部门、负有安全生产监督管理职责的有关部门、公安机关以及工会派人组成。事故调查组可以聘请有关专家参与调查。
（3）事故调查组组长由负责事故调查的人民政府指定，也可以由授权组织事故调查组的有关部门指定。
（4）事故调查组成员应当具有事故调查所需要的知识和专长，并与所调查的事故没有直接利害关系。

（二）事故调查组的职责

1. 查明事故发生的经过

事故发生前，事故发生单位生产作业状况；事故发生的具体时间、地点；事故现场状况及事故现场保护情况；事故发生后采取的应急处置措施情况；事故报告经过；事故抢救及事故救援情况；事故的善后处理情况；其他与事故发生经过有关的情况。

2. 查明事故发生的原因

事故发生的直接原因、事故发生的间接原因、事故发生的其他原因。

（1）直接原因。

机械、物质或环境的不安全状态；人的不安全行为。

（2）间接原因。

①技术和设计上有缺陷——工业构件、建筑物、机械设备、仪器仪表、工艺过程、操作方法、维修检验等的设计，施工和材料使用存在问题。

②教育培训不够，未经培训，缺乏或不懂安全操作技术知识。

③劳动组织不合理。

④对现场工作缺乏检查或指导错误。

⑤没有安全操作规程或不健全。

⑥没有或不认真实施事故防范措施，对事故隐患整改不力。

⑦其他原因。

3. 查明人员伤亡情况

事故发生前，事故发生单位生产作业人员分布情况；事故发生时人员涉险情况；事故现场人员伤亡情况及人员失踪情况；事故抢救过程中人员伤亡情况；最终伤亡情况；其他与事故发生有关的人员伤亡情况。

4. 事故的直接经济损失

事故的直接经济损失见表6-3。

表6-3 事故的直接经济损失

直接经济损失	内容
人员伤亡后支出的费用	医疗费用、丧葬及抚恤费用、补助及救济费用、歇工工资等
事故善后处理费用	处理事故的事务性费用、现场抢救费用、现场清理费用、事故罚款和赔偿费用等
事故造成的财产损失费用	固定资产损失价值、流动资产损失价值等

5. 认定事故性质和事故责任分析

通过事故调查分析，对事故的性质要有明确结论。其中，对认定为自然事故（非责任事故或者不可抗拒的事故）的，可不再认定或者追究事故责任人；对认定为责任事故的，要按照责任大小和承担责任的不同，分别认定直接责任者、主要责任者、领导责任者。

《企业职工伤亡事故调查分析规则》（GB 6442—86）有如下规定：

（1）根据事故调查所确认的事实，通过对直接原因和间接原因的分析，确定事故中的直接责任者和领导责任者。

（2）在直接责任者和领导责任者中，根据其在事故发生过程中的作用，确定主要责任者。

6. 对事故责任者的处理建议

通过事故调查分析，在认定事故的性质和事故责任的基础上，对事故责任者提出行政处分、纪律处分、行政处罚、追究刑事责任、追究民事责任的建议。

7. 总结事故教训

通过事故调查分析，在认定事故的性质和事故责任者的基础上，认真总结事故教训，主要是在安全生产管理、安全生产投入、安全生产条件等方面存在哪些薄弱环节、漏洞和隐患，要认真对照问题查找根源、吸取教训。

8. 提出防范和整改措施

防范和整改措施是在事故调查分析的基础上针对事故发生单位在安全生产方面的薄弱环节、漏洞、隐患等提出的，要具备针对性、可操作性、普遍适用性和时效性。

9. 提交事故调查报告

（1）事故调查报告在事故调查组组长的主持下完成。

（2）事故调查组成员应当在事故调查报告上签名。

（3）事故调查报告报送负责事故调查的人民政府后，事故调查工作即告结束。

（4）事故调查的有关资料应当归档保存。

（5）事故调查报告应当包括：

①事故发生单位概况。

②事故发生经过和事故救援情况。

③事故造成的人员伤亡和直接经济损失。

④事故发生的原因和事故性质。

⑤事故责任的认定以及对事故责任者的处理建议。

⑥事故防范和整改措施。

三、事故调查组的职权和事故发生单位的义务

事故调查组有权向有关单位和个人了解与事故有关的情况，并要求其提供相关文件、资料，有关单位和个人不得拒绝。

事故调查中发现涉嫌犯罪的，事故调查组应当及时将有关材料或者其复印件移交司法机关处理。

事故调查中需要进行技术鉴定的，事故调查组应当委托具有国家规定资质的单位进行技术鉴定。必要时，事故调查组可以直接组织专家进行技术鉴定。技术鉴定所需时间不计入事故调查期限。

事故发生单位的负责人和有关人员在事故调查期间不得擅离职守，并应当随时接受事故调查组的询问，如实提供有关情况。

四、事故调查的纪律和期限

事故调查组成员在事故调查工作中应当诚信公正、恪尽职守，遵守事故调查组的纪律，保守事故调查的秘密。未经事故调查组组长允许，事故调查组成员不得擅自发布有关事故的信息。

事故调查组应当自事故发生之日起 60 日内提交事故调查报告；特殊情况下，经负责事故调查的人民政府批准，提交事故调查报告的期限可以适当延长，但延长的期限最长不超过 60 日。需要技术鉴定的，技术鉴定所需时间不计入该时限，其提交事故调查报告的时限可以顺延。

· 典型例题 ·

1. 某市化工企业聚丙烯车间因原料管道泄漏发生着火,引起燃爆事故。根据有关规定,该市立即成立事故调查组,负责查明事故经过、事故原因和事故性质,总结事故教训和提出处理建议。下列关于该事故调查与分析的说法,正确的有(   )。

A. 聚丙烯发生燃爆事故的直接原因是原料管道泄漏
B. 事故责任追究认定应明确造成泄漏直接责任者和间接责任者
C. 事故性质应认定为责任事故
D. 聚丙烯燃爆事故直接经济损失应包括造成工厂周围环境污染而发生的治理费用
E. 事故调查组应对事故责任者提出行政处分等建议

【解析】事故调查组履行的职责包括:
①查明事故发生的经过。
②查明事故发生的原因(直接原因、间接原因、其他原因)。
③查明人员伤亡情况。
④事故的直接经济损失。
⑤认定事故性质和事故责任分析。
⑥对事故责任者的处理建议。

事故责任者包括直接责任者、主要责任者和领导责任者,没有间接责任者;环境污染治理费用属于间接经济损失,而不是直接经济损失。

2. 甲省乙市丙县的某化工企业,位于本省丁市戊县的分公司发生危险化学品爆炸事故,造成2人死亡,10人重伤,直接经济损失200余万元,负责组织此次事故调查的是(   )。

A. 丁市人民政府
B. 丙县人民政府
C. 乙市人民政府
D. 戊县人民政府

【解析】该事故为较大事故,应由事故发生地市级人民政府负责调查。

3. 某生产经营单位发生了重大生产安全事故,在完成事故上报工作之后,进入事故调查阶段。根据《生产安全事故报告和调查处理条例》,该事故调查工作实行的原则是(   )。

A. 部门领导、部门负责
B. 政府领导、部门负责
C. 政府领导、分级负责
D. 部门领导、分级负责

【解析】事故调查工作实行"政府领导、分级负责"的原则。

答案:1. ACE 2. A 3. C

第四节 事故处理

一、事故调查报告的批复

事故调查报告只有经过有关人民政府批复后才具有效力,才能被执行和落实。事故调查报告批复的主体是负责事故调查的人民政府。

特别重大事故的调查报告由国务院批复;重大事故、较大事故、一般事故的事故调查报告分别由负责事故调查的有关省级人民政府、设区的市级人民政府、县级人民政府批复。

重大事故、较大事故、一般事故,负责事故调查的人民政府应当自收到事故调查报告之日起15日内做出批复;特别重大事故,30日内做出批复,特殊情况下批复时间可以适当延长,但延长的时间最长不超过30日。

二、事故调查报告中防范和整改措施的落实及监督

事故发生单位应当认真吸取事故教训,落实防范和整改措施,防止事故再次发生。防范和整改措施的落实情况应当接受工会和职工的监督。

应急管理部门和负有安全生产监督管理职责的有关部门,应当对事故发生单位负责落实防范和整改措施的情况进行监督检查。事故处理的情况由负责事故调查的人民政府或者其授权的有关部门、机构向社会公布,依法应当保密的除外。

· 典型例题 ·

甲钢铁厂位于某省某市境内。某日,钢铁厂发生钢水包倾倒事故,造成15人死亡。有关部门迅速成立事故调查组进行调查,并形成了事故调查报告。负责批复事故调查报告的行政部门是(　　)。

A. 国务院
B. 国务院应急管理部门
C. 省人民政府
D. 市人民政府

【解析】特别重大事故的调查报告由国务院批复;重大事故、较大事故、一般事故的事故调查报告分别由负责事故调查的有关省级人民政府、设区的市级人民政府、县级人民政府批复。该起事故为重大事故。

答案:C

同步强化训练

单项选择题

1. 甲公司获得乙公司大型建筑施工的总承包权后,将该施工项目中的绿化项目分包给丙公司,并与丙公司签订了安全管理协议。在施工过程中,丙公司使用的丁劳务派遣公司1名员工发生了生产安全事故,根据国家有关规定,负责该事故统计上报的企业是(　　)。
   A. 甲公司　　　　　　　　　　B. 乙公司
   C. 丙公司　　　　　　　　　　D. 丁公司
2. 甲省设区的A市某建筑公司,承揽了一项甲醇装置建设工程,该工程位于乙省设区的B市。

施工过程中发生脚手架坍塌事故,导致 4 人死亡。根据《生产安全事故报告和调查处理条例》,此次事故的调查处理应由( )人民政府负责组织。

A. 甲省　　　　　　　　　　　　B. A 市
C. 乙省　　　　　　　　　　　　D. B 市

3. 某煤矿位于甲省乙市丙县,2012 年某日发生一起瓦斯爆炸事故,造成 9 人死亡、10 人重伤。事故发生后第 10 日,重伤的 10 人中有 1 人医治无效死亡。根据《生产安全事故报告和调查处理条例》,组织此次事故调查的人民政府应当是( )。

A. 国务院　　　　　　　　　　　B. 甲省人民政府
C. 乙市人民政府　　　　　　　　D. 丙县人民政府

4. 某市甲化工厂新建 1 套醋酸装置,由乙公司以总承包方式负责建设。现场工程监理由丙承担。某日,乙公司工人孔某在脚手架上行走时坠落,经抢救无效死亡。该市安全生产监督管理局组织事故调查后,提出整改措施。落实整改措施的责任单位是( )。

A. 甲化工厂　　　　　　　　　　B. 乙公司
C. 丙公司　　　　　　　　　　　D. 市安全生产监督管理局

5. 伤亡事故的原因可分为直接原因与间接原因。下列关于伤亡事故的原因中,属于直接原因的是( )。

A. 物的不安全状态　　　　　　　B. 安全操作规程不健全
C. 劳动组织不合理　　　　　　　D. 教育培训不够

6. 根据《生产安全事故报告和调查处理条例》,下列事故属于较大事故的是造成( )的事故。

A. 2 人死亡、5 人重伤　　　　　B. 3 人死亡、9 人重伤
C. 1 人死亡、50 人重伤　　　　 D. 10 人死亡、30 人重伤

7. 生产安全事故发生后,事故现场有关人员应当立即向本单位负责人报告。事故发生单位负责人接到报告后,应当于( )小时内向事故发生地县级以上人民政府应急管理部门和负有安全生产监督管理责任的有关部门报告。

A. 0.5　　　　B. 1　　　　C. 2　　　　D. 3

8. 某矿山发生火灾事故,当日死亡 2 人,重伤 18 人。由于井下有毒气体没有彻底排除,事故发生第 7 天,造成救援人员 4 人死亡。重伤者经过 25 天抢救,有 4 人死亡,32 天后又有 5 人死亡。根据《生产安全事故报告和调查处理条例》,该起事故应上报的死亡人数是( )人。

A. 2　　　　B. 6　　　　C. 10　　　　D. 15

9. 通过事故调查分析,对事故的性质和责任要有明确结论。其中,对认定为责任事故的,要按照责任大小和承担责任的不同分别认定为主要责任者、直接责任者、( )。

A. 间接责任者　　　　　　　　　B. 技术责任者
C. 领导责任者　　　　　　　　　D. 监督责任者

10. 事故调查组应当自事故发生之日起 60 日内提交事故调查报告;特殊情况下,经负责事故调查的人民政府批准,提交事故调查报告的期限可以适当延长,但延长的期限最长不超过 60 日。事故调查期限不包括( )。

A. 技术鉴定所需时间　　　　　　B. 调查取证所需时间
C. 事故分析所需时间　　　　　　D. 撰写调查报告所需时间

11. 甲市具有一级建筑资质的 A 企业承包了乙市的某建设项目,因工作量较大,按照合同要求,将部分工程分包给丙市 B 企业和丁市 C 企业,A 企业分别与 B、C 企业签订了安全协

议。在作业过程中，发生一起安全生产事故，造成 A 企业 1 人死亡、B 企业 2 人死亡、C 企业 3 人重伤。根据相关法律规定，负责组织事故调查的是（　　）人民政府。

A. 甲市
B. 乙市
C. 丙市
D. 丁市

12. 根据《生产安全事故报告和调查处理条例》，应逐级上报至省级人民政府负责安全生产监督管理职责部门的事故等级是（　　）。

A. 一级事故
B. 较大事故
C. 重大事故
D. 特别重大事故

13. 某石油化工企业在 A 省 B 市 C 县一天然气生产矿井发生井喷，井喷后作业人员应急处置不当，含量超标的有毒气体向下风向扩散，造成周围群众 13 人死亡、103 人急性中毒。根据《生产安全事故报告和调查处理条例》，负责组织此次事故调查的是（　　）。

A. 国务院
B. A 省人民政府
C. B 市人民政府
D. C 县人民政府

14. 某危险化学品仓储公司仓库保管员张某家中有事，私下委托同事叶某临时代为保管仓库钥匙。其间，叶某进入危险品仓库，擅自将易燃化学品异丙醇和氧化剂双氧水混放，引发火灾事故，造成直接经济损失 100 万元。下列关于该事故的说法中，正确的是（　　）。

A. 张某擅自委托叶某代为保管危险化学品库房钥匙，是事故直接责任者
B. 叶某进入危险化学品仓库将危险化学品混放，是事故直接责任者
C. 危险化学品仓储公司主要负责人管理不到位，是事故直接责任者
D. 危险化学品仓储公司安全管理部门负责人存在管理失职，是事故直接责任者

>>> 参考答案及解析 <<<

单项选择题

1. 【答案】C

【解析】根据《生产安全事故统计报表制度》，分承包工程单位在施工过程中发生的生产安全事故，凡分承包单位为独立核算单位的，纳入分承包单位统计；分承包单位为非独立核算单位的，纳入总承包单位统计；凡未签订分包合同或分包单位的建设活动与分包合同不一致的，不管是否为独立核算单位，都纳入总承包单位统计。非正式雇佣人员（临时雇佣人员、劳务派遣人员、实习生、志愿者等）、其他公务人员、外来救护人员以及生产经营单位以外的居民、行人等由于单位生产安全事故受到伤害的，纳入生产安全事故统计。

2. 【答案】D

【解析】特别重大事故由国务院或者国务院授权有关部门组织事故调查组进行调查。重大事故、较大事故、一般事故分别由事故发生地省级人民政府、设区的市级人民政府、县级人民政府负责调查。特别重大事故以下等级事故，事故发生地与事故发生单位不在同一个县级以上行政区域的，由事故发生地人民政府负责调查，事故发生单位所在地人民政府应当派人参加。

3. 【答案】B

【解析】特别重大事故由国务院或者国务院授权有关部门组织事故调查组进行调查。重大事故、较大事故、一般事故分别由事故发生地省级人民政府、设区的市级人民政府、县级人民政府负责调查。

4. 【答案】B

【解析】事故发生单位（乙公司）应当认真吸取事故教训，落实防范和整改措施，防止事故再次发生。

5. 【答案】A

【解析】《企业职工伤亡事故调查分析规则》规定，属于下列情况者为直接原因：①机械、物质或环境的不安全状态；②人的不安全行为。属于下列情况者为间接原因：①技术和设计上有缺陷——工业构件、建筑物、机械设备、仪器仪表、工艺过程、操作方法、维修检验等的设计、施工和材料使用存在问题；②教育培训不够、未经培训、缺乏或不懂安全操作技术知识；③劳动组织不合理；④对现场工作缺乏检查或指导错误；⑤没有安全操作规程或不健全；⑥没有或不认真实施事故防范措施，对事故隐患整改不力；⑦其他原因。

6. 【答案】B

【解析】根据《生产安全事故报告和调查处理条例》的规定，较大事故是指造成 3 人（包括 3 人）以上 10 人以下死亡，10 人（包括 10 人）以上 50 人以下重伤，1 000 万元（包括 1 000 万元）以上 5 000 万元以下直接经济损失的事故。

7. 【答案】B

【解析】根据《生产安全事故报告和调查处理条例》的有关规定，事故现场有关人员、事故单位负责人和有关部门应当按照下列程序和时间要求报告事故：①事故发生后，事故现场有关人员应当立即向本单位负责人报告；情况紧急时，事故现场有关人员可以直接向事故发生地县级以上人民政府应急管理部门和负有安全生产监督管理职责的有关部门报告。②单位负责人接到事故报告后，应当于 1 小时内向事故发生地县级以上人民政府应急管理部门和负有安全生产监督管理职责的有关部门报告。③应急管理部门和负有安全生产监督管理职责的有关部门接到事故报告后，应当按照事故的级别逐级上报事故情况，并报告同级人民政府，通知公安机关、劳动保障行政部门、工会和人民检察院，且每级上报的时间不得超过 2 小时。

8. 【答案】B

【解析】事故的补报要求：事故报告后出现新情况的，应当及时补报。自事故发生之日起 30 日内，事故造成的伤亡人数发生变化的，应当及时补报。道路交通事故、火灾事故自发生之日起 7 日内，事故造成的伤亡人数发生变化的，应当及时补报。

9. 【答案】C

【解析】通过事故调查分析，对事故的性质要有明确结论。其中，对认定为自然事故（非责任事故或者不可抗拒的事故）的，可不再认定或者追究事故责任人；对认定为责任事故的，要按照责任大小和承担责任的不同，分别认定下列事故责任：①直接责任者，即其行为与事故发生有直接责任的人员，如违章作业人员；②主要责任者，即对事故发生负有主要责任的人员，如违章指挥者；③领导责任者，即对事故发生负有领导责任的人员。

10. 【答案】A

【解析】事故调查组应当自事故发生之日起 60 日内提交事故调查报告；特殊情况下，提交事故调查报告的期限经负责事故调查的人民政府批准可以适当延长，但延长的期限最长不超过 60 日。需要技术鉴定的，技术鉴定所需时间不计入该时限，其提交事故调查报告的时限可以顺延。

11. 【答案】B

【解析】负责事故调查的是事故发生地人民政府。

12. 【答案】B

【解析】应急管理部门和负有安全生产监督管理职责的有关部门接到事故报告后，应当依照下列规定上报事故情况，并通知公安机关、劳动保障行政部门、工会和人民检察院：①特别重大事故、重大事故逐级上报至国务院应急管理部门和负有安全生产监督管理职责的有关部门；②较大事故逐级上报至省、自治区、直辖市人民政府应急管理部门和负有安全生产监督管理职责的有关部门；③一般事故上报至设区的市级人民政府应急管理部门和负有安全生产监督管理职责的有关部门。

13. 【答案】A

【解析】13人死亡、103人急性中毒属于特别重大事故，特别重大事故由国务院或者国务院授权有关部门组织事故调查组进行调查。

14. 【答案】B

【解析】事故的直接责任者一般是由于现场违章操作等原因导致事故直接发生的人员；主要责任者一般是现场违章指挥、指挥错误等造成事故发生，一般是班组长、车间主任等职务人员；领导责任者一般是指主要负责人。叶某违章操作将异丙醇和氧化剂双氧水混放，直接导致火灾事故发生，是事故的直接责任者。

第七章
安全生产统计分析

运用安全生产统计指标以及常用统计分析方法,分析生产安全事故的特点与规律,制定事故防范对策措施。

第一节 统计基础知识

一、统计学基本知识

(一) 统计资料的类型
统计资料（或称统计数据）有3种类型：计量资料、计数资料和等级资料。

1. 计量资料

计量资料是通过度量衡的方法，测量每一个观察单位的某项研究指标的量的大小，得到的一系列数据资料。例如，质量与长度。

特点：有度量衡单位，可通过测量得到，多为连续性资料。

2. 计数资料

计数资料是将全体观察单位按照某种性质或特征分组，然后再分别清点各组观察单位的个数。

特点：没有度量衡单位，通过枚举或记数得来，多为间断性资料。

3. 等级资料

等级资料是介于计量资料和计数资料之间的一种资料，通过半定量方法测量得到。

特点：每一个观察单位没有确切值，各组之间有性质上的差别或程度上的不同。

(二) 统计学中的重要概念

1. 变量

研究者对每个观察单位的某项特征进行观察和测量，这种特征称为变量，变量的测得值叫变量值（也叫观察值）。

2. 变异

变异是指同质事物个体间的差异。变异来源于一些未加控制或无法控制的甚至不明原因的因素。变异是统计学存在的基础，从本质上说，统计学就是研究变异的科学。

3. 总体与样本

总体是指根据研究目的确定的研究对象的全体。当研究有具体而明确的指标时，总体是指该项变量值的全体。

样本是总体中有代表性的一部分。

现实研究中，直接研究总体的情况是很困难或者不可能的，因此实际工作中往往从总体中抽取部分样本，目的是通过样本信息来推断总体的特征。

4. 随机抽样

按随机的原则从总体中获取样本的方法，以避免研究者有意或无意地选择样本而带来偏差。随机抽样是统计工作中常用的抽样方法。

5. 概率

概率是描述随机事件发生的可能性大小的数值，常用 P 来表示。概率的大小在 0 和 1 之间；越接近 1，说明发生的可能性越大；越接近 0，说明发生的可能性越小。统计学中的许多结论是带有概率性质的，通常一个事件的发生小于 5%，就叫小概率事件。

6. 误差

统计上所说的误差泛指测量值与真值之差，样本指标与总体指标之差，主要有以下两种：

（1）系统误差。

数据搜集和测量过程中由于仪器不准确、标准不规范等原因，造成观察结果呈倾向性的偏大或偏小，这种误差称为系统误差。特点：具有累加性。

（2）随机误差。

由于一些非人为的偶然因素使得结果或大或小，是不确定、不可预知的。特点：随测量次数的增加而减小。

随机误差包括随机测量误差和抽样误差。

①随机测量误差。在消除了系统误差的前提下，由于非人为的偶然因素，对于同一样本多次测定结果不完全一样，结果有时偏大有时偏小，没有倾向性，这种误差叫随机测量误差。特点：没有倾向性，多次测量计算平均值可以减小甚至消除随机测量误差。

②抽样误差。由于抽样原因造成的样本指标与总体指标之间的差别。特点：抽样误差不可避免。统计上可以估计抽样误差，并在一定范围内控制抽样误差。

通常可以通过改进抽样方法和增加样本量等方法来减少抽样误差。

二、统计图表的编制

（一）统计表

1. 概念

统计表是将要统计分析的事物或指标以表格的形式列出来，以代替烦琐的文字描述的一种表现形式。

2. 统计表的组成

标题：表的名称。

标目：横标目说明每一行要表达的内容，相当于句子的主语；纵标目说明每一列要表达的内容，相当于句子的谓语。

3. 统计表的种类

简单表：表格只有一个中心意思，即二维以下的表格。

复合表：表格有多个中心意思，即三维以上的表格。

4. 制表原则和基本要求

制表原则：重点突出，简单明了，主次分明，层次清楚。

基本要求：

（1）标题：位置在表格的最上方，应包括时间、地点和要表达的主要内容。

（2）标目：标目所表达的性质相当于"变量名称"，要有单位。

（3）线条：不宜过多，一般三根横线条，不用竖线条。

（4）数字：小数点要上下对齐，缺失时用"—"代替。

（5）备注：表中用"*"标出，再在表的下方注出。

（二）统计图

1. 概念

统计图是一种形象的统计描述工具，它是用直线的升降、直条的长短、面积的大小、颜色的深浅等各种图形来表示统计资料的分析结果。用点、线、面的位置、升降或大小来表达统计资料数量关系的一种陈列形式。

2. 制图的原则和基本要求

（1）按资料的性质和分析目的选用适合的图形。一般选用原则见表7-1。

表 7-1　统计图一般选用原则

资料的性质和分析目的	宜选用的统计图
比较分类资料各类别数值大小	条图
分析事物内部各组成部分所占比重（构成比）	圆图或百分条图
描述事物随时间变化趋势或描述两现象相互变化趋势	线图、半对数线图
描述双变量资料的相互关系的密切程度或相互关系的方向	散点图
描述连续性变量的频数分布	直方图
描述某现象的数量在地域上的分布	统计地图

（2）标题。标题要概括图形所要表达的主要内容，标题一般写在图形的下端中央。

（3）统计图一般有横轴和纵轴。用横轴标目和纵轴标目说明横轴和纵轴的指标和度量单位。一般将两轴的起始点即原点处定为 0，但也可以不定为 0。横轴尺度从左向右，纵轴尺度从下到上。纵横轴的比例一般为 5∶7。

（4）统计图要用不同线条和颜色表达不同事物或对象的统计指标时，需要在图的右上角空隙处或图的下方与图标题中间位置附图例加以说明。

3. 统计图的类型

（1）条图。又称直条图，表示独立指标在不同阶段的情况，有二维或多维，图例位于右上方。用来比较数值大小。

（2）圆图或百分条图。描述百分比（构成比）的大小，用颜色或各种图形将不同比例表达出来。用来分析比重（构成比）。

（3）线图。描述事物随时间/两现象相互变化趋势，主要用于计量资料，描述两个变量间关系。

（4）半对数线图。纵轴用对数尺度，描述事物随时间/两现象相互变化趋势。

（5）散点图。描述双变量的相互关系密切程度/方向。

（6）直方图。描述连续性变量的频数分布。

（7）统计地图。描述某现象的数量在地域上的分布。

三、统计描述与统计推断

统计的主要工作就是对统计数据进行统计描述和统计推断。

统计描述是统计分析的最基本内容，是指应用统计指标、统计表、统计图等方法，对资料的数量特征及其分布规律进行测定和描述。

统计推断是指通过抽样等方式进行样本估计总体特征的过程，包括参数估计和假设检验两项内容。

（一）统计描述

1. 计量资料的统计描述

计量资料的统计描述主要通过编制频数分布表、计算集中趋势指标和离散趋势指标以及统计图表来进行。不同描述指标计算方法见表 7-2。

表 7-2　不同描述指标计算方法

描述指标	计算方法	
集中趋势的描述指标	算术平均数、几何平均数、百分位数与中位数	直接法、加权法（频数表法）
离散趋势的描述指标	全距、四分位数间距、方差、标准差	

2. 计数资料的统计描述

计数资料与计量资料的统计描述有所不同，通常采用比、构成比、率 3 类指标来描述，这些指标都是由两个指标之比构成的，所以称为相对数。

（1）比。

（2）构成比。

$$构成比 = \frac{某一组成部分的观察单位数}{同一事物各组成部分的观察单位总数} \times 100\%$$

（3）率。

$$率 = \frac{发生某现象的观察单位数}{可能发生某现象的观察单位总数} \times 100\%（或1000‰）$$

（二）统计推断

通过样本信息来推断总体特征叫统计推断。参数估计和假设检验是统计推断的两个重要方面。

1. 参数估计

参数估计就是通过样本估计总体特征，包括点值估计和区间估计两种方法。

2. 假设检验

假设检验是用来判断样本总体，样本与总体的差异是由抽样误差引起还是本质差别造成的统计推断方法。

• 典型例题 •

1. 某企业在风险管控和隐患排查治理双重预防机制建设中，为分析所属一家工厂近十年来发生伤害事故的变化规律，针对不同的分析目的，分别使用了下表所示的不同类型的统计图，其中运用正确的有（　　）。

序号	分析目的	统计图类型
①	各类别数值大小比较	条图
②	描述相关程度	散点图
③	描述指标相互变化趋势	线图
④	连续型变量频数分布	直方图
⑤	区域数量分布	统计地图

A. ①　　　　　　　　　　　　　　　B. ⑤

C. ②　　　　　　　　　　　　　　　D. ③

E. ④

【解析】根据表 7-1 可判断，选项 A、C、D、E 正确。

2. 某企业安全处组织安全员学习统计学基础知识，培训教师介绍统计图是一种形象的统计描述工具，使用不同的图形来表示统计资料的分析结果，通常分为条图、线图等多种类型。下列关于统计图的说法中，正确的是（　　）

A. 条图表示事物发展变化的趋势

B. 散点图描述计量资料的频数分布

C. 直方图描述两种现象的相互关系

D. 圆图或百分条图描述构成比的大小

【解析】选项 A，条图比较分类资料各类别数值大小。选项 B，散点图描述双变量资料的相互关系的密切程度或相互关系的方向。选项C，直方图描述连续性变量的频数分布。

答案：1. ACDE 2. D

第二节 事故统计与报表制度

一、事故统计的基本任务

(1) 对每起事故进行统计调查，弄清事故发生的情况和原因。

(2) 对一定时间内、一定范围内事故发生的情况进行测定。

(3) 根据大量统计资料，借助数理统计手段，对一定时间内、一定范围内事故发生的情况、趋势以及事故参数的分布进行分析、归纳和推断。

事故统计的任务与事故调查是一致的。事故统计建立在事故调查的基础上。

调查要反映有关事故发生的全部详细信息，统计则抽取那些能反映事故情况和原因的最主要的参数。

事故调查从已发生的事故中得到预防相同或类似事故发生的经验，是直接的，是局部性的。而事故统计对于预防作用既有直接性，又有间接性，是总体性的。

二、事故统计分析的目的

事故统计分析的目的，是通过合理地收集与事故有关的资料、数据，并应用科学的统计方法，对大量重复显现的数字特征进行整理、加工、分析和推断，找出事故发生的规律和事故发生的原因，为制定法规、加强工作决策，采取预防措施，防止事故重复发生，起到重要的指导作用。

三、事故统计的步骤

(一) 资料搜集

资料搜集又称统计调查，是根据统计分析的目的，对大量零星的原始材料进行技术分组。它是整个事故统计工作的前提和基础。资料搜集是根据事故统计的目的和任务，制定调查方案，确定调查对象和单位，拟定调查项目和表格，并按照事故统计工作的性质选定方法。我国伤亡事故统计是一项经常性的统计工作，采用报告法，下级按照国家制定的报表制度，逐级将伤亡事故报表上报。

(二) 资料整理

资料整理又称统计汇总，是将搜集的事故资料进行审核、汇总，并根据事故统计的要求计算有关数值。汇总的关键是统计分组，就是按一定的统计标志，将分组研究的对象划分为性质相同的组。如按事故类别、事故原因等分组，然后按组进行统计计算。

(三) 综合分析

综合分析是将汇总整理的资料及有关数值，填入统计表或绘制统计图，使大量的零星资料系统化、条理化、科学化，是统计工作的结果。事故统计结果可以用统计指标、统计表、统计图等形式表达。

四、事故统计指标体系

指标通常分为绝对指标和相对指标,见表 7-3。

表 7-3　绝对指标和相对指标

指标		内容
绝对指标		事故起数、死亡人数、重伤人数、轻伤人数、损失工作日、直接经济损失
相对指标	相对人员	千人死亡率、万人死亡率、十万人死亡率、百万人死亡率
	相对劳动量	百万工时死亡率、百万工时伤害率
	相对产值	亿元 GDP 死亡率
	相对产量	百万吨死亡率、万平方米死亡率、百万平方米死亡率
	其他	万车死亡率、亿客公里死亡率、重大事故万时率、百万机车总走行公里死亡率……

我国的生产安全事故统计指标体系分为 4 大类。

(一) 综合类伤亡事故统计指标体系

综合类伤亡事故统计指标体系包括事故起数、死亡事故起数、死亡人数、受伤人数、直接经济损失、重大事故起数、重大事故死亡人数、特大事故起数、特大事故死亡人数、特别重大事故起数、特别重大事故死亡人数、重大事故率、特大事故率。

(二) 工矿企业类伤亡事故统计指标体系

工矿企业类伤亡事故统计指标体系包括煤矿企业伤亡事故统计指标、金属和非金属矿企业(原非煤矿山企业)伤亡事故统计指标、工商企业(原非矿山企业)伤亡事故统计指标、建筑业伤亡事故统计指标、危险化学品伤亡事故统计指标、烟花爆竹伤亡事故统计指标。

这 6 类统计指标均包含伤亡事故起数、死亡事故起数、死亡人数、重伤人数、轻伤人数、直接经济损失、损失工作日、重大事故起数、重大事故死亡人数、特大事故起数、特大事故死亡人数、特别重大事故起数、特别重大事故死亡人数、千人死亡率、千人重伤率、百万工时死亡率、重大事故率、特大事故率。另外,煤矿企业伤亡事故统计指标还包含百万吨死亡率。

(三) 行业类统计指标体系

1. 道路交通事故统计指标

包括事故起数、死亡事故起数、死亡人数、受伤人数、直接财产损失、重大事故起数、重大事故死亡人数、特大事故起数、特大事故死亡人数、特别重大事故起数、特别重大事故死亡人数、万车死亡率、十万人死亡率、生产性事故起数、生产性事故死亡人数、重大事故率、特大事故率。

2. 火灾事故统计指标

包括事故起数、死亡事故起数、死亡人数、受伤人数、直接财产损失、重大事故起数、重大事故死亡人数、特大事故起数、特大事故死亡人数、特别重大事故起数、特别重大事故死亡人数、百万人火灾发生率、百万人火灾死亡率、生产性事故起数、生产性事故死亡人数、重大事故率、特大事故率。

3. 水上交通事故统计指标

包括事故起数、死亡事故起数、死亡和失踪人数、受伤人数、直接经济损失、重大事故起数、重大事故死亡人数、特大事故起数、特大事故死亡人数、特别重大事故起数、特别重大事故死亡人数、沉船艘数、千艘船事故率、亿客公里死亡率、重大事故率、特大事故率。

4. 铁路交通事故统计指标

包括事故起数、死亡事故起数、死亡人数、受伤人数、直接经济损失、重大事故起数、重大事故死亡人数、特大事故起数、特大事故死亡人数、特别重大事故起数、特别重大事故死亡人数、百万机车总走行公里死亡率、重大事故率、特大事故率。

5. 民航飞行事故统计指标

包括飞行事故起数、死亡事故起数、死亡人数、受伤人数、重大事故万时率、亿客公里死亡率。

6. 农机事故统计指标

包括伤亡事故起数、死亡事故起数、死亡人数、重伤人数、轻伤人数、直接经济损失、重大事故起数、重大事故死亡人数、特大事故起数、特大事故死亡人数、特别重大事故起数、特别重大事故死亡人数、重大事故率、特大事故率。

7. 渔业船舶事故统计指标

包括事故起数、死亡事故起数、死亡和失踪人数、受伤人数、直接经济损失、重大事故起数、重大事故死亡人数、特大事故起数、特大事故死亡人数、特别重大事故起数、特别重大事故死亡人数、千艘船事故率、重大事故率、特大事故率。

(四) 安全评价类统计指标体系

安全评价类统计指标计算公式见表7-4。

表7-4 安全评价类统计指标计算公式

统计指标	计算公式
千人死亡率	死亡人数/从业人员数$\times 10^3$
千人重伤率	重伤人数/从业人员数$\times 10^3$
百万工时死亡率	死亡人数/实际总工时$\times 10^6$
百万吨死亡率	死亡人数/实际产量$\times 10^6$
重大事故率	重大事故起数/事故总起数$\times 100\%$
特大事故率	特大事故起数/事故总起数$\times 100\%$
百万人火灾发生率	火灾发生次数/地区总人口$\times 10^6$
百万人火灾死亡率	火灾造成的死亡人数/地区总人口$\times 10^6$
万车死亡率	机动车造成的死亡人数/机动车数$\times 10^4$
十万人死亡率	死亡人数/地区总人口$\times 10^5$
亿客公里死亡率	死亡人数/（运营旅客人数$\times$运营公里总数）$\times 10^8$
千艘船事故率	一般以上事故船舶总艘数/本省（本单位）船舶总艘数$\times 10^3$
百万机车总走行公里死亡率	死亡人数/机车总走行公里$\times 10^6$
重大事故万时率	重大事故次数/飞行总小时$\times 10^4$
亿元国内生产总值（GDP）死亡率	死亡人数/国内生产总值$\times 10^8$

五、生产安全事故报表制度

生产安全事故统计报表制度中最重要的是两张基层报表：生产安全事故登记表和生产安全事故伤亡人员登记表。

基层报表的各项指标归纳起来分以下 4 个方面：①事故发生单位情况；②事故情况；③事故概况；④伤亡人员情况。

伤亡事故统计实行地区考核为主的制度，采用逐级上报的程序。

六、伤亡事故统计分析方法

经常用到的几种伤亡事故统计分析方法：综合分析法、分组分析法、算数平均法、相对指标比较法、统计图表法（趋势图、柱状图、饼图）、排列图、控制图。

（一）综合分析法

将大量的事故资料进行总结分类，将汇总整理的资料及有关数值，形成书面分析材料或填入统计表或绘制统计图，使大量的零星资料系统化、条理化、科学化，从各种变化的影响中找出事故发生的规律性。

（二）分组分析法

按伤亡事故的有关特征进行分类汇总，研究事故发生的有关情况。如按事故发生的经济类型、事故发生单位所在行业、事故发生原因、事故类别、事故发生所在地区、事故发生时间和伤害部位等进行分组汇总统计伤亡事故数据。

（三）算数平均法

例如，2018 年 1～12 月全国工矿企业死亡人数分别是 488 人、752 人、1 123 人、1 259 人、1 321 人、1 021 人、1 404 人、1 176 人、1 024 人、952 人、989 人、1 046 人，则：

$$平均每月死亡 = \frac{12\ 555}{12} = 1\ 046（人）$$

（四）相对指标比较法

例如，各省之间、各企业之间由于企业规模、职工人数等不同，很难比较，但采用相对指标，如千人死亡率、百万吨死亡率等指标则可以互相比较，并在一定程度上说明安全生产的情况。

（五）统计图表法

事故常用的统计图：

（1）趋势图，即折线图。直观地展示伤亡事故的发生趋势。

（2）柱状图。能够直观地反映不同分类项目所造成的伤亡事故指标大小。

（3）饼图，即比例图。可以形象地反映不同分类项目所占的百分比。

（六）排列图

排列图也称主次图，是直方图与折线图的结合。直方图用来表示属于某项目的各分类的频次，而折线图则表示各分类的累积相对频次。排列图可以直观地显示出属于各分类的频数的大小及其占累积总数的百分比。

（七）控制图

控制图又叫管理图，把质量管理控制图中的不良率控制图方法引入伤亡事故发生情况的测定中，可以及时察觉伤亡事故发生的异常情况，有助于及时消除不安定因素，起到预防事故重复发生的作用。

七、伤亡事故经济损失计算方法

伤亡事故经济损失是指企业职工在劳动生产过程中发生伤亡事故所引起的一切经济损失，包括直接经济损失和间接经济损失。

（一）直接经济损失

指因事故造成人身伤亡及善后处理支出的费用和毁坏财产的价值。

（二）间接经济损失

指因事故导致产值减少、资源破坏和受事故影响而造成其他损失的价值。

（三）直接经济损失

直接经济损失的统计范围见表 7-5。

表 7-5 直接经济损失的统计范围

统计范围	人身伤亡后所支出的费用	善后处理费用	财产损失
内容	医疗费用（含护理费用）	处理事故的事务性费用	固定资产损失价值
	丧葬及抚恤费用	现场抢救费用	流动资产损失价值
	补助及救济费用	清理现场费用	
	歇工工资	事故罚款和赔偿费用	

（四）间接经济损失的统计范围

(1) 停产、减产损失价值。

(2) 工作损失价值。

(3) 资源损失价值。

(4) 处理环境污染的费用。

(5) 补充新职工的培训费用。

(6) 其他损失费用。

（五）计算方法

(1) 经济损失计算：

$$E = E_d + E_i$$

式中，E——经济损失，万元；

E_d——直接经济损失，万元；

E_i——间接经济损失，万元。

(2) 工作损失价值计算：

$$V_W = D_L M / (SD)$$

式中，V_W——工作损失价值，万元；

D_L——一起事故的总损失工作日数，死亡一名职工按 6 000 个工作日计算，受伤职工视伤害情况按《企业职工伤亡事故分类》(GB 6441—86) 的附表确定，日；

M——企业上年税利（税金加利润），万元；

S——企业上年平均职工人数；

D——企业上年法定工作日数，日。

(3) 固定资产损失价值按下列情况计算：

①报废的固定资产，以固定资产净值减去残值计算。

②损坏的固定资产，以修复费用计算。

(4) 流动资产损失价值按下列情况计算：

①原材料、燃料、辅助材料等均按账面值减去残值计算。

②成品、半成品、在制品等均以企业实际成本减去残值计算。

(5) 事故已处理结案而未能结算的医疗费、歇工工资等，采用测算方法计算（详见《企业职工伤亡事故经济损失统计标准》）。

(6) 对分期支付的抚恤、补助等费用，按审定支出的费用，从开始支付日期累计到停发日期（详见《企业职工伤亡事故经济损失统计标准》）。

(7) 停产、减产损失，按事故发生之日起到恢复正常生产水平时止，计算其损失的价值。

（六）经济损失的评价指标

(1) 千人经济损失率计算：

$$R_s(‰) = E/S \times 1000$$

式中，R_s——千人经济损失率；

E——全年内经济损失，万元；

S——企业平均职工人数，人。

(2) 百万元产值经济损失率计算：

$$R_v(\%) = E/V \times 100$$

式中，R_v——百万元产值经济损失率；

E——全年内经济损失，万元；

V——企业总产值，万元。

八、事故伤害损失工作日

事故伤害损失工作日的计算，在《事故伤害损失工作日标准》（GB/T 15499—1995）中给出了比较详细的说明。

标准共分以下几个方面计算损失工作日：肢体损伤，眼部损伤，鼻部损伤，耳部损伤，口腔颌面部损伤，头皮、颅脑损伤，颈部损伤，胸部损伤，腹部损伤，骨盆部损伤，脊柱损伤，其他损伤。

在每一类中又有许多小的类别，在计算事故伤害损失工作日时，可以从大类到小类分别查得。

·典型例题·

1. 某企业发生一起生产安全责任事故，该起事故的总损失工作日数为9 600个工作日，企业上年利税额为1 150万元、平均职工人数120人、法定工作日数为250日，则该起事故造成的工作损失价值是（　　）万元。

A. 184　　　　　　　　　　　　B. 736

C. 575　　　　　　　　　　　　D. 368

【解析】工作损失价值＝9 600×1 150/（120×250）＝368（万元）。

2. 某市为了科学准确地分析本市的安全生产状况，组织各生产经营单位开展生产安全事故统计工作，统计指标包括绝对指标和相对指标。下列生产安全事故统计指标中，属于相对指标的有（　　）。

A. 千人死亡率　　　　　　　　B. 损失工作日
C. 百万工时死亡率　　　　　　D. 百万吨死亡率
E. 亿万公里死亡率

【解析】相对指标是伤亡事故的两个相联系的绝对指标之比，表示事故的比例关系，如千人死亡率、千人重伤率、百万吨死亡率等。生产安全事故死亡人数、亿元国内生产总值生产安全事故死亡人数、工矿商贸企业就业人员十万人生产安全事故死亡人数、煤矿百万吨死亡人数、道路交通万车死亡人数已成为每年国家统计局国民经济和社会发展统计公报的重要统计指标之一。

答案：1. D　2. ACDE

同步强化训练

一、单项选择题

1. 为了有效降低高速公路的交通事故率，某省交通管理部门开展了高速公路交通流特性研究，该交通管理部门采用先进的数据采集和处理技术，获取了大量高速公路交通流的速度、流量和密度数据。在进行交通流数据分析时，能够很好地反映出速度—密度、密度流量和速度流量二者之间关系的统计图是（　　）。

A. 直方图　　　　　　　　　　B. 半对数线图
C. 条图　　　　　　　　　　　D. 散点图

2. 有 A 和 B 两家建筑公司，A 公司的职工人数是 200 人，B 公司的职工人数是 500 人。A 公司在上一年度的施工作业中造成 2 名职工重伤，B 公司在上一年度的施工作业中造成 4 名职工重伤。A 公司和 B 公司上一年度的千人重伤率是（　　）。

A. 1‰和4‰　　　　　　　　　B. 5‰和8‰
C. 6‰和7‰　　　　　　　　　D. 10‰和8‰

3. 某集团安全管理部门为掌握该集团意外事件起数和人员轻伤的分布特征与规律，对 2004～2010 年全集团可记录的事件进行了统计分析。结果表明，7 年间意外事件起数和人员轻伤的 24 小时分布特征与规律为：意外事件起数和人员轻伤趋于正态分布，凌晨 3 时达到全天的最高峰，发生意外事件最多，达到 65 起。全天 0 时发生轻伤事故最少，为 9 起。该部门采用的事故统计分析方法是（　　）。

A. 综合分析法　　　　　　　　B. 分组分析法
C. 算术平均法　　　　　　　　D. 相对指标比较法

4. 某隧道在进行初期支护施工时发生坍塌事故，施工单位在事故发生后迅速组织救援工作，事故造成 5 人死亡，一台价值 20 万元的工具车被毁。此次事故救援费用为 10 万元，投入 5 万元对现场进行清理，至恢复施工，共耗时半个月。该项目每月的工资支出为 20 万元，劳动人身保险费为 60 万元，在不考虑其他损失的情况下，本次事故造成的直接经济损失是（　　）万元。

A. 320　　　　　　　　　　　　B. 330
C. 335　　　　　　　　　　　　D. 345

5. 2002年某市从事接触粉尘工作的劳动者为1.5万人，经职业健康检查有300人患有尘肺病；2003年接触粉尘工作的劳动者人数未发生改变，经职业健康检查发现新增粉尘病例100人。2003年该市劳动者尘肺病患病率是（　　）。

A. 0.27％
B. 2.00％
C. 0.67％
D. 2.67％

二、多项选择题

1. 某化工企业发生一起反应釜爆炸事故，造成多名人员伤亡，并对环境造成污染。根据《企业职工伤亡事故经济损失统计标准》，下列费用中，属于该起事故间接经济损失的有（　　）。

   A. 人员治疗费用
   B. 处理事故过程中所使用车辆的运输费
   C. 处理事故造成的环境污染费用
   D. 该设备停产的损失价值
   E. 上级单位对该起事故的罚款

2. 某省医科大学职业病科科研组对甲地区职业卫生现状进行调研，拟选用下列统计指标。其中，属于职业卫生常用统计指标的有（　　）。

   A. 发病率
   B. 患病率
   C. 病死率
   D. 粗死亡率
   E. 千人死亡率

》》》参考答案及解析《《《

一、单项选择题

1. 【答案】D

   【解析】根据表7-1统计图一般选用原则可知，选项D正确。

2. 【答案】D

   【解析】A公司上一年度的千人重伤率＝2/200×1 000‰＝10‰；B公司上一年度的千人重伤率＝4/500×1 000‰＝8‰。

3. 【答案】B

   【解析】本题考查的是伤亡事故统计分析方法。分组分析法是按事故发生时间等进行分组汇总统计伤亡事故数据的方法。

4. 【答案】D

   【解析】直接经济损失的统计范围：

   (1) 人身伤亡后所支出的费用。
   ①医疗费用（含护理费用）。
   ②丧葬及抚恤费用。
   ③补助及救济费用。
   ④歇工工资。

   (2) 善后处理费用。
   ①处理事故的事务性费用。
   ②现场抢救费用。

③清理现场费用。

④事故罚款和赔偿费用。

(3) 财产损失价值。

①固定资产损失价值。

②流动资产损失价值。

本次事故造成的直接经济损失＝5×60＋20＋10＋5＋20/2＝345（万元）。

5.【答案】D

【解析】2003年该市尘肺病患病率＝检查时发现的现患某病病例总数/该时点受检人口数×100％＝（300＋100）/15 000×100％≈2.67％。

二、多项选择题

1.【答案】CD

【解析】间接经济损失的统计范围为：①停产、减产损失价值；②工作损失价值；③资源损失价值；④处理环境污染的费用；⑤补充新职工的培训费用；⑥其他损失费用。

2.【答案】ABCD

【解析】职业卫生常用统计指标：①发病（中毒）率；②患病率；③病死率；④粗死亡率。

第八章
职业病危害预防和管理

根据职业病危害因素的辨识标准和职业病危害评价方法,辨识作业场所职业病危害因素,制定相应控制措施。

第一节 职业卫生概述

一、职业卫生的基本概念

(一) 职业卫生

《职业安全卫生术语》（GB/T 15236—2008）中对职业卫生的定义是：以职工的健康在职业活动过程中免受有害因素侵害为目的的工作领域及其在法律、技术、设备、组织制度和教育等方面所采取的相应措施。

(二) 职业性有害因素

1. 生产过程

按生产工艺所要求的各项生产工序进行连续或间断作业的过程，它随生产技术、机器设备、使用材料和工艺流程变化而改变。

2. 劳动过程

在按生产工艺所要求的各项生产中，从事有目的和有价值的职业活动过程，它涉及针对生产工艺流程的劳动组织、生产设备布局、作业者操作体位和劳动方式，以及智力和体力劳动的比例。

3. 生产环境

指作业场所环境，包括按工艺过程建立的室内作业环境和周围大气环境，以及户外作业大自然环境。

4. 工作场所

也称作业场所，指劳动者进行职业活动的全部地点。

5. 职业性有害因素

也称职业性危害因素或职业危害因素，是指在生产过程中、劳动过程中、作业环境中存在的各种有害的化学、物理、生物因素以及在作业过程中产生的其他危害劳动者健康、能导致职业病的有害因素。

6. 职业性有害因素分类

(1) 按来源分类。各种职业性有害因素按其来源可分为以下三类：

①生产过程中产生的有害因素：

a. 化学因素。包括生产性粉尘和化学有毒物质。

生产性粉尘，如矽尘、煤尘、石棉尘、电焊烟尘等。

化学有毒物质，如铅、汞、锰、苯、一氧化碳、硫化氢、甲醛、甲醇等。

b. 物理因素。如异常气象条件（高温、高湿、低温）、异常气压、噪声、振动、辐射等。

c. 生物因素。如附着于皮毛上的炭疽杆菌、甘蔗渣上的真菌，医务工作者可能接触到的生物传染性病原物等。

②劳动过程中的有害因素：

a. 劳动组织和制度不合理，劳动作息制度不合理等。

b. 精神性职业紧张。

c. 劳动强度过大或生产定额不当。

d. 个别器官或系统过度紧张，如视力紧张等。

e. 长时间不良体位或使用不合理的工具等。

③生产环境中的有害因素：

a. 自然环境中的因素，如炎热季节的太阳辐射。

b. 作业场所建筑卫生学设计缺陷因素，如照明不良、换气不足等。

(2) 按《职业病分类和目录》分类。

《职业危害因素分类目录》（国卫疾控发〔2015〕92号）将职业危害因素分为六大类：①粉尘（52种）；②化学因素（375种）；③物理因素（15种）；④放射性因素（8种）；⑤生物因素（6种）；⑥其他因素（3种）。

（三）职业接触限值

职业性有害因素的接触限值量值（OEL），指劳动者在职业活动过程中长期反复接触，对绝大多数接触者的健康不引起有害作用的容许接触水平。其中，化学有害因素的职业接触限值包括时间加权平均容许浓度、最高容许浓度、短时间接触容许浓度、超限倍数四类。

(1) 时间加权平均容许浓度（PC-TWA）。指以时间为权数规定的8h工作日、40h工作周的平均容许接触浓度。

(2) 最高容许浓度（MAC）。指工作地点、在一个工作日内、任何时间有毒化学物质均不应超过的浓度。

(3) 短时间接触容许浓度（PC-STEL）。在遵守时间加权平均容许浓度前提下容许短时间（15min）接触的浓度。

(4) 超限倍数。对未制定PC-STEL的化学有害因素，在符合8h时间加权平均容许浓度的情况下，任何一次短时间（15min）接触的浓度均不应超过的PC-TWA的倍数值。

（四）职业禁忌与职业健康监护

(1) 职业禁忌。员工从事特定职业或者接触特定职业危害因素时，比一般职业人群更易于遭受职业危害的侵袭和罹患职业病，或者可能导致原有自身疾病的病情加重，或者在从事作业过程中诱发可能导致对他人生命健康构成危险的疾病的个人特殊生理或者病理状态。

(2) 职业健康监护。通过各种检查和分析，评价职业性有害因素对接触者健康影响及其程度，掌握职工健康状况，及时发现健康损害征象，以便采取相应的预防措施，防止有害因素所致疾患的发生和发展，包括开展职业健康体检、职业病诊疗、建立职业健康监护档案等。

(3) 职业健康监护档案。生产经营单位需要建立的劳动者职业健康档案，包括劳动者的职业史、职业危害接触史、职业健康检查结果和职业病诊疗等有关个人健康资料，如图8-1所示。

图8-1 职业卫生健康监护档案

（五）职业性病损和职业病

（1）健康。整个身体、精神和社会生活的完好状态，而不仅仅是没有疾病或不虚弱。

（2）职业性病损。劳动者职业活动过程中接触到职业危害因素而造成的健康损害，统称职业性病损。包括工伤、职业病和与工作有关的疾病。

（3）职业病。企业、事业和个体经济组织的劳动者在职业活动中，因接触粉尘、放射性物质和其他有毒、有害物质或有害因素等而引起的疾病。如在职业活动中，接触铍可引致铍肺，接触氟可致氟骨症，接触氯乙烯可引起肢端溶骨症，接触焦油、沥青可引起皮肤黑变病等。职业病致病因素如图8-2所示。

图8-2 职业病致病因素

由国家主管部门公布的职业病目录所列的职业病称为法定职业病。界定法定职业病的4个基本条件是：①在职业活动中产生；②接触职业危害因素；③列入国家职业病范围；④与劳动用工行为相联系。

二、职业卫生工作方针与原则

职业危害防治工作，必须发挥政府、生产经营单位、工伤保险、职业卫生技术服务机构、职业病防治机构等各方面的力量，由全社会加以监督，贯彻"预防为主，防治结合"的方针，遵循职业卫生"三级预防"的原则，实行分类管理，综合治理，不断提高职业病防治管理水平。

第一级预防，又称病因预防。是从根本上杜绝职业危害因素对人的作用，即改进生产工艺和生产设备，合理利用防护设施及个人防护用品，以减少工人接触的机会和程度。将国家制定的工业企业设计卫生标准、工作场所有害物质职业接触限值等作为共同遵守的接触限值或"防护"的准则，可在职业病预防中发挥重要作用。

根据职业病防治法对职业病前期预防的要求，产生职业危害的生产经营单位的设立，除应当符合法律、行政法规规定的设立条件外，其工作场所还应当符合以下要求：

（1）职业危害因素的强度或者浓度符合国家职业卫生标准。

（2）有与职业危害防护需求相适应的设施。

（3）生产布局合理，符合有害与无害作业分开的原则。

（4）有配套的更衣间、洗浴间、孕妇休息间等卫生设施。

（5）设备、工具、用具及设施符合保护劳动者生理、心理健康的要求。

（6）法律、行政法规和国务院卫生行政部门关于保护劳动者健康的其他要求。

国家实行由应急管理部门主持的职业危害项目的申报制度，即新建、扩建、改建建设项目和技术改造、技术引进项目可能产生职业危害的，建设单位在可行性论证阶段应当提交职业危害预评价报告。建设项目在竣工验收前,建设单位应当进行职业危害控制效果评价。

第二级预防,又称发病预防。是早期检测和发现人体受到职业危害因素所致的疾病。

第三级预防,是在病人患职业病以后,合理进行康复处理。包括对职业病病人的保障,对疑似职业病病人进行诊断。保障职业病病人享受职业病待遇,安排职业病病人进行治疗、康复和定期检查,对不适宜继续从事原工作的职业病病人,应当调离原岗位并妥善安置。

第一级预防是理想的方法,针对整体的或选择的人群,对人群健康和福利状态均能起根本作用,一般所需投入比第二级预防和第三级预防要少,且效果更好。

·典型例题·

1. 界定法定职业病的基本条件有（　　）。

   A. 在职业活动中产生　　　　　　B. 接触职业危害因素

   C. 列入国家职业病范围　　　　　D. 与劳动用工行为相联系

   E. 有与职业危害防护需求相适应的设施

   【解析】界定法定职业病的4个基本条件是：①在职业活动中产生；②接触职业危害因素；③列入国家职业病范围；④与劳动用工行为相联系。

2. 某企业有甲、乙、丙三个车间,甲车间承担工件造型合箱、浇铸、打箱清砂等工序,生产过程中存在砂尘、高温、噪声等职业危害因素；乙车间承担工件切割、焊接、打磨加工处理等工序,生产过程中存在电焊烟尘、噪声等职业危害因素；丙车间承担工件探伤、涂装等工艺处理工序,生产过程中存在射线、苯系物等职业危害因素。根据《生产过程危险和有害因素分类与代码》（GB/T 13861—2022）,下列说法中,正确的是（　　）。

   A. 甲车间噪声是物理因素,乙车间电焊烟尘是物理因素

   B. 丙车间射线是物理因素,丙车间苯系物是化学因素

   C. 乙车间噪声是物理因素,丙车间苯系物是生物因素

   D. 甲车间高温浇铸件是物理因素,丙车间苯系物是化学因素

   【解析】噪声、射线是物理因素。电焊烟尘、苯系物是化学因素。高温属于物理因素,但是高温浇铸件是物品,不属于任何因素。

3. 职业病危害因素是危害劳动者健康,能导致职业病的有害因素。下列职业病危害因素中,属于劳动过程中产生的有害因素是（　　）。

   A. 电焊作业产生的烟尘　　　　　B. 接触到的生物传染性病原物

   C. 炎热季节的太阳辐射　　　　　D. 使用不合理的工具

   【解析】劳动过程中的有害因素：①劳动组织和制度不合理,劳动作息制度不合理等；②精神性职业紧张；③劳动强度过大或生产定额不当；④个别器官或系统过度紧张,如视力紧张等；⑤长时间不良体位或使用不合理的工具等。

4. 某大型管道制作车间负责大口径管道的组对、焊接、打磨。车间采光带设计缺陷致使车间内照明不良,焊接作业产生大量焊接烟尘,打磨焊口产生噪声,另外管道的焊接作业和打磨作业均会使作业人员身体长时间处于不良体位状态。按照职业性有害因素来源分类,下列说法正确的是（　　）。

   A. 照明不良属于劳动过程中的有害因素

   B. 长时间不良体位属于劳动过程中的有害因素

   C. 焊接烟尘属于劳动过程中的有害因素

D. 噪声属于劳动过程中的有害因素

【解析】选项A，照明不良属于生产环境中的有害因素；选项C，焊接烟尘属于生产过程中的有害因素；选项D，噪声属于生产过程中的有害因素。

5. 职业病危害因素的接触限值量值，是指劳动者在职业活动过程中长期反复接触，对绝大多数接触者的健康不引起有害作用的容许接触水平。化学有害因素的职业接触限值包括时间加权平均容许浓度、最高容许浓度、短时间接触容许浓度、超限倍数四类，这四类限值规定了不同单位时间内劳动接触有害化学物质的阈值，从而保障劳动者的健康。在这四类指标当中，其"单位时间"是40小时工作周的指标是（　　）。

A. 时间加权平均容许浓度　　　　　B. 最高容许浓度

C. 短时间接触容许浓度　　　　　　D. 超限倍数

【解析】时间加权平均容许浓度（PC-TWA）指以时间为权数规定的8小时工作日、40小时工作周的平均容许接触浓度。

6. 化学有害因素的职业接触限值包括时间加权平均容许浓度、最高容许浓度、短时间接触容许浓度、超限倍数四类，这四类限值规定了不同单位时间内劳动接触有害化学物质的阈值，从而保障劳动者的健康。其中"最高容许浓度"指标规定的单位时间是（　　）。

A. 40小时工作周　　B. 8小时工作日　　C. 5分钟　　D. 瞬发

【解析】最高容许浓度（MAC）指工作地点、在一个工作日内、任何时间有毒化学物质均不应超过的浓度。

7. 关于职业病的"三级预防"，下列说法正确的是（　　）。

A. 第一级预防，又称发病预防

B. 第二级预防，又称保健预防

C. 第三级预防，是在病人患职业病以前，定期进行体格检查

D. 第一级预防是理想的方法，一般所需投入比第二级预防和第三级预防要少，且效果更好

【解析】第一级预防，又称病因预防。第二级预防，又称发病预防。第三级预防，是在病人患职业病以后，合理进行康复处理。第一级预防是理想的方法，针对整体的或选择的人群，对人群健康和福利状态均能起根本的作用，一般所需投入比第二级预防和第三级预防要少，且效果更好。

答案：1.ABCD　2.B　3.D　4.B　5.A　6.D　7.D

第二节　职业危害识别、评价与控制

一、职业危害识别

（一）粉尘与尘肺

1. 生产性粉尘

能够较长时间悬浮于空气中的固体微粒叫作粉尘。从胶体化学观点来看，粉尘是固态分散性气溶胶。其分散媒是空气，分散相是固体微粒。在生产中，与生产过程有关而形成的粉尘叫作生产性粉尘。生产性粉尘对人体有多方面的不良影响，尤其是含有游离二氧化硅的粉尘，能

引起严重的职业病——矽肺。

2. 生产性粉尘的分类

生产性粉尘根据其性质可分为三类：

(1) 无机性粉尘。

①矿物性粉尘，例如，煤尘、硅石、石棉、滑石等。

②金属性粉尘，例如，铁、锡、铝、铅、锰等。

③人工无机性粉尘，例如，水泥、金刚砂、玻璃纤维等。

(2) 有机性粉尘。

①植物性粉尘，例如，棉、麻、面粉、木材、烟草、茶等。

②动物性粉尘，例如，兽毛、角质、骨质、毛发等。

③人工有机粉尘，例如，有机燃料、炸药、人造纤维等。

(3) 混合性粉尘。

上述各种粉尘混合存在。在生产环境中，最常见的是混合性粉尘。

3. 生产性粉尘引起的职业病

生产性粉尘的种类繁多，理化性状不同，对人体所造成的危害也是多种多样的。就其病理性质可概括为如下几种：

(1) 全身中毒性，例如，铅、锰、砷化物等粉尘。

(2) 局部刺激性，例如，生石灰、漂白粉、水泥、烟草等粉尘。

(3) 变态反应性，例如，大麻、黄麻、面粉、羽毛、锌烟等粉尘。

(4) 光感应性，例如，沥青粉尘。

(5) 感染性，例如，破烂布屑、兽毛、谷粒等粉尘有时附有病原菌。

(6) 致癌性，例如，铬、镍、砷、石棉及某些光感应性和放射性物质的粉尘。

(7) 尘肺，例如，煤尘、矽尘、矽酸盐尘。

尘肺是由于吸入生产性粉尘引起的以肺的纤维化为主要变化的职业病。由于粉尘的性质、成分不同，对肺脏所造成的损害、引起纤维化程度也有所不同，从病因上分析，可将尘肺分为：矽肺（发病人数最多）、煤工尘肺（发病人数占第二位）、石墨尘肺、炭黑尘肺、石棉肺、滑石尘肺、水泥尘肺、云母尘肺、陶工尘肺、铝尘肺、电焊工尘肺、铸工尘肺（发病人数占第三位）、其他尘肺。

(二) 生产性毒物与职业中毒

1. 生产性毒物及其危害

在生产经营活动中，通常会生产或使用化学物质，它们发散并存在于工作环境空气中，对劳动者的健康产生危害，这些化学物质称为生产性毒物（或化学性有害物质）。

(1) 毒物毒性。

毒物毒性大小可以用引起某种毒性反应的剂量来表示。在引起同等效应的条件下，毒物剂量越小，表明该毒物的毒性越大。

(2) 毒物的危害性。

毒物的危害性不仅取决于毒物的毒性，还受生产条件、劳动者个体差异的影响。因此，毒性大的物质不一定危害性大，毒性与危害性不能划等号。例如，氮气是一种惰性气体，本身无毒，一般不产生危害性。但是，当它在空气中含量高，使得空气中的氧含量减少时，吸入者便发生窒息，严重时可导致死亡。在石油化工行业，用氮气的作业场所很多，稍有不慎，就有发生氮气窒息的危险，危害性很大。

影响毒物毒性作用的因素：

①化学结构。毒物的化学结构对其毒性有直接影响。在各类有机非电解质之间，其毒性大小依次为：芳烃＞醇＞酮＞环烃＞脂肪烃。同类有机化合物中卤族元素取代氢时，毒性增加。

②物理特性。毒物的溶解度、分解度、挥发性等与毒物的毒性作用有密切关系。毒物在水中溶解度越大，其毒性越大；分解度越大，不仅化学活性增加，而且易进到呼吸道的深层部位而增加毒性作用；挥发性越大，危害性越大。一般情况下，毒物沸点与空气中毒物浓度和危害程度成反比。

③毒物剂量。毒物进入人体内需要达到一定剂量才会引起中毒。在生产条件下，毒物剂量与毒物在工作场所空气中的浓度和接触时间有密切关系。

④毒物联合作用。在生产环境中，毒物往往不是单独存在的，而是与其他毒物共存，可对人体产生联合毒性作用。可表现为：相加作用、相乘作用、拮抗作用。

⑤生产环境与劳动条件。生产环境的温度、湿度、气压、气流等能影响毒物的毒性作用。高温可促进毒物挥发，增加人体吸收毒物的速度；湿度可促使某些毒物如氯化氢、氟化氢的毒性增加；高气压可使毒物在体液中的溶解度增加；劳动强度增大时，人体对毒物更敏感，或吸收量加大。

⑥个体状态。接触同一剂量的毒物，不同个体的反应可迥然不同。引起这种差异的个体因素包括健康状况、年龄、性别、营养、生活习惯和对毒物的敏感性等。一般情况下，未成年人和妇女生理变动期（经期、孕期、哺乳期）对某些毒物敏感性较高。烟酒嗜好往往增加毒物的毒性作用。遗传缺陷或遗传疾病等遗传因素，也会造成个体对某些化学物质更为敏感。

（3）毒物作用于人体的危害表现。

中毒有急性、慢性之分，也可能以身体某个脏器的损害为主，表现多种多样。

①局部刺激和腐蚀。例如，人接触氨气、氯气、二氧化硫等，可出现流泪、睁不开眼、鼻痒、鼻塞、咽干、咽痛等表现，这是因为这些气体有刺激性，严重时可出现剧烈咳嗽、痰中带血、胸闷、胸疼。高浓度的氨、硫酸、盐酸、氢氧化钠等酸碱物质，还可腐蚀皮肤、黏膜，引起化学灼伤，造成肺水肿等。

②中毒。例如，长期吸入汞蒸气，可出现头痛、头晕、乏力、倦怠、情绪不稳等全身症状，还可有流涎、口腔溃疡、手颤等体征，实验室检查尿汞高，可诊断为汞中毒。

此外，有的化学物质长期接触后，会造成女工自然流产、后代畸形；有的会增加群体肿瘤的发病率；有的则会改变免疫功能等。

2. 职业中毒

劳动者在生产过程中过量接触生产性毒物引起的中毒，称为职业中毒。例如，一个工人在生产过程中遇到大量氯气泄漏，而又因种种原因未能采取有效的个人防护，吸入高浓度氯气，产生胸闷、憋气、剧烈的咳嗽和痰中带血，这就构成了氯气中毒。由于它是在生产过程中形成，与所从事的作业密切相关，所以称之为职业中毒。当然，职业中毒并不都是急性中毒，还有慢性中毒。毒物可经呼吸道吸入，也可经皮肤吸收。

（1）生产性毒物的存在方式。

生产性毒物在生产过程中，可在原料、辅助材料、夹杂物、半成品、成品、废气、废液及废渣中存在。各种毒物由于其物理和化学性质不同，以及职业活动条件的不同，在工作场所空气中的存在状态有所不同。生产性毒物的存在方式见表 8-1。

表 8-1 生产性毒物的存在方式

存在形态		大小	产生原因	示例
气态		分子	常温下是气体	氯气、一氧化碳
蒸气		分子	常温下是液体，挥发	苯、丙酮
			常温下是固体，有挥发性，特别是在高温工作场所	酚、三氧化二砷
气溶胶	雾（液态分散性气溶胶）	$\sim 10\mu m$	常温下是液体，加热分散	电镀铬
	雾（液态凝集性气溶胶）		沸腾溅出的液雾	碱液加热浓缩
			喷洒雾滴	农药喷洒
	烟（固态凝集性气溶胶）	$<1\mu m$	金属熔化时蒸气，或蒸气在空气中被氧化	铅烟、铜烟
	尘（固态分散性气溶胶）	$1\sim 10\mu m$	物理性加工过程中以粉尘形式逸散	生产性粉尘

（2）生产性毒物侵入人体的途径。

①吸入：呈气体、蒸气、气溶胶（粉尘、烟、雾）状态的毒物经呼吸道进入体内。进入呼吸道的毒物，可通过肺泡直接进入血液循环，其毒性作用大、发生快。大多数情况下，毒物都是由此途径进入人体的。

②经皮吸收：在作业过程中经皮肤吸收而导致中毒者也较常见。经皮吸收有两种，经表皮或经过汗腺、毛囊等吸收，吸收后直接进入血液循环。

③食入：较少见，可为误食或吞入。氰化物可在口腔中经黏膜吸收。

（3）职业中毒的类型。

侵入人体的生产性毒物引起的职业中毒，按发病过程可分为三种类型：

①急性中毒。由毒物一次或短时间内大量进入人体所致。多数由生产事故或违反操作规程所引起。

②慢性中毒。慢性中毒是长期小剂量毒物进入机体所致。绝大多数是由蓄积作用的毒物引起的。

③亚急性中毒。亚急性中毒介于以上二者之间，在短时间内有较大量毒物进入人体所产生的中毒现象。

接触工业毒物，无中毒症状和体征，但实验室检查体内毒物或其代谢产物超过正常值的状态称为带毒状态，如铅吸收带毒状态等。

有些毒物有致癌性。接触有些毒物还可能对妇女有害，甚至会累及下一代。

（4）职业接触生产性毒物的机会。

①正常生产过程。在生产性毒物的生产过程中，很多生产工序和操作岗位可接触到毒物。如在装置内取样，样品可挥发溢出；在罐顶检查储罐储存量、进入装置设备巡检、清釜、清罐、加料、包装、储运和对原材料、半成品、成品进行质量检验分析时，均可接触到有关的化学毒物；装置排污、污水处理和设备泄漏等作业接触毒物的机会更多。

②检修与抢修。生产过程中，工艺设备复杂，需要定期进行检修，发生事故时也需要立即

进行抢修。如进入塔、釜、罐检修，对设备进行吹扫置换时，会释放出有害气体。

③意外事故。许多生产过程具有高温高压、易燃易爆、有毒有害因素多的特点，一旦发生意外事故，往往造成大量毒物泄漏，增加人员接触毒物的机会。

(三) 物理性职业危害因素及所致职业病

作业场所常见的物理性职业危害因素包括噪声、振动、辐射、异常气象条件（气温、气流、气压）等。

1. 噪声

(1) 生产性噪声的特性、种类及来源。

在生产过程中，由于机器转动、气体排放、工件撞击与摩擦所产生的噪声，称为生产性噪声或工业噪声。可归纳为以下3类：

①空气动力噪声：由于气体压力变化引起气体扰动，气体与其他物体相互作用所致。例如，各种风机、空气压缩机、风动工具、喷气发动机、汽轮机等，是由压力脉冲和气体排放发出的噪声。

②机械性噪声：机械撞击、摩擦或质量不平衡旋转等机械力作用下引起固体部件振动所产生的噪声。例如，各种车床、电锯、电刨、球磨机、砂轮机、织布机等发出的噪声。

③电磁噪声：由于磁场脉冲，磁致伸缩引起电气部件振动所致。例如，电磁式振动台和振荡器、大型电动机、发电机和变压器等产生的噪声。生产场所噪声声级和频率特性见表8-2。

表8-2 生产场所噪声声级和频率特性

主要噪声源	声级/dB（A）	频率特性
晶体管装配、真空镀膜	<75	低中频
上胶机、蒸发机	75～80	低频
针织机、压塑机	80～85	高频、宽带
车床、印刷机、制砖机	85～90	高频、宽带
梳棉机、空压机、并条机	90～95	中高频、宽带
细纱机、轮转印刷机	95～100	高频、宽带
毛织机、鼓风机	100～105	高频
织布机、破碎机	105～110	高频
电锯、喷砂机	110～115	高频、宽带
振捣机、振动筛	115～120	高频、宽带
球磨机、加压制砖机	120～130	高频、宽带
风铲、铆钉机、锅炉排气	>130	高频、宽带

(2) 生产性噪声引起的职业病——噪声聋。

由于长时间接触噪声导致的听阈升高，不能恢复到原有水平的，称为永久性听力阈移，临床上称噪声聋。职业噪声还具有听觉外效应，可引起人体其他器官或机能异常。

2. 振动

生产过程中的生产设备、工具产生的振动称为生产性振动。产生振动的机械有锻造机、冲压机、压缩机、振动机、振动筛、送风机，振动传送带、打夯机、收割机等。在生产中手臂振动所造成的危害较为明显和严重，国家已将手臂振动的局部振动病列为职业病。

存在手臂振动的生产作业主要有以下4类：

(1) 使用锤打工具作业。以压缩空气为动力，如凿岩机、选煤机、混凝土搅拌机、倾卸机、空气锤、筛选机、风铲、捣固机、铆钉机、铆打机等。

（2）使用手持转动工具作业。如电钻、风钻、手摇钻、油锯、喷砂机、金刚砂抛光机、钻孔机等。

（3）使用固定轮转工具作业。如砂轮机、抛光机、球磨机、电锯等。

（4）驾驶交通运输工具或农业机械作业。如汽车、火车、收割机、脱粒机等驾驶员，手臂长时间把持操作把手，亦存在手臂振动。

3. 电磁辐射

在作业场所中可能接触的几种电磁辐射简述如下。

（1）非电离辐射。

①高频作业、微波作业等。

高频作业主要有高频感应加热，如金属的热处理、表面淬火、金属熔炼、热轧及高频焊接等，工人作业地带高频电磁场主要来自高频设备的辐射源，无屏蔽的高频输出变压器常是工人操作位的主要辐射源。射频辐射对人体的影响不会导致组织器官的器质性损伤，主要引起功能性改变，并具有可逆性特征，症状往往在停止接触数周或数月后可消失。

微波能具有加热快、效率高、节省能源的特点。微波加热广泛用于橡胶、食品、木材、皮革、茶叶加工等，以及医药、纺织印染等行业。烘干粮食、处理种子及消灭害虫是微波在农业方面的重要应用。微波对机体的影响分致热效应和非致热效应两类，由于微波可选择性加热含水分组织而可造成机体热伤害，非致热效应主要表现在神经、分泌和心血管系统。

②红外线。

在生产环境中，加热金属、熔融玻璃、强发光体等可成为红外线辐射源。炼钢工、铸造工、轧钢工、锻造工、玻璃熔吹工、烧瓷工、焊接工等可接触到红外线辐射。

白内障是长期接触红外辐射而引起的常见职业病，其原因是红外线可致晶状体损伤。职业性白内障已列入我国职业病名单。

③紫外线。

生产环境中，物体温度达1200℃以上辐射的电磁波谱中即可出现紫外线。随着物体温度的升高，辐射的紫外线频率增高。常见的工业辐射源有冶炼炉（高炉、平炉、电炉）、电焊、氧乙炔气焊、氩弧焊、等离子焊接等。

紫外线作用于皮肤能引起红斑反应。强烈的紫外线辐射可引起皮炎，皮肤接触沥青后再经紫外线照射，能发生严重的光感性皮炎，并伴有头痛、恶心、体温升高等症状，长期遭受紫外线照射，可发生湿疹、毛囊炎、皮肤萎缩、色素沉着，甚至可导致皮肤癌的发生。

在作业场所比较多见的是紫外线对眼睛的损伤，即由电弧光照射引起的职业病——电光性眼炎。此外，在雪地作业、航空航海作业时，受到大量太阳光中紫外线的照射，也可引起类似电光性眼炎的角膜、结膜损伤，称为太阳光眼炎或雪盲症。

④激光。

激光也是电磁波，属于非电离辐射。激光被广泛应用于工业、农业、国防、医疗和科研等领域。在工业生产中主要利用激光辐射能量集中的特点，进行焊接、打孔、切割、热处理等作业。

激光对健康的影响主要由其热效应和光化学效应造成，可引起机体内某些酶、氨基酸、蛋白质、核酸等的活性降低甚至失活。

眼部受激光照射后，可突然出现眩光感、视力模糊等。激光意外伤害，除个别人会发生永久性视力丧失外，多数经治疗均有不同程度的恢复。激光对皮肤也可造成损伤。

(2) 电离辐射。

①凡能引起物质电离的各种辐射称为电离辐射。如各种天然放射性核素和人工放射性核素、X线机等。

随着原子能事业的发展,核工业、核设施也迅速发展,放射性核素和射线装置在工业、农业、医药卫生和科学研究中已得到广泛应用。接触电离辐射的劳动者也日益增多。

在农业上,可利用射线的生物学效应进行动植物辐射育种,如辐照蚕茧等可获得新品种。射线照射肉类、蔬菜,可以杀菌、保鲜、延长贮存时间。在医学上,用射线照射肿瘤,可杀灭癌细胞。从事上述各种辐照的工作人员,可能受到射线的外照射。工业生产上还利用射线照相原理进行管道焊缝、铸件砂眼等的探伤。放射性仪器仪表多使用封闭源,操作不当则可造成工作人员的外照射。

②电离辐射引起的职业病——放射病。

放射性疾病是人体受各种电离辐射照射而发生的各种类型和不同程度损伤(或疾病)的总称。它包括：全身性放射性疾病,如急、慢性放射病；局部放射性疾病,如急、慢性放射性皮炎、放射性白内障；放射所致远期损伤,如放射所致白血病。

除战时核武器爆炸引起之外,放射性疾病常见于核能和放射装置应用中的意外事故,或由于防护条件不佳所致职业性损伤。列为国家法定职业病的,包括急性、慢性外照射放射病,外照射皮肤放射损伤和内照射放射病等四种。

4. 异常气象条件

气象条件主要是指作业环境周围空气的温度、湿度、气流与气压等。在作业场所,由这四个要素组成的微小气候和劳动者的健康关系很大。作业场所的微小气候既受自然条件影响,也受生产条件影响。

(1) 异常气象条件指标。

①空气温度。

生产环境的气温,受大气和太阳辐射的影响,在纬度较低的地区,夏季容易形成高温作业环境。生产场所的热源,如各种熔炉、锅炉、化学反应釜及机械摩擦和转动等产生的热量,都可以通过传导和对流加热空气。在人员密集的作业场所,人体散热也可对工作场所的气温产生一定影响,例如,在25℃的气温下从事轻体力劳动,其总散热量为523 kJ/h；在35℃以下从事重体力劳动,总散热量为1 046 kJ/h。

②湿度。

对作业环境湿度的影响主要来自车间内各种敞开液面的水分蒸发或蒸汽放散情况,如造纸、印染、缫丝、电镀、屠宰等工艺中就存在上述情况,可以使生产环境的湿度增大。潮湿的矿井、隧道以及潜涵、捕鱼等作业也可以遇到相对湿度大于80%的高湿度作业环境。在高温作业车间也可遇到相对湿度小于30%的低湿度。影响车间内湿度的因素还包括大气气象条件。

③风速。

生产环境的气流除受自然风力的影响外,也与生产场所的热源分布和通风设备有关。热源使室内空气加热,产生对流气流,通风设备可以改变气流的速度和方向。矿井或高温车间的空气淋浴,生产环境的气流方向和速度要受人工控制。

④热辐射。

热辐射是指能产生热效应的辐射线,主要是指红外线及一部分可见光。太阳的辐射以及生产场所的各种熔炉、开放的火焰、熔化的金属等均能向外散发热辐射,既可以作用于人体,也可以使周围物体加热成为二次热源,扩大了热辐射面积,加剧了热辐射强度。

⑤气压。

一般情况下,工作环境的气压与大气压相同,虽然在不同的时间和地点可以略有变化,但变动范围很小,对机体无不良影响。某些特殊作业,如潜水作业、航空飞行等,是在异常气压下工作,此时的气压与正常气压相差很远。

(2)异常气象条件下的作业类型。

①高温强热辐射作业。

工作场所有生产性热源,其散热量大于23W/(m^3·h)或84kJ/(m^3·h)的车间;或当室外实际出现本地区夏季通风室外计算温度时,工作场所的气温高于室外2℃或2℃以上的作业,均属高温强热辐射作业。如冶金工业的炼钢、炼铁、轧钢车间,机械制造工业的铸造、锻造、热处理车间,建材工业的陶瓷、玻璃、搪瓷、砖瓦等窑炉车间,火力电厂和轮船的锅炉间等。这些作业环境的特点是气温高、热辐射强度大,相对湿度低,形成干热环境。

②高温高湿作业。

气象条件特点是气温高、湿度大,热辐射强度不大,或不存在热辐射源。如印染、缫丝、造纸等工业中,液体加热或蒸煮,车间气温可达35℃以上,相对湿度达90%以上。具有热害的煤矿深井井下气温可达30℃,相对湿度达95%以上。

③夏季露天作业。

夏季从事农田、野外、建筑、搬运等露天作业以及军事训练等,易受太阳的辐射作用和地面及周围物体的热辐射。

④低温作业。

接触低温环境主要见于冬天在寒冷地区或极地从事野外作业,如建筑、装卸、农业、渔业、地质勘探、科学考察,或在寒冷天气中进行战争或军事训练。冬季室内因条件限制或其他原因而无采暖设备,亦可形成低温作业环境。在冷库或地窖等人工低温环境中工作,人工冷却剂的储存或运输过程中发生意外,亦可使接触者受低温侵袭。

⑤高气压作业。

高气压作业主要有潜水作业和潜涵作业。潜水作业常见于水下施工、海洋资料及海洋生物研究、沉船打捞等。潜涵作业主要出现于修筑地下隧道或桥墩,工人在地下水位以下的深处或沉降于水下的潜涵内工作,为排出涵内的水,需通入较高压力的高压气。

⑥低气压作业。

高空、高山、高原均属低气压环境,在这类环境中进行运输、勘探、筑路、采矿等生产劳动,属于低气压作业。

(3)异常气象条件对人体的影响。

①高温作业对机体的影响。

高温作业对机体的影响主要是体温调节和人体水盐代谢的紊乱,机体内多余的热量不能及时散发掉,产生蓄热现象而使体温升高。在高温作业条件下大量出汗,可使体内水分和盐大量丢失。一般生活条件下出汗量为每日6L以下,高温作业工人日出汗量可达8~10L,甚至更多。汗液中的盐主要是氯化钠和少量钾,大量出汗可引起体内水盐代谢紊乱,对循环系统、消化系统、泌尿系统都可造成一些不良影响。

②低温作业对机体的影响。

在低温环境中,皮肤血管收缩以减少散热,内脏和骨骼肌血流增加,代谢加强,骨骼肌收缩产热,以保持正常体温。如时间过长,超过了人体耐受能力,体温逐渐降低。由于全身过冷,使机体免疫力和抵抗力降低,易患感冒、肺炎、肾炎、肌痛、神经痛、关节炎等,甚至可导致冻伤。

③高低气压作业对机体的影响。

高气压对机体的影响,在不同阶段表现不同。在加压过程中,可引起耳充塞感、耳鸣、头晕等,甚至造成鼓膜破裂。在高气压作业条件下,欲恢复到常压状态时,有个减压过程,在减压过程中,如果减压过速,则可引起减压病。低气压作业对机体的影响主要是由于低氧性缺氧而引起的损害,如高原病。

(4) 异常气象条件引起的职业病。

①中暑。

中暑是高温环境下由于热平衡和(或)水盐代谢紊乱等而引起的一种以中枢神经系统和(或)心血管系统障碍为主要表现的急性热致疾病,它是机体散热机制发生障碍的结果。中暑在临床上可分为三种类型,即热射病、热痉挛和热衰竭。按病情轻重可分为先兆中暑、轻症中暑、重症中暑。

重症中暑可出现昏倒或痉挛,皮肤干燥无汗,体温在40℃以上等症状。

②减压病。

急性减压病主要发生在潜水作业后,减压病的症状主要表现为:皮肤奇痒、灼热感、紫绀、大理石样斑纹;肌肉、关节和骨骼酸痛或针刺样剧烈疼痛,头痛、眩晕、失明、听力减退等。

③高原病。

高原病是发生于高原低氧环境下的一种疾病。急性高原病分为三种类型:急性高原反应、高原肺水肿、高原脑水肿等。

(四) 职业性致癌因素

1. 职业性致癌物的分类

与职业有关的、能引起恶性肿瘤的有害因素称为职业性致癌因素。由职业性致癌因素所致的癌症称为职业癌。经过流行病学调查和动物实验,有明确证据表明对人有致癌作用的物质,称为确认致癌物,如炼焦油、芳香胺、石棉、铬、芥子气、氯甲甲醚、氯乙烯、放射性物质等,见表8-3。

表8-3 确认的主要职业性致癌物

致癌物	致癌部位	致癌物	致癌部位
炼焦油	唇、皮肤、鼻	砷	皮肤、肺、喉等
苯并芘	肺、皮肤	1-萘胺、3-萘胺	膀胱、肾盂等
沥青	皮肤	联苯胺、4-氨基联苯	泌尿系统膀胱
页岩油	皮肤	芥子气	肺、气管、喉、鼻
矿物油	皮肤、喉	氯甲醚、二氯甲醚	肺
石蜡	皮肤	异丙基油	鼻窦、喉、肺
碳黑	皮肤	氯乙烯	肝血管瘤
木馏油	皮肤、唇	氯丁二烯	皮肤、肺
石棉	肺、胸膜间皮瘤	苯	白血病

续表

致癌物	致癌部位	致癌物	致癌部位
铬酸盐	鼻腔、喉、肺	硬木屑	鼻
镍及其盐类	鼻腔、鼻窦、肺、喉	放射性物质	肺、皮肤、白血病、骨骼
焦炉烟气	肺		

2. 职业致癌物引起的职业癌

我国已将石棉、联苯胺、苯、氯甲甲醚、砷、氯乙烯、焦炉烟气、铬酸盐所致的癌症，列入职业病名单，见表8-4。

表8-4 职业癌的接触行业及工种

职业癌名称	接触致癌物的行业及接触工种
石棉所致肺癌、间皮瘤	石棉纺织、石棉橡胶制品、石棉水泥制品，石棉的开采选矿运输，石棉制品应用等。接触青石棉更为严重
联苯胺所致膀胱癌	染料化工业中制造联苯胺及联苯胺生产染料的工人，此外在有机化学合成橡胶、塑料、印刷行业亦常用
苯所致白血病	橡胶、树脂、漆、脂的溶剂或稀释剂，以及药物、染料、洗涤剂、化肥、农药、苯酚、苯乙烯合成的原料
氯甲、甲醚所致肺癌	用于甲基化和离子交换树脂的原料，甲醇、甲醛、氯化氢合成双氯甲醚、氯甲甲醚、蚊香、造纸
砷及砷化物所致肺癌与皮肤癌	含砷矿开采、冶炼，制药、农药、铜和铝合金，应用三氧化二砷、五氧化三砷、砷酸盐、三氯化砷、雌黄、种子消毒、杀虫、木材防腐、颜料
氯乙烯所致肝血管肉瘤	生产和使用VC或PVC
焦炉工肺癌	炼焦、煤气及煤制品、炼焦干馏、熄焦
铬酸盐所致肺癌	铬酸盐制造厂、镀铬、铬颜料生产、毛染色

（五）生物因素

生物因素所致职业病是指劳动者在生产条件下，接触生物性危害因素而发生的职业病。我国将炭疽病、森林脑炎和布鲁氏杆菌病列为法定职业病。

1. 炭疽病

炭疽病是由炭疽菌引起的人畜共患的急性传染病。

炭疽病的职业性高危人群主要是牧场工人、屠宰工、剪毛工、搬运工、皮革厂工人、毛纺工、缝皮工及兽医等。

炭疽病的潜伏期较短，一般为1～3天，最短仅为12小时。临床分为皮肤型、肺型、肠型3种，且可继发败血症型、脑膜炎型。

2. 森林脑炎

森林脑炎是由病毒引起的自然疫源性疾病，是林区特有的疾病，传播媒介是硬蜱，有明显的季节性，每年5月上旬开始，6月上、中旬达高峰，7月后则多散发。

本病主要见于从事森林工作有关的人员，例如，森林调查队员、林业工人、筑路工人等。在林业工人中采伐工和集材工的发病率高于其他工种，其中使用畜力（牛、马）的集材工发病率最高。林业工人多为男性青壮年,故森林脑炎患者多为 20~40 岁的男子。

森林脑炎起病急剧,突发高热可迅速到 40℃ 以上,并有头痛、恶心、呕吐、意识不清等,可迅速出现脑膜刺激症状,多为重症。神经系统症状以瘫痪、脑膜刺激症及意识障碍为主。常出现颈部肌肉、肩胛肌、上肢肌瘫。

3. 布鲁氏杆菌病

布鲁氏杆菌病是由布鲁氏杆菌引起的人畜共患性传染病,传染源以羊、牛、猪为主,主要由病畜传染,因此病畜是皮毛加工等类型企业中职业性感染此病的主要途径。

发热是布鲁氏杆菌病患者最常见的临床表现之一,常有多发性神经炎,多见于大神经,以坐骨神经最为多见。

(六)职业有关疾病

职业有关疾病又称工作有关疾病,主要是指职业人群中发生的、由多种因素引起的疾病。它的发生与职业因素有关,但又不是唯一的发病因素,非职业因素也可引起发病。职业有关疾病是在职业病名单之外的一些与职业因素有关的疾病,但常常是职工缺勤的重要因素,例如,教师与歌唱演员发生的声带结节,单调作业,轮班作业,因脑力劳动长期高度精神紧张而多发的高血压和冠心病、消化性溃疡病等。近年来,由于微机的大量使用,视屏显示终端(VDT)操作人员迅速增加,视屏显示终端操作人员的职业危害问题,已成为职业卫生工作中一个受关注的重点。

1. 人类工效学因素

人类工效学是一门新兴学科。它是随着工农业生产的发展和科学技术的进步而出现的一门综合性边缘性学科,目前已被广泛应用于工业、农业、国防、交通运输、生产管理、服务行业等各行各业。为保护劳动者的健康和安全,创造舒适的工作和生活环境,提高劳动者的工作效率,促进生产发展,人类工效学发挥着重要作用。

在人类工效学的发展和形成过程中,不同的国家或地区由于受地理环境、科学水平、经济状况等因素的影响,科学工作者研究的侧重点和对这门学科的理解存在着差异,至今名称尚不能统一。在中国,人类工效学又称为"工效学""人机工程学"等。

搬运工、铸造工、长途汽车司机、炉前工、电焊工等工种,由于长期弯腰、下蹲、站立或躯干前屈等可致腰背痛。长期固定姿势,长期低头,长期伏案工作等可致颈肩痛。钢琴手、小提琴手可因过多指腕运动而发生手肌痉挛等。这些都与人类工效学因素有关。

人类工效学研究的主要内容如下:

(1)人体方面:通过研究劳动生理、劳动时能量代谢、劳动时机体的调节和适应、疲劳、作业能力,采取相应措施,使劳动者在作业过程中,动作迅速、准确,能量消耗减少,疲劳程度减轻,从而提高工作效率,保护劳动者的健康。

(2)机器设备:目前机器设备一方面朝着大型化、复杂化方向发展,另一方面朝着精细化方向发展,从而使人和机器成为一个统一的整体,即所谓人机系统。为此,就要使机器、设备和工具适合于人的解剖、生理和心理学特点,以便充分发挥人和机器的作用。

2. 社会和经济环境因素

随着社会和经济的持续发展,各行各业也在迅速发展,人们的生活方式和节奏不断加快,劳动者对精神、社会生活和健康要求的提高,新的预防医学模式随之突破旧的医学模式,需要心理学、经济学和社会学等学科相互协作配合。而员工在保护自身健康时,应培养、保持健康的心理、精神状态。

二、职业危害评价

职业危害评价是依据国家有关法律、法规和职业卫生标准，对生产经营单位生产过程中产生的职业危害因素进行接触评价，对生产经营单位采取预防控制措施进行效果评价；同时也为作业场所职业卫生监督管理提供技术数据。

根据评价的目的和性质不同，可分为经常性（日常）职业危害因素检测与评价和建设项目的职业危害评价。建设项目职业危害评价又可分为新建、改建、扩建和技术改造与技术引进项目的职业危害预评价、控制效果评价与建设项目运行期间的现状评价。

（一）职业危害因素的检测与评价

依据职业卫生有关采样、测定等法规标准的要求，在作业现场采集样品后测定分析或者直接测量，对照国家职业危害因素接触限值有关的标准要求，是评价工作环境中存在的职业性危害因素的浓度或强度的基本方式。通过职业危害因素检测，可以判定职业危害因素的性质、分布、产生的原因和程度，也可以评价作业场所配备的工程防护设备设施的运行效果。

1. 职业危害因素检测

国家职业卫生有关法规标准对作业场所职业危害因素的采样和测定都有明确的规定，职业危害因素检测必须按计划实施，由专人负责，进行记录，并纳入已建立的职业卫生档案。常见政策法规主要为部门颁布的有关规章，例如，《作业场所职业健康监督管理暂行规定》（国家安全生产监督管理总局令第23号）要求，存在职业危害的生产经营单位（煤矿除外）应当委托具有相应资质的中介技术服务机构，每年至少进行一次职业危害因素检测。《煤矿安全规程》《煤矿作业场所职业危害防治规定（试行）》则对煤矿企业职业危害因素检测进行了规定。除国家主管部门颁布的有关规定外，现行职业卫生标准也对职业危害因素的布点采样等进行了详细的规定，主要职业卫生标准有《工作场所空气中有害物质监测的采样规范》（GBZ 159—2019）与《工作场所物理因素测量》（GBZ/T 189.1—2007 至 GBZ/T 189.11—2007）有关技术规范等。

对于工作场所中存在的粉尘和化学毒物的采样来说，根据其采样方式的不同又可以分为定点采样和个体采样两种类型。定点采样是指将空气收集器放置在选定的采样点，对劳动者的呼吸带进行采样；个体采样是指将空气收集器佩戴在采样对象（选定的作业人员）的前胸上部，其进气口尽量接近呼吸带所进行的采样。

2. 职业危害因素测定分析

对于多数物理性职业危害因素，在现场检测时可以借助测定设备直接进行读数外，对于作业场所空气中存在的粉尘、化学物质等有害因素，在采集作业场所样品后，还需要做进一步的分析测定。主要标准有粉尘测量有关技术规范《工作场所空气中粉尘测定》（GBZ 192.1—2007 至 GBZ 192.5—2007）、《工作场所空气有毒物质测定》（GBZ/T 160.1 至 GBZ/T 160.81）等。

（二）建设项目职业危害预评价与控制效果评价

这一类评价是职业卫生防护设施"三同时"原则的体现，同时可为新建、改建、扩建等建设项目职业危害分类的管理、项目设计阶段的防护设施设计和审查等提供科学依据。

1. 评价原则

建设项目职业危害评价关系到建设项目建成并投入使用后能否符合国家职业卫生方面法律、法规、标准规范的要求，能否预防、控制和消除职业危害，保护劳动者健康及其相关权益，促进经济发展的关键性工作。这项工作不但具有较复杂的技术性，而且还有很强的政策性，因此必须以建设项目为基础，以国家职业卫生法律、法规、标准、规范为依据，用严肃的科学态度开展和完成职业危害评价任务，在评价工作过程中必须始终遵循严肃性、严谨性、公正性、可行性的原则。

2. 评价的主要方法

(1) 检查表法。

依据现行职业卫生法律、法规、标准编制检查表，逐项检查建设项目在职业卫生方面的符合情况。该评价方法常用于评价拟建项目在选址、总平面布置、生产工艺与设备布局、车间建筑设计卫生要求、卫生工程防护技术措施、卫生设施、应急救援措施、个体防护措施、职业卫生管理等方面与法律、法规、标准的符合性。该方法的优点是简洁、明了。

(2) 类比法。

通过与拟建项目同类和相似工作场所检测、统计数据，健康检查与监护，职业病发病情况等，类推拟建项目作业场所职业危害因素的危害情况。用于比较和评价拟建项目作业场所职业危害因素浓度（强度）、职业危害的后果、拟采用职业危害防护措施的预期效果等。类比法的关键在于，类比现场的选择应与拟建项目在生产方式、生产规模、工艺路线、设备技术、职业卫生管理等方面，有很好的可类比性。

(3) 定量法。

对建设项目工作场所职业危害因素的浓度（强度）、职业危害因素的固有危害性、劳动者接触时间等进行综合考虑，按国家职业卫生标准计算危害指数，确定劳动者作业危害程度的等级。

3. 评价的主要内容

(1) 建设项目职业危害预评价。

对建设项目的选址、总体布局、生产工艺和设备布局、车间建筑设计卫生、职业危害防护措施、辅助卫生用室设置、应急救援措施、个人防护措施、职业卫生管理措施、职业健康监护等进行评价分析，通过职业危害预评价，识别和分析建设项目在建成投产后可能产生的职业危害因素及其主要存在环节，评价可能造成的职业危害及程度，确定建设项目在职业病防治方面的可行性，为建设项目的设计提供必要的职业危害防护对策和建议。

(2) 建设项目职业危害控制效果评价。

对评价范围内生产或操作过程中可能存在的有毒有害物质、物理因素等职业危害因素的浓度或强度，以及对劳动者健康的可能影响，对建设项目的生产工艺和设备布局、车间建筑设计卫生、职业危害防护措施、应急救援措施、个体防护措施、职业卫生管理措施、职业健康监护等方面进行评价，从而明确建设项目产生的职业危害因素，分析其危害程度及对劳动者健康的影响，评价职业危害防护措施及其效果，对未达到职业危害防护要求的系统或单元提出职业危害预防控制措施的建议。

(三) 建设项目运行中的现状评价

根据评价的目的不同，建设项目运行过程中的现状评价可针对生产经营单位职业危害预防控制工作的多个方面，主要内容是对作业人员职业危害接触情况、职业危害预防控制的工程控制情况、职业卫生管理等方面进行评价，在掌握生产经营单位职业危害预防控制现状的基础上，找出职业危害预防控制工作的薄弱环节或者存在的问题，并给企业提出予以改进的具体措施或建议。

三、职业危害控制

职业危害的控制主要是指针对作业场所存在的职业危害因素的类型、分布、浓度、强度等情况，采用多种措施加以控制，使之消除或者降到容许接受的范围之内，以保护作业人员的身体健康和生命安全。职业危害控制的主要技术措施包括工程控制技术措施、个体防护措施和组织管理措施等。

（一）工程控制技术措施

工程控制技术措施是指应用工程技术的措施和手段（如密闭、通风、冷却、隔离等），控制生产工艺过程中产生或存在的职业危害因素的浓度或强度，使作业环境中有害因素的浓度或强度降至国家职业卫生标准容许的范围之内。例如，控制作业场所中存在的粉尘，常采用湿式作业或者密闭抽风除尘的工程技术措施，以防止粉尘飞扬，降低作业场所粉尘浓度；对于化学毒物的工程控制，则可以采取全面通风、局部送风和排出气体净化等措施；对于噪声危害，则可以采用隔离降噪、吸声等技术措施。

（二）个体防护措施

对于经工程技术治理后仍然不能达到限值要求的职业危害因素，为避免其对劳动者造成健康损害，需要为劳动者配备有效的个体防护用品。针对不同类型的职业危害因素，应选用合适的防尘、防毒或者防噪等个体防护用品。《劳动防护用品配备标准（试行）》（国经贸安全〔2000〕189号）、《个体防护装备选用规范》（GB 11651—2022）、《呼吸防护用品的选择、使用与维护》（GB/T 18664—2002）等法规标准对个体防护用品的选用给出了具体的要求。

（三）组织管理等措施

在生产和劳动过程中，加强组织与管理也是职业危害控制工作的重要一环，通过建立健全职业危害预防控制规章制度，确保职业危害预防控制有关要素的良好与有效运行，是保障劳动者职业健康的重要手段，也是合理组织劳动过程、实现生产工作高效运行的基础。

· 典型例题 ·

1. 生产性粉尘的种类繁多，其理化性状不同，对人体造成的危害也是多种多样的。下列关于生产性粉尘引起的职业病病理性质的说法中，正确的是（　　）。

   A. 羽毛粉尘引起局部刺激性　　　　B. 锌烟粉尘引起全身中毒性
   C. 烟草粉尘引起光感应性　　　　　D. 面粉粉尘引起变态反应性

   【解析】面粉、羽毛、锌烟等粉尘引起变态反应性，选项A、B错误。烟草粉尘引起局部刺激性，选项C错误。

2. 在作业场所中可能接触的电磁辐射包括非电离辐射、电离辐射。下列电磁辐射中，属于电离辐射的是（　　）。

   A. 高频和微波　　　　　　　　　　B. 红外线和X射线
   C. 紫外线和激光　　　　　　　　　D. 氡子体和高能电子束

   【解析】电磁辐射包括非电离辐射和电离辐射。其中高频作业、微波作业、红外线、紫外线、激光、无线电信号均属于非电离辐射。α射线、β射线、γ射线、X射线、氡子体、高能电子束均属于电离辐射。

3. 异常气象条件下的作业类型不包括（　　）。

   A. 高温强热辐射作业　　　　　　　B. 低温作业
   C. 低气压作业　　　　　　　　　　D. 长时间作业

   【解析】异常气象条件下的作业类型：①高温强热辐射作业；②高温高湿作业；③夏季露天作业；④低温作业；⑤高气压作业；⑥低气压作业。

4. 以下不属于异常气象条件引起的职业病症状的是（　　）。
A. 热痉挛
B. 骨折
C. 听力减退
D. 急性高原反应

【解析】异常气象条件引起的职业病：①中暑，中暑是高温作业环境下发生的一类疾病的总称，是机体散热机制发生障碍的结果。中暑在临床上可分为三种类型，即热射病、热痉挛和热衰竭。②减压病，急性减压病主要发生在潜水作业后，减压病的症状主要表现为：皮肤奇痒、灼热感、紫绀、大理石样斑纹；肌肉、关节和骨骼酸痛或针刺样剧烈疼痛，头痛、眩晕、失明、听力减退等。③高原病，高原病是发生于高原低氧环境下的一种疾病。急性高原病分为三种类型：急性高原反应、高原肺水肿、高原脑水肿等。

答案：1. D　2. D　3. D　4. B

第三节　职业卫生监督管理

一、职业卫生工作职责分工情况

中华人民共和国成立至今，伴随着国务院机构的多次改革调整，我国的职业卫生监督管理先后主要经历了3个阶段：从中华人民共和国成立初期一直到1998年，职业卫生监督管理工作主要由原劳动部门与卫生部门共同管理；1998年机构改革后，原劳动部门承担的职业卫生监察职能划转至卫生行政部门；2003年，作业场所职业卫生监督检查等职能又由卫生部门划转到原国家安全生产监督管理局。为进一步理顺职业卫生监督管理体制，促进相关部门依法有效履职，2010年10月，中央机构编制委员会办公室印发了《关于职业卫生监管部门职责分工的通知》（中央编办发〔2010〕104号），对人力资源和社会保障部、卫生部、国家安全生产监督管理总局职业卫生监管等有关职能再次进行了调整，职能分工如下：

卫生部：①负责会同安全监管总局、人力资源和社会保障部等有关部门拟定职业病防治法律法规、职业病防治规划，组织制定发布国家职业卫生标准。②负责监督管理职业病诊断与鉴定工作。③组织开展重点职业病监测和专项调查，开展职业健康风险评估，研究提出职业病防治对策。④负责化学品毒性鉴定、个人剂量监测、放射防护器材和含放射性产品检测等技术服务机构资质认定和监督管理；审批承担职业健康检查、职业病诊断的医疗卫生机构并进行监督管理，规范职业病的检查和救治；会同相关部门加强职业病防治机构建设。⑤负责医疗机构放射性危害控制的监督管理。⑥负责职业病报告的管理和发布，组织开展职业病防治科学研究。⑦组织开展职业病防治法律法规和防治知识的宣传教育，开展职业人群健康促进工作。

人力资源和社会保障部：①负责劳动合同实施情况监管工作，督促用人单位依法签订劳动合同；②依据职业病诊断结果，做好职业病人的社会保障工作。

全国总工会：依法参与职业危害事故调查处理，反映劳动者职业健康方面的诉求，提出意见和建议，维护劳动者合法权益。

二、职业卫生监督管理的基本要求和主要内容

职业卫生监督管理工作是督促生产经营单位有效落实职业危害预防控制主体责任，促进其依法开展各项职业危害预防控制工作，预防、控制和消除职业危害，保障劳动者职业健康合法

权益的重要手段。

为促进作业场所职业卫生监督执法工作的有序开展,国家安全生产监督管理总局于2009年颁布了《作业场所职业健康监督管理暂行规定》(国家安全生产监督管理总局令第23号),对作业场所职业健康监督管理工作的基本要求和内容等做了详细规定。

(一) 分级监管、属地管理

作业场所职业卫生监督检查工作实施分级监管、属地管理。国家安全生产监督管理总局负责全国生产经营单位作业场所职业危害防治的监督管理工作;县级以上地方人民政府应急管理部门负责本行政区域内生产经营单位作业场所职业危害防治的监督管理工作;县级以上人民政府应急管理部门应当设置职业安全健康监管机构,配备监管执法人员,依照职业危害防治法律、法规、规章和国家标准及行业标准的要求,对生产经营单位作业场所职业危害防治工作进行监督检查。

(二) 监管人员的权力

应急管理部门履行监督检查职责时,有权采取下列措施:

(1) 进入被检查单位和作业现场进行职业危害检测,了解情况,调查取证。

(2) 查阅或者复制与违反职业危害防治法律、法规、规章和国家标准及行业标准的行为有关的资料和采集样品。

(3) 责令违反职业危害防治法律、法规、规章和国家标准及行业标准的单位和个人停止违法违规行为。

(4) 发生职业危害事故或者有证据证明危害状态可能导致职业危害事故发生时,可以采取下列临时控制措施:

①责令暂停导致或者可能导致职业危害事故的作业。
②封存造成职业危害事故或者可能导致职业危害事故发生的材料和设备。
③组织控制职业危害事故现场。

在职业危害事故或者危害状态得到有效控制后,应当及时解除控制措施。

(三) 监督检查的主要内容

《作业场所职业健康监督管理暂行规定》第三十七条规定,应急管理部门依法对生产经营单位执行有关职业危害防治的法律、法规、规章和国家标准、行业标准的下列情况进行监督检查:

(1) 职业健康管理机构设置、人员配备情况。
(2) 职业危害防治制度和规程的建立、落实及公布情况。
(3) 主要负责人、职业健康管理人员、从业人员的职业健康教育培训情况。
(4) 作业场所职业危害因素申报情况。
(5) 作业场所职业危害因素监测、检测及结果公布情况。
(6) 职业危害防护设施的设置、维护、保养情况,以及个体防护用品的发放、管理及从业人员佩戴使用情况。
(7) 职业危害因素及危害后果告知情况。
(8) 职业危害事故报告情况。
(9) 依法应当监督检查的其他情况。

根据《关于职业卫生监管部门职责分工的通知》(中央编办发〔2010〕104号)调整职业卫生监管职能分工的文件要求,作业场所职业卫生监督检查的内容也包括生产经营单位建设项目职业卫生"三同时"与作业人员职业健康监护等工作开展情况，以及职业卫生检测、评价技术服务机构开展职业卫生技术服务工作的情况等，并在作业场所职业卫生监督检查基础上承担汇总、分析职业危害因素检测、评价、劳动者职业健康监护等信息的工作。

· 典型例题 ·

我国工作场所职业卫生监督检查工作实行分级监管、属地管理。对生产经营单位工作场所职业病危害防治工作进行监督检查的单位是（　　）。
A. 地方职业病防治所
B. 县级以上地方人民政府应急管理部门
C. 地方职业病医院
D. 县级以上地方人民政府计划生育与卫生行政管理部门

【解析】我国作业场所职业卫生监督检查工作实行分级监管、属地管理。国家安全生产监督管理总局负责全国生产经营单位作业场所职业危害防治的监督管理工作；县级以上地方人民政府应急管理部门负责本行政区域内生产经营单位作业场所职业危害防治的监督管理工作。

答案：B

第四节　生产经营单位职业卫生管理

生产经营单位是作业场所职业危害预防控制的责任主体，应依据国家法律法规及标准要求开展职业危害管理工作，生产经营单位的主要负责人对本单位作业场所的职业危害防治工作全面负责。生产经营单位日常职业卫生管理主要包括以下内容：

一、组织机构和规章制度建设

生产经营单位最高决策者承诺遵守国家有关职业病防治的法律法规；设立企业职业卫生管理机构；配备专职或兼职职业卫生管理人员；职业病防治工作纳入法人目标管理责任制；制定职业卫生年度计划和实施方案；在岗位操作规程中列入职业卫生相关内容；建立健全职业卫生档案；建立健全劳动者健康监护档案；建立健全作业场所职业危害因素检测与评价制度；确保职业病防治必要的经费投入；进行职业危害申报。

二、前期预防管理

（一）职业危害申报

《职业病危害项目申报办法》（国家安全生产监督管理总局令第48号）规定，用人单位（煤矿除外）工作场所存在职业病目录所列职业病的危害因素的，应当及时、如实向所在地卫生行政部门申报危害项目，并接受卫生行政部门的监督管理。

煤矿职业病危害项目申报办法另行规定。

职业病危害项目申报工作实行属地分级管理的原则。

中央企业、省属企业及其所属用人单位的职业病危害项目，向其所在地设区的市级人民政府应急管理部门申报。

前款规定以外的其他用人单位的职业病危害项目，向其所在地县级人民政府应急管理部门申报。

用人单位申报职业病危害项目时，应当提交《职业病危害项目申报表》和下列文件、资料：

(1) 用人单位的基本情况。

(2) 工作场所职业病危害因素种类、分布情况以及接触人数。

(3) 法律、法规和规章规定的其他文件、资料。

职业病危害项目申报同时采取电子数据和纸质文本两种方式。

用人单位应当首先通过"职业病危害项目申报系统"进行电子数据申报，同时将《职业病危害项目申报表》加盖公章并由本单位主要负责人签字后，按照本办法第四条和第五条的规定，连同有关文件、资料一并上报所在地设区的市级、县级应急管理部门。

受理申报的应急管理部门应当自收到申报文件、资料之日起5个工作日内，出具《职业病危害项目申报回执》。

职业病危害项目申报不得收取任何费用。

用人单位有下列情形之一的，应当按照本条规定向原申报机关申报变更职业病危害项目内容：

(1) 进行新建、改建、扩建、技术改造或者技术引进建设项目的，自建设项目竣工验收之日起30日内进行申报。

(2) 因技术、工艺、设备或者材料等发生变化导致原申报的职业病危害因素及其相关内容发生重大变化的，自发生变化之日起15日内进行申报。

(3) 用人单位工作场所、名称、法定代表人或者主要负责人发生变化的，自发生变化之日起15日内进行申报。

(4) 经过职业病危害因素检测、评价，发现原申报内容发生变化的，自收到有关检测、评价结果之日起15日内进行申报。

用人单位终止生产经营活动的，应当自生产经营活动终止之日起15日内向原申报机关报告并办理注销手续。

受理申报的应急管理部门应当建立职业病危害项目管理档案。职业病危害项目管理档案应当包括辖区内存在职业病危害因素的用人单位数量、职业病危害因素种类、行业及地区分布、接触人数等内容。

应急管理部门应当依法对用人单位职业病危害项目申报情况进行抽查，并对职业病危害项目实施监督检查。

(二) 建设项目职业卫生"三同时"管理

新建、改建、扩建的工程建设项目和技术改造、技术引进项目可能产生职业危害的，建设单位应当按照有关规定，在可行性论证阶段委托具有相应资质的职业健康技术服务机构进行预评价。产生职业危害的建设项目应当在初步设计阶段编制职业危害防治专篇。建设项目的职业危害防护设施应当与主体工程同时设计、同时施工、同时投入生产和使用，职业危害防护设施所需费用应当纳入建设项目工程预算。建设项目在竣工验收前，建设单位应当按照有关规定委托具有相应资质的职业健康技术服务机构进行职业危害控制效果评价。建设项目竣工验收时，其职业危害防护设施依法经验收合格，取得职业危害防护设施验收批复文件后，方可投入生产和使用。

(三) 职业卫生安全许可证管理

作业场所使用有毒物品的生产经营单位，应当按照有关规定向应急管理部门申请办理职业卫生安全许可证。其主要管理内容为按照法规标准要求确定的申办程序、条件以及有关延期、变更等的要求，向应急管理部门提交有关材料申办职业卫生安全许可证，并接受应急管理部门的监督管理。

三、劳动过程中的管理

(一) 材料和设备管理

主要管理工作内容包括：优先采用有利于职业病防治和保护劳动者健康的新技术、新工艺和新材料；不生产、经营、进口和使用国家明令禁止使用的可能产生职业危害的设备和材料，生产经营单位原材料供应商的活动也必须符合安全健康要求；不采用有危害的技术、工艺和材料，不隐瞒其危害；可能产生职业危害的设备配有中文说明书；在可能产生职业危害的设备醒目位置上设置警示标识和中文警示说明；使用、生产、经营可能产生职业危害的化学品，要有中文说明书；使用放射性同位素和含有放射性物质、材料的，要有中文说明书；不将职业危害的作业转嫁给不具备职业病防护条件的单位和个人；不接受不具备防护条件的有职业危害的作业；有毒物品的包装有警示标识和中文警示说明。

(二) 作业场所管理

主要管理工作内容包括：职业危害因素的强度或者浓度应符合国家职业卫生标准要求；生产布局合理；有害作业与无害作业分开；在可能发生急性职业损伤的有毒有害作业场所设置报警装置；在可能发生急性职业损伤的有毒有害作业场所配置现场急救用品；在可能发生急性职业损伤的有毒有害作业场所配置冲洗设备；对于可能发生急性职业损伤的有毒有害作业场所，应设应急撤离通道；在可能发生急性职业损伤的有毒有害作业场所设必要的泄险区；放射作业场所应设报警装置；放射性同位素的运输、储存应配置报警装置；一般有毒作业设置黄色区域警示线；高毒作业场所设红色区域警示线；高毒作业应设淋浴间；高毒作业应设更衣室；高毒作业应设物品存放专用间；还应为女工设冲洗间。

(三) 作业环境管理和职业危害因素检测

主要管理工作内容包括：设专人负责职业危害因素日常检测；按规定定期对作业场所职业危害因素进行检测与评价；检测、评价的结果存入生产经营单位的职业卫生档案。

(四) 防护设备设施和个人防护用品

主要管理工作内容包括：职业危害防护设施台账齐全；职业危害防护设施配备齐全；职业危害防护设施有效；有个人职业危害防护用品计划，并组织实现；按标准配备符合防治职业病要求的个人防护用品；有个人职业危害防护用品发放登记记录；及时维护、定期检测职业危害防护设备、应急救援设施和个人职业危害防护用品。

(五) 履行告知义务

主要管理工作内容包括：在醒目位置公布有关职业病防治的规章制度；签订劳动合同，并在合同中载明可能产生的职业危害及其后果，载明职业危害防护措施和待遇；在醒目位置公布操作规程，公布职业危害事故应急救援措施，公布作业场所职业危害因素监测和评价的结果，告知劳动者职业病健康体检结果；对于患职业病或职业禁忌证的劳动者，企业应告知本人。

(六) 职业健康监护

职业健康监护是职业危害防治的一项主要内容。通过健康监护，不仅可以保护员工健康、提高员工身体素质，而且也便于早期发现疑似职业病病人，使其早期得到治疗。职业健康监护工作的开展，必须有专职人员负责，并建立健全职业健康监护档案。职业健康监护档案包括劳动者的职业史、职业危害接触史、职业健康检查结果和职业病诊疗等有关个人健康资料。

职业健康监护的主要管理工作内容包括：按职业卫生有关法规标准的规定组织接触职业危害的作业人员进行上岗前职业健康体检；按规定组织接触职业危害的作业人员进行在岗期间职业健康体检；按规定组织接触职业危害的作业人员进行离岗职业健康体检；禁止有职业禁忌证的劳动者从事其所禁忌的职业活动；调离并妥善安置有职业健康损害的作业人员；未进行离岗职业健康体检，不得解除或者终止劳动合同；职业健康监护档案应符合要求，并妥善保管；无偿为劳动者提供职业健康监护档案复印件。

《职业健康监护技术规范》（GBZ 188—2014）对接触各种职业危害因素的作业人员职业健康体检周期与体检项目给出了具体规定。

四、职业病诊断与病人保障

主要管理工作内容包括：及时向卫生部门和安全生产监管部门报告职业病发病情况；及时向卫生部门报告疑似职业病患者；向所在地劳动保障部门报告职业病患者；积极安排劳动者进行职业病诊断和鉴定；安排疑似职业病患者进行职业病诊断；安排职业病患者进行治疗，定期检查与康复；调离并妥善安置职业病患者；如实向职工提供职业病诊断证明及鉴定所需要的资料等。

典型例题

1. 某企业为降低烟气脱硝系统安全风险，将使用原料由液氨变更为尿素，根据《职业病危害项目申报办法》，该企业向申报机关申请变更的时间应在原料变化为尿素的（　　）日内。

A. 7　　　　　　　　　　　　　B. 10
C. 15　　　　　　　　　　　　 D. 30

【解析】根据《职业病危害项目申报办法》，该企业向申报机关申请变更的时间应在原料变化为尿素的 15 日内。

2. 受理申报的应急管理部门应当自收到申报文件、资料之日起（　　）个工作日内，出具《职业病危害项目申报回执》。

A. 3　　　　　　　　　　　　　B. 5
C. 15　　　　　　　　　　　　 D. 30

【解析】受理申报的应急管理部门应当自收到申报文件、资料之日起 5 个工作日内，出具《职业病危害项目申报回执》。

答案：1.C　2.B

同步强化训练

一、单项选择题

1. 机械制造工业生产中，加热金属等可成为红外线辐射源。铸造工、锻造工、焊接工等工种可接触到红外线辐射。长期接触红外线辐射可引起的职业病是（　　）。
   A. 皮肤癌
   B. 白内障
   C. 慢性外照射放射病
   D. 电光性眼炎

2. 职业性尘肺病，又称肺尘埃沉着症，是劳动者在职业活动中长期吸入生产性粉尘并在肺内滞留而引起的、以肺组织弥漫性纤维化为主的疾病。下列职业病中，不属于职业性尘肺病的是（　　）。
   A. 劳动者甲在煤矿从事采煤作业，因接触煤尘所罹患的职业病
   B. 劳动者乙在水泥厂从事包装作业，因接触水泥粉尘所罹患的职业病
   C. 劳动者丙在造船厂从事电焊作业，因电焊烟尘所罹患的职业病
   D. 劳动者丁在棉织厂从事清花作业，因接触棉尘所罹患的职业病

3. 职业病危害因素是指危害劳动者健康、能导致职业病的有害因素。下列职业病危害因素中，属于劳动过程中产生的有害因素是（　　）。
   A. 电焊作业产生的烟尘
   B. 接触到的生物传染性病原物
   C. 炎热季节的太阳辐射
   D. 使用不合理的工具

4. 某冶金企业生产机械制造用的高强钢，主要设备为步进梁式加热炉、轧机、冷床和与冷床并列布置的大盘卷生产线，生产过程中涉及高温、噪声、粉尘、热辐射等职业病危害因素。按照职业病危害因素来源分类，上述职业病危害因素中，属于化学因素的是（　　）。
   A. 高温
   B. 噪声
   C. 粉尘
   D. 热辐射

5. 电焊、氩弧焊等作业过程中会产生紫外线职业危害。紫外线照射人体引起的职业病是（　　）。
   A. 职业性白内障
   B. 滑囊炎
   C. 电光性眼炎
   D. 铬鼻病

6. 职业危害控制措施一般包括工程控制技术措施、个体防护措施和组织管理措施。在化工生产过程中，属于控制化学毒物危害的工程技术措施是（　　）。
   A. 改变工艺用甲苯替代苯作为原料
   B. 佩戴防毒面具
   C. 建立健全预防控制制度
   D. 合理组织劳动过程

二、多项选择题

1. 煤矿井下掘进巷道中存在多种职业病危害因素，如掘进爆破时产生的煤岩粉尘，局扇运行产生的噪声，巷帮淋水造成的井下空气潮湿及深井工作面的高温等。为了保护作业人员的身体健康，下列职业病危害控制措施中，正确的有（　　）。
   A. 加大炸药量，降低一氧化碳产生量
   B. 局扇采取吸音设计，降低噪声危害
   C. 适当增加工作面通风量，降低工作面温度
   D. 掘进工作面装载机附近进行喷雾降尘
   E. 巷道采取疏水措施，减少巷道淋水

2. 某电厂设有两台排污泵（一用一备），安装在低于地面2m的泵房内，排污泵的工作介质温度约为90℃。该泵房内作业现场存在的职业病危害因素有（　　）。
   A. 高温高湿　　　　　　　　　　　　B. 有毒气体
   C. 触电　　　　　　　　　　　　　　D. 电离辐射
   E. 机械噪声

>>> 参考答案及解析 <<<

一、单项选择题

1.【答案】B
   【解析】白内障是长期接触红外辐射而引起的常见职业病，其原因是红外线可致晶状体损伤。职业性白内障已列入我国职业病名单。

2.【答案】D
   【解析】《职业病目录》中，12种尘肺的致病粉尘中有煤尘、水泥尘、电焊烟尘等。棉尘不属于尘肺病的致病粉尘。

3.【答案】D
   【解析】劳动过程中的有害因素包括：①劳动组织和制度不合理，劳动作息制度不合理等；②精神性职业紧张；③劳动强度过大或生产定额不当；④个别器官或系统过度紧张，如视力紧张等；⑤长时间不良体位或使用不合理的工具等。选项A、B属于生产过程中产生的职业病危害因素，选项C属于生产环境中产生的职业病危害因素。

4.【答案】C
   【解析】在职业病危害因素中，化学因素包括生产性粉尘（如矽尘、煤尘、石棉尘、电焊烟尘等）和化学有毒物质（如铅、汞、锰、苯、一氧化碳、硫化氢、甲醛、甲醇等）。选项A、B、D属于物理因素。

5.【答案】C
   【解析】在作业场所比较多见的是紫外线对眼睛的损伤，即由电弧光照射所引起的职业病，如电光性眼炎。

6.【答案】A
   【解析】选项B属于个体防护措施，选项C、D属于组织管理措施。

二、多项选择题

1.【答案】BCDE
   【解析】在职业病危害措施中，控制作业场所中存在的粉尘，常采用湿式作业或者密闭抽风除尘的工程技术措施，以防止粉尘飞扬，降低作业场所粉尘浓度；对于化学毒物的工程控制，则可以采取全面通风、局部送风和排出气体净化等措施；对于噪声危害，则可以采用隔离降噪、吸声等技术措施。选项A应该采取全面通风、局部送风和排出气体净化等措施来及时降低空气中一氧化碳的含量。

2.【答案】ABE
   【解析】依据题意，泵房内存在的职业病危害因素有高温高湿、机械噪声；此外，地下排污泵房存在硫化氢、一氧化碳等有毒气体。触电属于危险因素，不属于职业病危害因素的范畴。

参考文献

[1] 中华人民共和国国务院. 中共中央 国务院关于推进安全生产领域改革发展的意见[EB/OL]. （2016.12.09）[2016.12.18]. https://www.gov.cn/zhengce/2016-12-18/content_5149663.htm.

[2] 中国安全生产科学研究院. 全国中级注册安全工程师职业资格考试辅导教材 安全生产管理[M]. 北京：应急管理出版社，2022.

[3] 全国人民代表大会常务委员会. 中华人民共和国安全生产法[M]. 北京：中国法制出版社，2021.

[4] 全国人民代表大会常务委员会. 中华人民共和国特种设备安全法[M]. 北京：中国法制出版社，2014.

[5] 全国人民代表大会常务委员会. 中华人民共和国职业病防治法[M]. 北京：中国法制出版社，2018.

[6] 中华人民共和国国务院. 危险化学品安全管理条例[M]. 北京：中国法制出版社，2002.

[7] 中华人民共和国国务院. 特种设备安全监察条例[M]. 北京：中国法制出版社，2009.

[8] 中华人民共和国国务院. 生产安全事故应急条例[M]. 北京：中国法制出版社，2019.

[9] 中华人民共和国国务院. 工伤保险条例[M]. 北京：中国法制出版社，2011.

[10] 国家安全生产监督管理总局. 生产经营单位安全培训规定[M]. 北京：中国法制出版社，2015.

[11] 国家安全生产监督管理总局. 安全生产事故隐患排查治理暂行规定[M]. 北京：中国法制出版社，2008.

[12] 国家安全生产监督管理总局. 建设项目安全设施"三同时"监督管理办法[M]. 北京：中国法制出版社，2015.

[13] 国家安全生产监督管理总局. 危险化学品重大危险源监督管理暂行规定[M]. 北京：中国法制出版社，2011.

[14] 国家安全生产监督管理总局. 危险化学品企业重大危险源安全包保责任制办法[M]. 北京：中国法制出版社，2021.

[15] 国家安全生产监督管理总局. 生产过程危险和有害因素分类与代码：GB/T 13861—2022[S]. 北京：中国法制出版社，2022.

[16] 国家安全生产监督管理总局. 企业职工伤亡事故分类：GB 6441—86[S]. 北京：中国标准出版社，1986.

[17] 国家质量监督检验检疫总局，等. 生产经营单位生产安全事故应急预案编制导则：GB/T 29639—2020[S]. 北京：中国法制出版社，2021.

［18］中华人民共和国国务院.生产安全事故报告和调查处理条例（国务院令第493号）［M］.北京：中国法制出版社，2007.

［19］国家安全生产监督管理总局.特种作业人员安全技术培训考核管理规定［M］.北京：中国法制出版社，2015.

［20］全国人民代表大会常务委员会.中华人民共和国行政处罚法［M］.北京：中国法制出版社，2021.

亲爱的读者：

如果您对本书有任何感受、建议、纠错，都可以告诉我们。

我们会精益求精，为您提供更好的产品和服务。

祝您顺利通过考试！

扫码参与调查

注册安全工程师考试研究院